紅花屏風（六曲一双）　**青山永耕筆**　**江戸時代**（十九世紀）　**山形市、長谷川吉内氏寄贈**　**山形市蔵**　（一双　一五六×三五〇cm）

最上山形の特産物であった紅花の生産のありさまを描き、その商取引、運送にいたるまでを六曲一双の屏風にまとめたものである。

江戸初期から栽培された最上山形の紅花は、色素が豊富で特に京都西陣の染織物に歓迎され、衣服の華美となった元禄のころから需要を増し、輸出量は「最上千駄」といわれ、豊年のときは千三百駄にのぼったといわれる。

これらの積荷は最上川を舟で下り、酒田港で大船に積み替え、敦賀に入り、京都や大坂に輸送された。図中の帆に記された屋号は山形の問屋を示すもので、現在の老舗にも見られ資料的にも興味深いものである。

筆者の青山永耕は東根の六田の人で、青山運四郎の長男に生まれ、幼名を揆一といい、上山藩の丸野清耕の門に入り、養子となり丸野永耕立貞と号したが、江戸に出て中橋狩野永真に学び、嘉永、安政、万延年間は雪窓斎永耕と号している。明治のはじめに許されて狩野永耕応信と改め、明治十二年（一八七九）故里で六十三歳で亡くなった。

本図は永耕の幕末の作品である。

（山形県指定有形文化財）

私は今でも紅花を見ると人懐かしく、人恋しくなるのは、そのようなことによるのかもしれない。

紅花は花も葉も薊《あざみ》（キク科）に似る越年草で、暖地では秋に種を蒔き、寒冷地では春に蒔く。すると七月に花芯の部分をほのかに紅色を見せた鮮黄色の花を咲かせる。花は枝の末（先端）から咲きはじめ、その花弁を摘むので「末摘花《すえつむはな》」という異名が生まれた。

紅花について『牧野植物図鑑』によると、「エジプト原産といわれる越年草。葉は硬くて深緑色。きょ歯があって、おのおのの先にとげがある。夏に枝の先に鮮黄色の管状花が頭花をつくり、アザミの花に似ている。時がたつと赤色にかわる。若葉はサラダ菜、種子は油料として利用される」と記されている。

エジプト原産とされている紅花は、インドを経て中国に渡り、日本に伝えられた。『古事記』の仁徳朝から推古朝のところに紅花のことが出てくるのが、わが国の紅花の記録としては最も古い。

紅花を染色材料として使うのは花弁である。この花弁に紅色素と、黄色素を共に含んでいるのだ。紅色を得るためには、水溶性の黄色素（サフロールイエロー）を流し捨て、紅色素（カルタミン）をアルカリ性の液で抽出する。この紅色素は四〇℃以下で扱わねばならないので、他の多くの植物染のように煮沸することはできない。一方で黄色素は煮沸して木綿に染めつく。染色材料としては、非常に扱いのむずかしい、手間のかかる染材だが、染めあがった色は、そうした苦労をはねのけて美しい。

その紅花を調べていくと、染料だけでなく、さまざまな面が浮かびあがってくる。

まず第一は、染料と顔料の二つの面を併せ持っている。染料と顔料の別は、染料は色素が被染物の組織の中に滲透して、繊維を染める有色の物質をいうが、顔料は水や油に溶解しないか、または難溶性の着色色料をいう。つまり顔料は絵具や塗料のように、「物」に対して物理的に付着できればよいので、顔に塗ることのできる頬紅や口紅などに使われる。

このように植物が「染料」と「顔料」の両方を併せ持ち、それぞれ両方の目的に使われるのは、数多くの植物のなかで紅花と藍だけである。しかも紅花と藍は染料を得るために「寝かせ」という、発酵の過程があり、そのうえ、二者の共通点は熱を嫌うことである。

私は『藍Ⅰ・Ⅱ』（ものと人間の文化史、法政大学出版局刊）で、藍染が日本の各地で発達し、多くの人々に愛されたが、むずかしい染色の技術のため、紺屋と呼ぶ専門職人によって行なわれていることを記した。紅花染もまた、専門的な知識がなくては生み出せない色だったのである。

このように藍と紅花は相似点がありながら、その後の明暗を分けてしまう。藍は木綿と相性がよいことから仕事着にも普段着にも用いられたが、紅染は絹に染めつくため、庶民の普段着用にならなかったのである。民俗学者の瀬川清子氏は、「良い着物の代名詞は、赤い着物である」と語っていた。紅花染の着物は、晴れ着として位置づけられ、色としては王朝人を連想させたのである。

染料や顔料として利用された紅花だが、身近なところでは葉や茎を乾燥して煎じ、民間薬として飲用されたり、疎抜《うろぬ》き（おろ抜き、間引き）した紅花は茹でて食用にしていた。種は油料である。紅花栽培の人たちは、

「紅花は、なあんも捨てるとこない」

といっていた。

私はそのような言葉を耳にしながら、「紅花」を中心に、古代の顔料の姿や、公家《くげ》たちの装束まで幅広く取材を重ね、紅花の全体像を浮彫りにしたいと考えたのである。

目次

芭蕉は『奥の細道』のどこで紅花を見たのか

私がはじめて紅花を訪ねて山形県下へ旅に出たのは、いまからおよそ三〇年も前の、昭和五十年（一九七五）のことだった。

山形県は「最上千駄」といわれる、かつて日本一の紅花の産地であった。昭和三十年（一九五五）に紅花が県花として制定され、昭和四十九年には山形市の市花にも制定された。山形県に行けば、紅花の咲き誇る紅花畑を見ることができるのだというおもいで、鳴子《なるこ》（宮城県）の取材のあと、足を伸ばしたのである。

鳴子では「こけし」の取材であった。その「こけし作り」に、その当時でも珍しくなった足踏み式の轆《ろく》轤鉋《ろかんな》を使って作っていた、伊藤松三郎さんを訪ねたのである。足踏み式の轆轤鉋は、足踏み板を両足で交互に踏んで轆轤を回すのだ。松三郎さんは一本の木を手にすると、こけしの太さになるように荒けずりをし、頭部を轆轤にしっかりと取り付け、足で踏み板を踏んでくるくると回して頭を形づくり、同じようにして胴の部分を削る。胴体に頭部を付けるとき、松三郎さんは手を休め、私のほうに向き直って言った。

「鳴子こけしはね、ここのところが大事でね。よーぐ見ていでよ。一度入れたら、首は絶対に抜げねぇよ」

紅花を訪ねる私のために，紅花の模様を描いてくれた（右）

足踏み式の轆轤鉋を使う伊藤松三郎さん（宮城県鳴子）

鳴子こけしは首を回すときゅっ、きゅっと鳴く。その首を胴体に取り付けるときであった。回転の止まった轆轤に胴体を付けたままで、頭頂部に当て木を当ててコンと木槌で打って嵌め込むのである。

このあと、松三郎さんは絵筆を手にすると、顔を描いた。「これがら紅花を見に行くんだら、紅花の着物を着せよう」

馴れた手つきですいすいと描いている。出来あがると、手を伸ばして、目の前からこけしを離すと、「轆轤を使ったすぐあとだから、手が震えて、うまく描けねェ。でも記念だから、このこけしは上げるよ」と、独言のようにいった。

鳴子から『奥の細道』へ

鳴子から足を伸ばして山形県に行くという発想は、芭蕉の『奥の細道』に触発されたものであり、季節的にも芭蕉がこのあたりを旅したであろう旧暦の六月上旬、つまり現在の太陽暦では七月上旬で、まさに紅花が咲き競っているであろうことを想定したのである。いずれにしても、紅花に誘われるように鳴子から山形へ唐突に思いついた旅程の変更を、私自身は胸が躍るほどうれしかった。

学生時代に『奥の細道』を暗誦した。「月日は百代の過客にして、行きかふ年も又旅人なり」の冒頭の文の美しさ。あのときから私も年を加えて、「行きかふ年も又旅人なり」を諳《そら》んじると、しみじみと人生の哀歓を感じるようになった。が、私は『奥の細道』の全文の中でも、とりわけ山刀伐《なたぎり》峠を越えるあたりが好きなのである。

私には芭蕉の一生は、長く苦しい「旅」だったようにおもえる。

芭蕉は正保元年（一六四四）に伊賀上野で生まれた。十九歳のころ、藤堂家に仕え、若君良忠から目をかけられて俳諧の座に加えられ、風雅の話し相手をつとめた。このことが、後の俳諧の道を歩む動機になったのであろうか。しかし、その良忠が寛文六年（一六六六）に突然病死する。芭蕉二十三歳のときである。芭蕉は間もなく主家を辞している。

芭蕉は寛文十二年（一六七二）正月二十五日、はじめての選集『貝おほひ』を上野の天満宮に奉納した。これは今までの貞風派との訣別であり、芭蕉の新しい道の始まりである。

江戸に出た芭蕉は談林派をつくった。延宝六年（一六七八）、芭蕉三十五歳で俳諧宗匠となったが、心機一転を志したのか、日本橋本船町の家をたたんで深川に移り住む。天和二年（一六八二）の暮れも押しつまった十二月二十八日、駒込の大円寺から出火した火は大江戸の町々をなめつくし、深川の芭蕉庵も焼失した。しかし門人たちの力によって、翌年の秋ごろ、もとの場所からさして遠くないところに芭蕉庵は

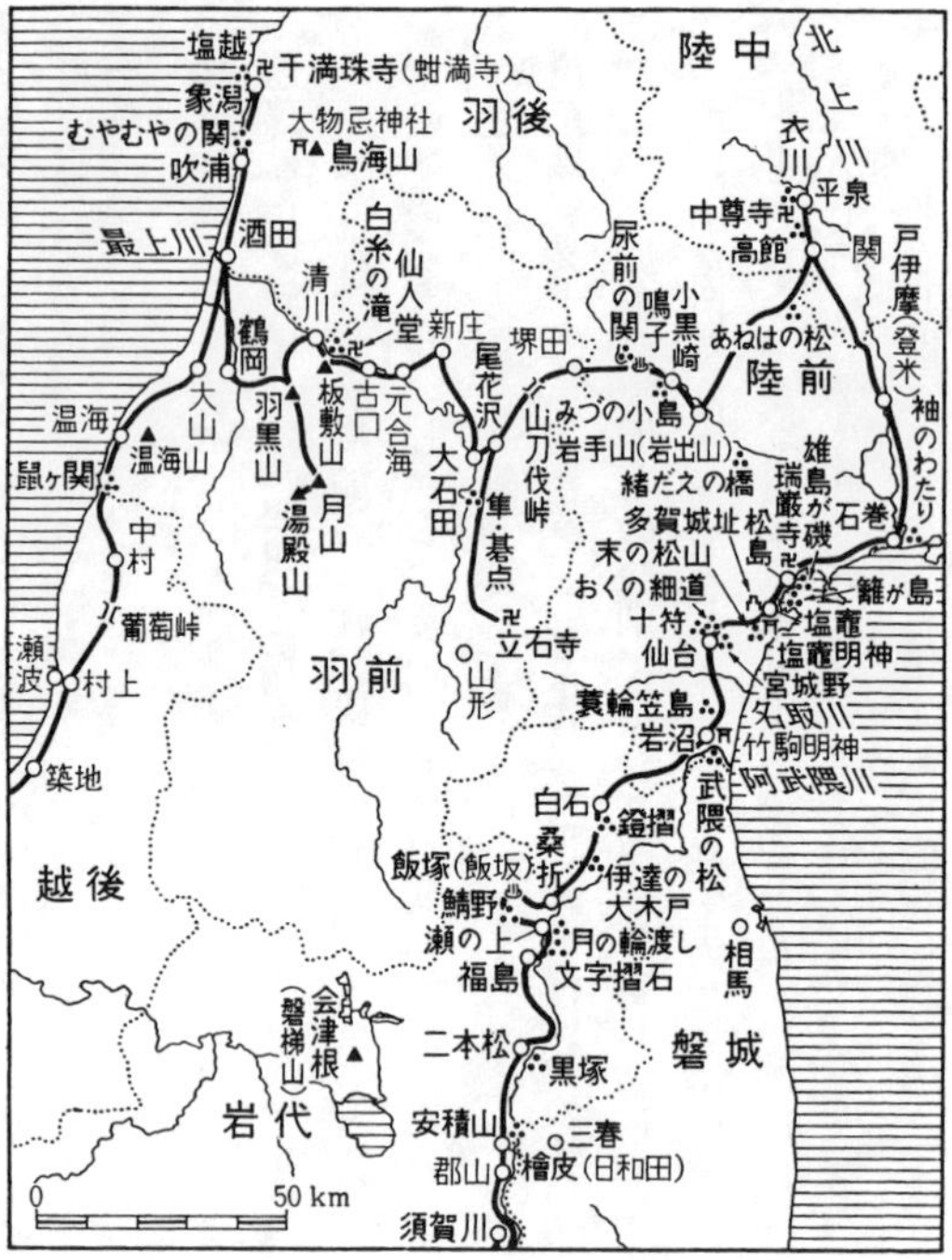

芭蕉が歩いた『奥の細道』

再建された。

　翌年の八月、前年に亡くなった母の墓参をし、つづいて大和の当麻寺や吉野山に登り、木曽路から江戸に戻ったのは貞享二年（一六八五）四月末であった。このときの旅をまとめたのが『野ざらし紀行』である。このあとも芭蕉は旅を重ねる。旅の集大成が元禄二年（一六八九）三月下旬、芭蕉四十六歳のときに深川の草庵を引きはらい、「奥の細道」の旅に出たのであった。推敲を重ねたであろう『奥の細道』を完成させ、またまた旅に出るが、大坂で病に仆《たお》れた。五十一歳であった。『奥の細道』が刊行されたのは元禄十五年（一七〇二）といわれており、芭蕉が亡くなってから八年の歳月を経ていた。

私も山刀伐峠を歩いた

山刀伐峠《なたぎり》（標高四七〇メートル）は、赤倉温泉の南約五キロ、尾花沢市と最上町の境にある。ここを芭蕉は元禄二年（一六八九）五月十七日（旧暦）に、鳴子から尿前《しとまえ》の関を越え、堺田の封人の家で泊まり、山刀伐峠を越えて尾花沢へ行く。芭蕉はこの間のことを『奥の細道』に次のように書いている。

南部道遥《なんぶみち》かにみやりて、岩手の里に泊る。小黒崎《おぐろざき》、みつの小島《おじま》を過ぎて、なるこの湯より尿前《しとまへ》の関にかゝりて、出羽の国に越えんとす。此の道旅人稀《まれ》なる所なれば、関守にあやしめられて、漸うとして関を越す。大山に登つて日既に暮れければ、封人《ほうじん》の家を見かけて舎《やど》りをもとむ。三日風雨あれて、よしなき山中に逗留す。

蚤虱《のみしらみ》馬の尿《しと》するまくらもと

尿前の関ではあやしまれて、調べがきびしかったらしい。ようやく関を越えたものの、日はすでに傾き、宮城県と山形県の県境に近い、山形側の堺田（最上町）の県境を守る封人（役人）の家に宿を乞うている。この封人の家は旧有路《ありじ》家である。かつて庄屋を勤めた家柄で、規模は桁行二六・五メートル、梁間一一・五メートルと、普通の家よりかなり大きい。寄棟造り、茅葺きで、南面に庇《ひさし》がある。平面は、居間が梁行全幅を占める広間型の系統で、居間の上手《かみて》は三室の鍵座敷と寝室、下手《しもて》は土間と馬屋である。昭和四年

封人の家（最上町）
（山形県観光協会）

（一九二九）に国の重要文化財に指定された。現在は最上町で管理し、屋内に民具や馬具を展示している。手入れの行き届いた家の庭内に、芭蕉の「蚤虱馬の尿する枕もと」の句碑が建つ。

芭蕉は風雨に閉じ込められ、この封人の家で三日間を過ごす。ようやく雨があがり、快晴に恵まれて堺田を発ち、山刀伐峠を越えて、尾花沢へ向かう。『奥の細道』に次のようにある。

あるじの云ふ。これより出羽の国の大山を隔てて、道さだかならざれば、道しるべの人を頼みて越ゆべき由を申す。さらばと云ひて、人を頼みて侍れば、究竟《くつきよう》の若者、反脇指《そりわきざし》をよこたへ、樫《かし》の杖を携えて、我々が先に立ちて行く。けふこそ必ず危き目にあふべき日なれと、辛《から》き思ひをなして後について行く。あるじの言ふに違わず、高山森々《しんしん》として一鳥声きかず。木《こ》の下闇《したやみ》茂りあいて、夜行くがごとし。雲端につちふる心地して、篠の中踏み分け〳〵、水をわたり、岩に蹶《つまづ》いて、肌につめたき汗を流して、最上《もがみ》の荘《しよう》に出ず。かの案内せしをのこの云ふよう、此の道必ず不用の事有り。恙《つつが》なうおくりまゐらせて仕合《しあわせ》したりと、よろこびてわかれぬ。後《あと》に聞きてさへ、胸とどろくのみなり。

（『奥の細道』）

その昔、堺田から尾花沢へは背坂峠《せなさか》を越える道があり、この道のほうが案内人を必要としない安全な道ではあったが、遠まわりだった。それに対して山刀伐峠は原生林が生い茂り、案内人を必要とするほどの山道だが、行程は少なかったのである。芭蕉が越えたのは三百年前のことであり、現在とはだいぶ様子は違うとおもったが、峠越えの女の一人旅は不安であった。そこで大石田町に住む友人に同行を頼み、私もまた、山刀伐峠の峠道を歩くことにした。

峠道の「二十七曲がり」と呼ばれる曲がりくねった急勾配は、想像していた以上に整備されていて、そのときの友人の話によると昭和五十一年（一九七六）にトンネルが完成する予定で、峠を越えるこの道は「歴史の道　山刀伐峠越」として整備されるとのことであった。峠の道筋に橅《ぶな》や楢《なら》などの樹々が生い茂っているが明るい。芭蕉が書いているように「高山森々として、一鳥声きかず、木の下闇茂りあいて、夜行くがごとし」とは、だいぶ雰囲気が異なる。芭蕉たちは「肌に冷たき汗を流して」杖を頼り、「水をわたり、岩に蹶いて」歩いたのだが、現在「歴史の道」とはいっても、当然のことだが芭蕉が歩いた当時のままの道ではない。道幅をひろげたり、植林したり、耕地にかわったりした箇所もあるということだった。芭蕉は『奥の細道』の旅に出る前から、綿密な旅の計画を立てていたようで、その一つに尾花沢の清風宅に行くことがあった。困難な近道を選んだのは清風宅に早く着きたかったのか、それとも、

山刀伐峠の山道（山形県観光協会）

俳諧を極めるために、より過酷な旅程を加えたのであろうか。そのようなことを考えながら歩いていて、私は散り敷いている枯葉に足を滑らせた。と、先を行く友人が私を振り返って言った。

「なめこがありますよ」

「えっ？」という感じで足もとを見ると、枯葉の陰になめこがあった。さきほど私が足を滑らせたのは、枯葉の下のなめこだったのかもしれない。注意してゆっくりと足元やその周囲を見まわすと、なめこはいくらでも見つけることができる。私はひと握りのなめこを手に取った。そのなめこにたくさんの枯葉の小片が付いている。大きな枯葉は手で取り除けるが、細かなものは容易に取り除くことができない。

「大丈夫ですよ。笊に入れて水で洗えば取れますから」という友人の言葉に、私はそのなめこをハンカチに包んだ。

峠の麓からおおよそ三十分ほどで峠の頂上に出た。峠を守る子宝地蔵尊が、夏だというのに可愛い毛糸の帽子を冠って立っていた。そのすぐ近くに「奥の細道　山刀伐峠顕彰碑」がある。子持杉の緑が眩しいほど鮮やかだった。この山頂から遥かに月山《がっさん》（標高一九八〇メートル）が丸やかな姿を、神室《かむろ》山（標高一三六五メートル）を、また大朝日岳（標高一八七〇メートル）などを主峰とする朝日連峰を望むことができる。

峠の坂道をくだり、国道に出て今歩いてきた峠道を振り返ると、近々開通するトンネルが大きな口を開けていた。その傍らに山刀伐峠の標識が建っている。かつてこの峠越えの道は、どれほど難渋であっても、山形から仙台方面に抜ける重要な近道であったのだ。トンネルが完成すると、何台もの車が吸い込まれるように走り抜けて行くであろう。

峠を越えた私は、尾花沢の地で芭蕉が見たであろう紅花畑を早く見たかった。すると友人は「うーん」

紅花畑
（徳良湖にて）

と言ってから、しばらく考えて、「尾花沢には、一面にひろがる紅花畑はありません。徳良湖《とくらこ》まで行けば、紅花の栽培農家があるとおもいますよ」と、いうことであった。

徳良湖の近くで紅花を栽培している人

徳良湖は三方をゆるやかな丘陵に囲まれた灌漑池で、大正八年（一九一九）に開田事業を起こした際に、用水池として築堤されたのである。この工事の時に歌われた土搗節《どつき》が、日本の代表的民謡の一つである「花笠音頭」のもと歌だといわれ、ここが花笠音頭発祥の地とされている。花笠音頭は「花笠まつり」のときに歌われる。いまでも毎年八月六日から三日間、その昔、花市で賑わった山形市十日町南から、旧山形県庁前広場までの一・二キロメートルに一万人の踊り手が繰り出し、八〇万人という観客を迎えて繰り広げられる。

友人の案内でようやく訪ねた紅花栽培農家のご主人は、紅花と聞いて相好を崩し、

「この辺は、江戸末期になってから紅花をつくり出したといいますがね。今は少しだけ。息子は勤人になって、紅花はやっていません」と、少し寂しそうに言った。庭先にある井戸の傍らのバケツの中に、

紅花が五、六本入っていた。

「これね、いま畑から切ってきたんですよ。この季節は仏壇の花は紅花です」と笑った。家からほど近い紅花畑に案内してもらう道すがらの話も紅花であった。その畑は想像していたよりずっと広かった。紅花は鮮黄色の花弁の奥に、ほのかに朱色をのぞかせていた。芭蕉はこの花を見て、

まゆはきをおもかげにして紅粉《べに》の花

と詠んだ。眉掃《まゆはき》について『雍州府志』に「五寸許竹管両頭挟白兎毛」とあり、竹管に白兎の毛を挟んで、白粉をつけたあと眉に付いた白粉を払うのに用いたのである。紅花の花の形が眉刷毛に似ているからであり、紅花も京に運ばれて、﨟《ろう》たけた化粧用の紅になったからである。

尾花沢では、江戸末期にようやく紅花の栽培が始まったことを知り、帰宅してから『出羽文化史料』(川崎浩良著)を読んだ。それによると、

紅花栽培は三紀層地に適せず、四紀新層の畠を適地とする。最上紅花は元禄の頃から需要を増し、紅花の名が大流行となったが、尾花沢では紅花の栽培はなかった。

と、あった。また『最上紅花の研究』(今田信一著)にも、

紅花は近世の初頭から、最上川中流およびその支流沿岸の地味の肥沃な畑地帯に広く栽培されてきた。ただ、寒河江川上流の白岩山内、月布川沿岸の左沢《あてらざわ》山内、最上川上流の大谷、五百川方面の山間盆地地帯は、恐らく中世期頃から商品として優れた青苧《あおそ》の生産が中心となっており、村山郡内の北部を占める尾花沢盆地地帯は、その土性・風土が紅花の適応性に欠けているので、栽培は殆ど望めなかった。

とある。尾花沢は酸性度の強いノバク地帯で、江戸時代末期まで紅花栽培はほとんど行なわれなかったのである。

尾花沢で紅花栽培をしなかったもう一つの理由は、「蚕飼する人は古代のすがた哉」の曽良の句に見るように、この地方は早くから養蚕が発達していたので、自生する山桑を採取して養蚕するという、元禄時代の当時でも古式の方法が行なわれていた。そのころの養蚕は旧暦の四月下旬に掃立てをし、六月中旬に上簇、同月下旬ころから収繭であり、つづいて製糸の作業がある。このような養蚕暦からすると、紅花の花摘みと、上簇・収繭の作業が同時期なので両立できなかったのである。このことを証するように、尾花沢の盆地の村の「村差出明細帳」には、畑作物産として紅花を記録している村は一村もない。

芭蕉と鈴木清風と紅花と

芭蕉は尾花沢で十日間を過ごした。そのうち三日は鈴木清風宅で、あとの七日は養泉寺に滞在している。この間、雨の日が多かった。

尾花沢にて清風と云ふ者を尋ぬ。かれは富めるものなれども志いやしからず。都にも折々かよひて、流石《さすが》に旅の情をも知りたれば日比《ひごろ》とどめて、長途のいたはり、さまざまにもてなし侍る。

（『奥の細道』）

と、芭蕉は書いている。

清風は本名を鈴木道祐といい、俳号を清風といった。祖父の八茂が尾花沢（午房野）に移り住み、延山銀山の人たちを相手にする商人となり、父の八右衛門のときに嶋田屋という屋号をもつ金融業を経営して豪商となった。清風もやがて父の八右衛門を襲名する。清風は芭蕉より七歳年下で、芭蕉が尾花沢の清風宅を訪ねたときは三十九歳であった。当時はまだ部屋住みの身であり、清風が八右衛門を襲名したのは、この三年後のことである。

清風について、芭蕉は「富めるものなれども志いやしからず」と書いているのは、「昔より、賢き人の富めるは稀なり」（『徒然草』十八）を踏まえたものなのか。その豪家について多くの書は「紅大尽」と記しているが、紅花栽培地ではない尾花沢で紅花大尽というのは、私には容易に信じられない。

元禄から宝永年代にかけての鈴木家の「金銀貸入帳」を見ると、紅花商人に資金を貸している金融業であったことがわかる。それによると、元禄十年に柴田弥右衛門に八四〇両、元禄十二年には三〇〇両、さらに宝永五年には三〇〇両という大金を融資している。柴田家は越後出身で、出羽国谷地村（現西村山郡河北町）に元禄期に移住した。河北町谷地は元禄期ごろより紅花の集散地として栄えており、移住当初の柴田家は、経営資金に不足していたのかもしれない。やがて柴田家は㋮の屋号をもつ紅花集荷問屋として、手広く商売をするようになる。とりわけ京都の若山屋喜右衛門との取引が多かった。

鈴木家の融資は、柴田家のように大口ばかりを扱うだけでなく、少額の融資もあった。それは紅花の需要に応じて急速に生産が増加したため、小規模の紅花商人が乱立し、自己資金だけでは追いつけなかったためである。さらに資産を持たない紅花屋までが続出したからであった。

紅花の利は、その年の天候に左右される。『名物紅の袖』（享保十五年＝一七三〇刊）によると、

天候など自然のめぐり合わせを予測し、晴天か長雨かを予測することが肝心である。……よい質のものができる寸前に雨に降られれば、思惑どおりにできない。

とある。天候によって紅花が不作のために借金が返済できない場合は、紅花そのもので債務を返済する方法が行なわれていた。返済の期日は、商品作物の換金時期か、抵当物件の現物による返済であった。さきの柴田弥右衛門も、次のように返済の多くは紅花で行なわれたり、また、柴田家を通じて買い入れたと見られる紅花代金や、その際柴田家に別に支払うべき口銭などで、貸金との差引き精算を済ませていたことがわかる。

三拾八両ハ己年六月受取　紅花指(差)引入
戌夏中紅花指(差)引ニ入請取
子夏紅花買申候庭金之内ニ而指(差)引済
卯七月紅花買口銭之内請取済
子六月紅花買代不足金上リニ成ル

金融業者としての鈴木家の活躍は元禄から宝永にかけてで、その取引先の範囲も、紅花の集散地の谷地村（現河北町）、左沢《あてらざわ》村（現西村山郡大江町）、山形市、新庄市にまで広がっている。

宝永六年（一七〇九）に、本飯田（現村山市）の永岡五右衛門が、鈴木八右衛門から五両を借りた借用証が残っている。

元利共来ル寅ノ六月、紅花場ニ急度返済可仕

とみえるように、返済期になると現金返済よりも、現物（紅花）で債務を果たすのが一般的であった。金融業としての鈴木家は、直接投資した分のほかに、代償物件として、または差引として処理された紅花を、上方に売っていたとおもわれる。いずれにしても融資金が二、三千両に達するほどの多額だったので、紅花の扱い量も相当になっており、特殊形態の紅花商人であったといえる。ちなみに元禄十五年（一七〇二）頃の紅花の値段は、京着で一駄三五両前後であった。

紅花は幻想の世界に

芭蕉は尾花沢から立石寺《りっしゃくじ》に向かうのだが、楯岡村（現村山市）までは清風が用意してくれた馬で行った。『曽良旅日記』に、「清風ヨリ馬ニテ館岡迄被送ル」とある。

山形領に立石寺と云う山寺あり。慈覚大師の開基にて、殊に清閑の地なり。一見すべきよし、人々の

すゝむるによりて、尾花沢よりとってかへし、其の間七里ばかりなり。

（『奥の細道』）

芭蕉が『奥の細道』で、前書きなしで三句を並べているのは尾花沢と羽黒だけである。そのため、尾花沢の句は世話になった尾花沢の土地や、清風に対しての挨拶だったとする説もある。しかし私は、三句目の、「まゆはきをおもかげにして紅粉の花」の句は、尾花沢での句ではないと考えている。なぜなら、前述したように、当時、尾花沢では紅花栽培を行なっていなかったからである。芭蕉が紅花を見たのは、尾花沢から立石寺に向かう道筋の土生田、本飯田（いずれも現村山市）で、このあたりは紅花の栽培地であり、ここから南の上山《かみのやま》（現上山市）までの村山盆地が紅花栽培の盛んな土地であったからである。「まゆはき……」の句には、「書き留め」に「立石にて」とあるので、立石寺へ向かう道筋で見たのにまちがいないであろう。村山地方では清明《せいめい》（春分の日から十五日目）のころに紅花の種を蒔くのが慣わしで、それから数十日後の、夏至《げし》から約十一日あとの半夏《はんげ》（正しくは半夏生《はんげしょう》）のときになると「半夏の一つ咲き」といって、末のほうに紅花がぽつんと咲くのだ。元禄二年（一六八九）の半夏は五月十六日。太陽暦では七月二日である。このようなことと、芭蕉の行程とを照らしてみると、芭蕉は立石寺への道筋で紅花を見たはずである。

『奥の細道』に収められていないが、立石寺への道筋で紅花を見て詠んだ句がもう一句ある。

行末は誰が肌ふれむ紅の花

紅染の衣服には保温のほかに、血のめぐりを良くする薬効があるといわれ、当時の女性たちは肌着や長襦袢《じゅばん》を紅花染にして身につけたのである。

三〇年近く前に山刀伐峠を越えて、芭蕉が見たであろう紅花畑を見たいと願って尾花沢まで旅をした私だが、よく調べてみると、尾花沢の地は紅花の栽培地でなかったことがわかり、今になって恥かしくなった。しかし、言い訳がましくいわせてもらうと、先学の研究者は芭蕉は尾花沢で「紅花を目の前にして」詠んだ句と解説しているものが多かった。これでは浅学の私が、芭蕉は尾花沢で紅花畑を見たのだと思い込んでしまったのもやむをえまい――と、おもうのだが。最近になって、私はもう一度多くの芭蕉についての文献に目を通した。その上で芭蕉は、尾花沢では眼前にひらける紅花畑を見ていなかったのだと、強く確信したのである。だからこそ「まゆはきをおもかげにして紅粉の花」の句に見るように「おもかげ」という語句があり、この句から紅花大尽の清風のもてなしに感謝しつつ、この地では目にすることのなかった紅花への想いが句になったのではないだろうか。芭蕉の研究者の櫻井武次郎氏は、『おくのほそ道』(田辺聖子著)の解説で、『奥の細道』は、「実際の旅をありのままに書いたものではない」と記し、その構成は謡曲の世界であろうという。

謡曲では、旅行者であるワキが或る土地に行き、そこで前シテと逢う。前シテは、その所にまつわる話をして消え、後シテとして再登場し、仕方話をしたり、舞いを舞ったりしたあと、夜明けと共に消え、あたりはもとの現実の世界に戻っていたという演出がなされる。櫻井武次郎氏は『奥の細道』も、このような謡曲の影響を受けているというのである。つまり、現実から夢幻の世界に入り、また現実の世界に戻ってくる、という構成である。

芭蕉が見た紅花は、紅花大尽の清風宅に運び込まれた紅花だったのか、または立石寺への道すがら村山盆地にひろがる紅花畑を見た紅花だったのかはわからないが、芭蕉にとっては、一種の幻想旅行記のなかの「花」であったと、私はおもっている。

紅花のルーツを辿る

紀元前の中国での紅花栽培地は祁連《きれん》山脈（甘粛張掖県西南）の主峰・祁連山（標高五五四七メートル）と、焉支《えんし》山の扇状地帯で、匈奴《きょうど》が紅花を栽培していた。これらの山なみは平均標高四〇〇〇メートル以上あり、夏でも白雪を見る高山地帯だが、その山々の雪溶け水が扇状地帯を潤し、紅花の栽培に適していたのである。紅花は土質が適合していれば、このような寒冷地のものほど紅色素の含有量が多く、良質であったので、この地の特産になっていた。

匈奴は別に「胡」とも称する古族で、戦国時代は燕、趙、秦の北の地で活動し、秦、漢代の時には冒頓《ぼくとつ》単于《ぜんう》が各部を統一して勢力を拡大し、大漠（内蒙古付近）の南北の広大な地区を統治した。

この蒙古高原は、トルキスタンを西へ横断して、南ロシア、ハンガリーに至り、また南はイラン、アラビア高原を経てアフリカの砂漠まで、ユーラシア大陸を貫いて一面に広々とした草原の東端である。紀元前八世紀の末ごろ、西方の南ロシアの草原に、騎馬の戦士によって遊牧民族のイラン系スキタイ族がおこり、やがて東方に移ったのが匈奴である。紀元前四世紀末のころ、漢民族は華北の戎狄《いてき》である異民族を追い払って、内蒙古に接する地に進出するのだが、このときはじめて蒙古高原の匈奴に出合っている。当時の匈奴は、西のスキタイ族から青銅の馬具や兵器を手に入れ、ますます強大な力を発揮し、漢民族に対抗するほどの国家にまで成長していたのである。
秦始皇帝は、長城を建設して匈奴が騎馬で南下するのを食い止めるが、秦も漢も崩壊する。そのいっぽうで、匈奴は遊牧を業とする異民族を破って、やがて長城を越えて侵入し、殺戮を繰り返していた。その勢いは長安の郊外まで略奪されるようになり、以来、十年の長い戦いが始まった。

匈奴、破れて紅花を失う

匈奴の強さは、騎馬軍団によって各処に出撃することにあった。それに対して漢軍のほうは武器の精巧さで勝っていた。が、それでも武帝は、匈奴に対する騎兵部隊をつくりあげ、長城外に出て匈奴領内に出撃した。匈奴は破れて祁連《きれん》山、焉支《えんし》山を失った。このことについて『中国地名辞典』によれば、次のように記されている。

焉支山は「山丹県の東南に焉支山がある」(明地志)。甘粛省山丹県の東南、永昌県の西北にあり、俗に大黄山と称する。「甘州は、刪丹に属し、焉支山が県界にある。刪丹山とは焉支山の語が訛ったもの」(旧唐書)。「焉支山は東西百余里、南北二十里、水草が茂って美しく、牧畜に適している。匈奴は祁連、焉支の二山を失したとし、次のような歌を残している。

亡我祁連山　使我六畜不蕃息
失我焉支山　使我婦女無顔色
——わたしの祁連山をなくして、家畜を休ませられなくなった。

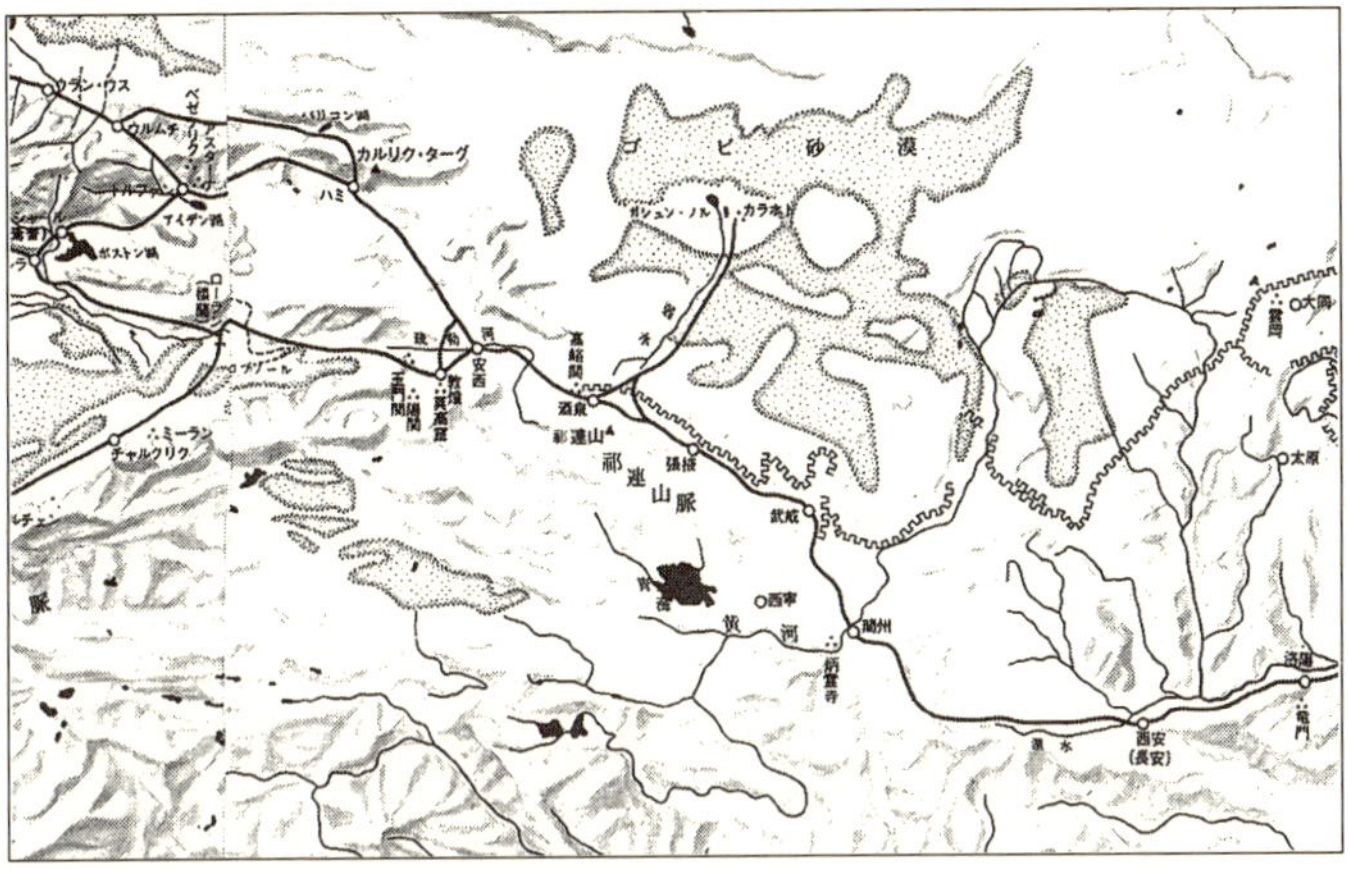

中国・祁連山脈と祁連山

わたしの焉支山を失って、婦人を楽しませることができなくなった――　（西河旧事）

『和名抄』に、燕支について次のようにみえる。

燕支　西河旧事云焉支山出丹今案焉支烟支燕支燕脂皆通用

焉支山は燕支山ともいい、この地で栽培される花を燕支花といった。燕支花は紅花のことである。『中国文化のルーツ』（郭伯南著）によれば、匈奴は娘を嫁がせるとき、紅花を摘み、汁を絞って臙脂をつくって持たせたという。結婚して妻となった娘は、顔に臙脂を塗ったのである。この風習の起こりは、戦国時代に活動して勢力を大きくした単于《ぜんう》の摘妻の閼《あつ》氏が、臙脂で化粧していたからといわれ、やがて「閼氏」は、臙脂花のように美しい妻を意味するようになった。このことから、匈奴は妻のことを「閼氏」というようになった。

中国には、紅花についてもう一つの伝説がある。それは商の紂《ちゅう》王のときに始まる。紂王の時代に紅花の汁で脂《べに》をつくったというもので、燕の国に産したので燕脂と呼ばれたという。

匈奴の焉支も、燕の国の燕脂も、現代の中国では一種の伝説とみているようだ。なぜなら、中国では、考古学の立場から、紅花の歴史はもっとずっと以前から存在するからだという。

ところで、匈奴の王が紅花栽培地を失ったことで、婦女の顔色を失くしたということは、閼氏の伝説に見るように、臙脂で顔を彩色していたことを物語っている。臙脂には濃淡の差があり、化粧や絵画、食品の着色、紙や繊維への染色などがあるが、古くは化粧に使うことが多かったといわれる。『中国文化のルーツ』の著者の郭伯南氏は、その化粧法には、だいたい四種あったという。

霞粧（頬紅）、星靨《せいよう》（えくぼに赤い点をつける）、点唇（口紅）、斜紅（両の頬に三日月形や、菱形の文様を描く）の四種で、それぞれに由来がある。

・霞粧＝魏の宮女・夜来が皇宮に来て間もなくの夜、文帝は高さ七尺の水晶の屏風の向こうで、明りに寄って吟詠されていた。そこに夜来がきたが、水晶の屏風に気づかず、ぶつかって顔を傷つけてしまった。傷口から血が滲み出て、それがちょうど、暁の霞が消え失せていくような美しさであったという。それ以来、宮女たちは臙脂でそれを真似て化粧をするようになった。これが暁霞粧である。五代のころになると、紅の色が淡くなって桃花粧といった。（『琅嬛《ろうげん》記』）

・星靨＝三国時代、呉の孫和は鄧夫人を可愛がり、いつも膝の上に乗せていた。ある月夜に、水晶の如意を振って、誤って夫人の頬を傷つけてしまった。その傷から血が流れて、衣服を汚すほどであった。医者は川獺《かわうそ》の骨髄、玉の屑、琥珀を練り合わせた膏薬を作って傷口に貼れば、傷跡がつかないという。孫和は大金を投じて川獺の骨髄を買い、膏薬をつくらせた。しかし、琥珀の量が多過ぎため、傷は癒《い》えたが、傷跡が赤い点となって残ってしまった。それが、かえってなまめかしいと、のちに宮女たちはそれにならって、臙脂で頬に赤い点を付けるようになった。(『拾遺記』)

甘粛省、敦煌壁画に五代の「女供養人図」がある。七人の女性は桃花粧の化粧をし、前列の三人は星靨を付けている。

・点唇=唇に塗る臙脂の濃淡によって、点絳唇、点桃唇、点檀唇に分けられる。絳は深紅、桃は桜桃ともいい鮮紅、檀は浅紅である。

このように臙脂(紅)は、女性が顔に塗った。そこで顔色とは容色のことを指すようになった。では、中国ではいつの時代から紅化粧をするようになったのだろうか。さきの『中国文化のルーツ』によると、中国の顔料史のはじめは、一万八千年前の山頂洞人が代赭石《たいしゃせき》の粉を使っていたのだとあり、また、中国の塗料の始まりは、七千年前に河姆渡《かぼと》人が、赤い酸化鉄を使っていたという。このように古い時代から、人々はすでに鉱物質の赤色を利用して顔料や塗料をつくることを知っていたといわれている。そうしたことから推測して、植物である紅花の利用は古くから存在した、というのである。しかし、あまりにも遠い昔のことなので、考証は困難のようだ。中国考古学者・孫守貞氏と郭大順氏の報告が『文物』誌に、遼寧省西部の牛河梁神女廟遺跡から、神女頭像が発掘されたときのこととして記されている。

五千年前の神女頭像の顔には紅彩が塗られ、唇には朱を塗り、出土時は鮮紅色を呈していた。

しかし、まだ科学的な鑑定はなされていないようで、『文物』誌によれば、出土したとたん、その色が

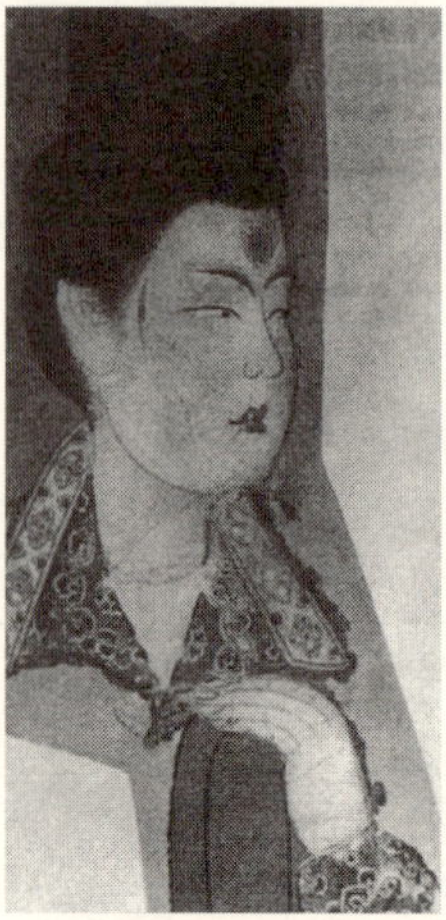

点唇と斜紅で化粧した『胡服婦人図』（唐代，アスターナ出土）

碁を打つ貴婦人
（アスターナの唐墓より出土）

星靨と額飾をした人形
（唐代，アスターナ出土）

敦煌壁画『女供養人図』 7人全員が桃花粧の化粧をし，前列の3人は星靨を付けている

消え失せたという。この現象から、植物（紅花）の可能性が高いという説があるが、紅花の可能性を秘めたままである。

紅花のルーツは？

エジプト原産とされる紅花は、中国へはエジプトから東へアラビア、イラン、インドなどを経て伝えられ、西へは地中海のクレタ島を経て、ギリシア、イタリアなど、ヨーロッパの各地へ広まったとみられる。こうしたことに関連して考えられることは、牧畜民のアーリア人の移動だという（江上波夫『文明移転』）。アーリア人は農耕も行なっていたが、アナトリア半島に入り、ついでヨーロッパ各地、そしてイランに入り、アフガン経由でインドへも入った。同じころに東トルキスタン、今でいう中国の新疆省から甘粛省あたりまで入っていったらしい。紀元前一五〇〇年から一八〇〇年までさかのぼるころに、そういう動きがあった。アナトリア半島に入ったヒッタイトは、紀元前一七〇〇年か一八〇〇年ごろにそこに移住。一方、メディア人やペルシャ人は、紀元前一〇〇〇年ころにイランに移住した。こうした遊牧騎馬民族は組織力にすぐれ、移動した土地で交易上もっとも有利なところに居すわって、そこを拠点にさらに四方に移動するのである。

江上波夫氏の『文明移転』から、少々長いが引用させてもらう。

遊牧民族というのは家畜を飼う草の関係で、元来は乾燥地帯におり、東方では蒙古、北満あたりから、西はハンガリー、ポーランドあたりまでユーラシアの内陸の草原地帯にいるが、草原地帯の彼らの文化を見るとハンガリーから蒙古まで、一定時代の間、全域的に、だいたい一様・均質だった。たとえばスキタイ系の文化が行われた前六世紀から前二世紀ころまでは、全ユーラシアの乾燥地帯にどこにでもある。それに続く前一世紀から後三世紀ころまでの匈奴時代には、中国の漢文化の影響を受けて胡漢文化が起る。胡漢文化が、蒙古・アルタイを中心に、三世紀から六世紀ころまで、全ユーラシア草原地帯はもとより、東は朝鮮、日本から、西は南ロシア、ハンガリーまで伝わった。

この文明の移転が、ただちに「紅花」の道につながると短絡的にはいえないが、大きな影響があったと考えていいのではないだろうか。なぜなら、人間の歩いたあとが「道」になり、それが「文化の道」だからだ。

焉支山一帯は紀元前、この辺を縦横無尽に駆けまわり、支配していた匈奴が、陣を構えていたのである。この焉支山は、またの名を口紅山《こうこう》ともいわれていた。紅のとれる植物があり、古代の女性たちがつける紅を取っていたからである。牧草に恵まれた地で、遊牧民族の匈奴にとっては格好の生活の場であった。匈奴の女性は紅花から紅をとり、化粧をしていた。そのことを語る古代のエピソードがある。

前漢時代に、漢の権力者は匈奴との融和政策の一つとして、宮廷に仕えていた王昭君《おうしようくん》という十九歳の若い女性を匈奴に嫁がせた。そのとき王昭君に従っていった女性が、「あなたは漢民族です。焉支山の紅で頬を赤く染めてはなりません」と、囁いたという。紅で頬を染めることは、匈奴独特の習俗だったのか。

やがて漢民族に追われた匈奴は、紅花の咲く焉支山を捨てて去っていった。祁連山の「祁連《チヨリユン》」とは匈奴語で「天山」の意。祁連山と焉支山に挟まれた扇状地帯で、かつて紅花が咲き誇っていた地は、現在、黄色の花を咲かせる菜の花畑がひろがっているそうだ。

私は祁連山の写真が欲しかった。一年中万年雪をいただく、高山の連なる山々を想像するだけでなく、具体的にこの本で紹介したかった。そこで中国大使館や中国観光局に連絡をとったが、観光スポットから外れているから、写真は無いということだった。では「紅花の写真は？」と聞くと、「紅花？　そう、紅花は中国ではあまり珍しい花ではないから」という返事であった。私はなおも、たたみかけるように言葉を続けた。「四川省とか福建省には紅花畑がひろがっていると聞きましたが……」。すると、「四川省とか福建省は一つの省といっても、日本全土をあわせたほど以上の面積があるので、紅花畑といわれても……」と戸惑ったような声であった。結局、祁連山の写真も、中国の紅花畑の写真も手に入らなかったのである。

古代の紅花栽培地と『延喜式』に見る染色技法

私たちは、古代のわが国の染織品に対して、どのように考えているのだろうか。稚拙なものだったと思い込んでいる人が多いのではないだろうか。

まずおもい浮かぶのは中国の史書『三国志』(陳寿著、三世紀の半ばころに編纂された中国の官撰正史の一つ)、俗に「魏志倭人伝」または「倭人伝」とよばれている史料によると、景初二年(二三八＝景初三年とする説もある)十二月に、卑弥呼が魏王に「班布」を、また正始四年(二四三)に「絳青縑《こうせいけん》」を朝貢したことが記されている。

魏の皇帝に献上したとする班布や倭錦、絳青縑、異文雑錦などについて、遺品がないことから推測的な研究がなされている程度である。それはおそらく、同じ「倭人伝」に記されている古代の人たちの服装から、精緻な織物が織られていたとは想像できなかったからかもしれない。古代人の服装の記述は次のようである。

男子は皆露紒《ろけい》(冠をつけず髪を露出)し、木緜《もくめん》(楮《こうぞ》などの木の繊維)をもって頭に招《か》け、其衣は横幅《おうふく》、ただ結束して相連《つら》ね、略《ほぼ》縫うことなし。婦人は披髪屈紒《くっけい》（曲げて結ぶ）し、衣を作ること単被（ひとえ）の如く、その中央を穿《うが》ち、頭を貫きてこれを衣《き》る。禾稲《かとう》、紵麻《ちょま》を種《う》え、蚕桑緝績《さんそうしゅうせき》（蚕を飼って糸につむぐ）し、細紵《さいちょ》、縑緜《けんめん》を出す。

三世紀ごろの日本人の衣生活の様子は、考古博物館などにも展示されるようになって、私たちにはだいぶ具体的に知ることができる。ところが卑弥呼は班布、倭錦、絳青縑などを魏王に献上しているのである。班布は二、三の色彩の異なった糸を織り込んだ縞布のこととされ、倭文《しどり》とみられるとされていた。たしかに倭文はこれまで『釈日本紀』などの文献上でしかわからなかった日本特有の織物である。「絳青縑」について知る手がかりはまったくないが、奈良県天理市の下池山古墳から思いがけず出土した鏡に、鏡袋の断片が付着していたことから、この断片と絳青縑とは同類であろうとする見方がある。

下池山古墳から出土した織物

下池山古墳は大和古墳群の一つである。大和古墳群は大和盆地の東、天理市南部から桜井市北部の南西四キロ、東西約一・五キロの範囲に五〇基ほどある。

下池山古墳は天理市成願寺町にある。古墳へはJR天理市からバスの便があり、成願寺または中山で下車するのがよい。民家のあるゆるい坂道を登るが、古墳の標識がなく、人影もない。が、やがて青く淀んだ池と、ゆるやかに曲線を描く墳丘が目につく。墳丘を見るために立つ位置を決めようとしても、このあたりは果樹園が多く、全景は見えにくい。しかし、この墳墓から布の断片が出土したのである。奈良県立

橿原考古学研究所の話によると、

鏡の表面に、きわめて保存のよい織物が付着していて、重なりや襞の状況から、巾着《きんちゃく》型の紐付きの鏡袋であったことがはっきりしました。もう一つは羅《ら》の組織で、鏡筐の表面に使われていたものです。漆で塗り固められていました。

ということであった。鏡袋の縞織物は倭文に相当するものだろうか。茶、黄緑、青の三色からなる縞模様で、青（藍）が鮮明に残っていたというが、その他の色の解明はまだなされていないようだ。

三世紀の染織品については、いまの私たちが想像する以上に技術は発達していたとおもわれる。四世紀になると古墳から下絹の出土があり、五世紀になると経錦の出土がみられる。『日本書紀』によると、応神天皇十四年（四〇三）に百済から縫衣工女《きぬぬいおみな》が渡来し、裁縫技術が導入されていることがわかる。

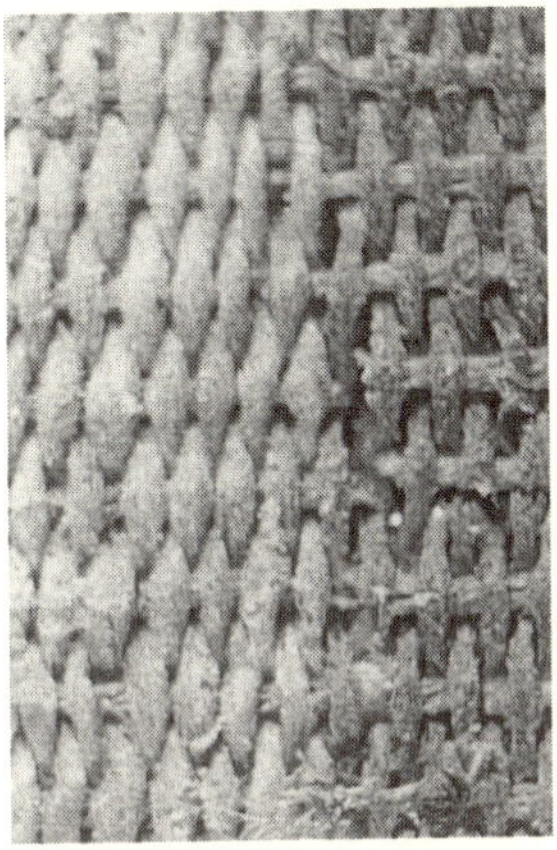
下池山古墳より出土した縞織物の組織（×10）

また、雄略天皇七年（四六三）に、百済から錦部定安《にしごりじょうあん》那錦《なこむ》が招かれ、同十四年（四七〇）に漢織《あやはとり》・呉織《くれはとり》・衣《きぬ》縫《ぬい》の兄媛《えひめ》・弟媛《おとひめ》らが来て、織物を製作したとある。

織物の工女を招いた雄略天皇だったが、雄略二十三年（四七九）に「朝野の衣冠未だ鮮麗《あざやか》にすることを得ず」と遺言されたと『日本書紀』にある。雄略天皇は中国の進んだ服制を知っていたのであろう。そのころの新羅では、法興王が国別の改革を行ない、五二〇年に律令を公布して、紫衣、緋衣、青衣、黄衣、錦冠、緋冠を定め、高句麗や百済も同様に服色を定めたといわれている。

日本では推古十一年(六〇三)に、聖徳太子が冠位制を定める。『日本書紀』に、

始めて、冠位を行う。大徳、小徳、大仁、小仁、大礼、小礼、大信、小信、大義、小義、大智、小智、あわせて十二階。並びに当色の絁《あしぎぬ》をもってこれを縫う。

とみえる。

なお、『日本書紀』推古天皇十九年(六一一)の条に、「諸臣の服色は皆冠の色に随《したが》う」とあるが、色についてはあきらかではない。しかし、このように冠位制を行なうほど、染織技術がすすんでいたとみることができる。六一八年に隋が滅び、唐の時代になると、わが国でも唐風の文化が台頭する。冠位の制は大化三年(六四七)に七色十三階が定められ、また大化五年(六四九)には冠位十九階に改められている。天智三年(六六四)には二十六階に改められ、冠位階名がより細かく区分された。

貴族の人たち

古代では、貴族は都《みやこ》に住む高位、高姓の公家をいった。律令位階制度は諸臣が三〇階で、諸王が四階あり、そのうち諸臣三〇階は一位から八位と、初位《そい》の九等級である。一位から三位までは正・従となり、「貴」は一位の正・従から三位の正・従まであり、四位以下は正・従のほかにそれぞれ上・下の階にわか

れる。「通貴《つうき》」は五位から一四階以上で、この通貴と貴をあわせて貴族といった。

天平元年（七二九）八月時点の貴は、従二位に多治比池守《たじひの》、正三位に藤原武智麻呂《むちまろ》、大伴旅人、阿倍広庭《ひろにわ》、従三位に藤原房前、多治比県守《あがたもり》、石川石足《いわたり》、藤原宇合《うまかい》、藤原麻呂らで合計九名であった。

ここまで出世できる氏族はだいたい決まっていて、藤原のほか、阿倍、大伴、巨勢《こせ》、石上《いそのかみ》（物部）、石川（蘇我）、紀などのほか、皇親氏族の多治比、橘などの二〇氏族であり、五位以上でも約一五〇人ほどであった。

また、貴族になれるのは貴族の子で、これが蔭位《おんい》制であった。蔭位制は父祖の位階で、その子孫が二十一歳になったときに位階が与えられた（次ページの表参照）。この蔭位制によると、親が一位の嫡子は従五位下となるので、はじめから貴族であった。

貴族の染織

貴族社会の染織が制度化されたのは「大宝律令」からである。大宝律令は日本の代表的な律令で、文武《もんむ》天皇が七〇〇年六月、刑部《おさかべ》親王・藤原不比等《ふひと》らに命じて撰修させ、翌七〇一年（大宝元）八月に完成・奏上された。律六巻・令一一巻である。大宝律令の全文は伝わっていないが、後の養老律令の注釈書などから内容を知ることができる。律は刑法に相当し、令は行政一般の法令だが、唐の令を模範としながら、日本の実情に適合するように変えられている。

この大宝律令は、最も完備した国家基本法として日本最初のものだが、七五七年（天平宝字元）にこれを部分的に修正した養老律令と交代した。律は応仁の乱でその大部分を失ったが、令は一部を欠くだけで

蔭位の制（父祖の位階でその子孫が21歳になったときに与えられる位階）

父祖の位階	嫡子	庶子	嫡孫	庶孫
一位	従五位下	正六位上	正六位上	正六位下
二位	正六位下	従六位上	従六位上	従六位下
三位	従六位上	従六位下	従六位下	正七位上
正四位	正七位下	従七位上		
従四位	従七位上	従七位下		
正五位	正八位下	従八位上		
従五位	従八位上	従八位下		

かなりの量が伝存している。注釈としては、八三三年（天長十）政府において令の解釈を統一した「令義解《りょうぎのげ》」や「律集解」、「令集解《りょうのしゅうげ》」がある。この養老律令は約二百年間行なわれたものの、その後は有名無実となり、形式的には明治維新まで存続した。

律令制の中央官庁は二官八省一台五衛府と総称される。二官とは神祇官《じんぎ》と太政官《だじょう》で、神祇官は国家の祭祀をつかさどり、太政官は国家の政治を扱った。太政官は八省の役所を管轄したのである。省にはそれぞれ職務を分担する寮・司などが付属していた。

『延喜式』と染織

桓武天皇の延暦十三年（七九四）に、都が山城の地に移って平安時代を迎えるが、唐風だった奈良時代が終わったのは遣唐使派遣が中止となって、唐と公の交通が絶えた寛平六年（八九四）ごろであろう。この約三十年後の醍醐天皇の延長五年（九二七）に、二十数年を費した『延喜式』五十巻が藤原忠平（八八〇―九四九）らによって撰上されたのである。時代背景は、奈良時代から続いた唐風の奈良朝の形式に、平安時代がオーバーラップされた時代である。たとえば奈良朝の装束の表袷裙《うえのあわせも》、下裙《したも》、比礼《ひれ》といった形が残っており、これに対して単衣《ひとえ》、袿衣《うちき》、単袿《ひとえのうちき》というような平安朝風な襲《かさね》装束の一部をおもわせるものもある。

しかも染色に関しては、染色を行なうために必要とする諸材料が、かなり詳しく記されている。この染料や染法は、だいたいにおいて、奈良時代を踏襲したと考えていいとおもう。染料としては蘇芳《すおう》、紫草、紅花、支子《くちなし》（梔子）、茜《あかね》、橡《つるばみ》（ブナ科の堅果）、刈安《かりやす》、藍、黄蘗《きはだ》などがあげられており、媒染に灰と酢があり、そのほかに薪《たきぎ》、藁などが記されている。『延喜式』では「巻十四　縫殿寮」にあり、規定した色目の染め方を「雑染《くさぐさのそめ》用度」に示している。これは古代の染色を知るうえでの大切な手がかりであるが、原文は漢文で長大にわたるので、次に紅花染に関する部分のみをピックアップして紹介しておきたい。

○韓紅花（からくれない）

紅花の紅色素だけで染めた濃い紅色。

・綾一疋。紅花大十斤。酢一斗。麸一斗。藁三囲。薪一百八十斤。
・帛一疋。紅花大六斤。酢六升。麸六升。藁二囲。薪一百二十斤。
・羅一疋。紅花大七斤。酢七升。麸五升。藁二囲半。薪一百五十斤。
・紗一疋。紅花大二斤。酢二升。麸三升。藁大半囲。薪四十斤。
・糸一絇。紅花大一斤。酢七合。麸二升。藁半囲。薪三十斤。
・貲布一端。紅花大四斤。酢一升二合。藁一囲。薪六十斤。
・細布一端。紅花大五斤。酢六升。藁二囲。薪百五十斤。調布准此

○中紅花（なかのくれない）

紅花で染めるが、韓紅花より薄い。

・貲布一端。紅花大一斤四両。酢八合。藁一囲。薪四十斤。
○退紅（あらぞめ）
紅花で染めるが、中紅花より薄く桃色に染まる。
・帛一疋。紅花小八両。酢一合。藁半囲。薪三十斤。
・調布一端。紅花大十四両。酢一合六勺。藁半囲。薪三十斤。

以上のようであるが、材質の調布、貲布、細布《しふ》について具体的にはわからない。調布は貢納布なので麻や苧麻であったろう。細布は細く割いた繊維と考えると苧麻であろうか。貲布は麻のほか楮もあったと考えられる。

以上のことから紅染なども行なわれており、その用度は近世の紅染とほとんどかわらないが、「麩《ふ》」があるのが不思議だった。前田雨城氏の『色』（法政大学出版局刊）によると、「紅花の紅色素が植物質に染着する性質を利用して、黄色素と紅色素を分離するために使った」とある。

紅花の栽培地について

『延喜式』に定められた服制によって、必要な紅花のすべてを各国に割り当てて賦課されていたのである。その国は、全国六八国中の次の二四カ国であった。

伊賀（七斤八両）、伊勢、尾張、三河、駿河、甲斐、相模、武蔵、安房、上総、下総、常陸、信濃、上野、下野、越前、加賀、越中、因幡、伯耆、石見、備後、安芸、紀伊

紅花は中男（一七～二〇歳までの男子。大宝令では少丁といった）の輸作物の一つとして賦課されていた。こうした輸作物は、それぞれの国の特産物なので種々多様であり、品目毎に貢納額が規定されていたのである。紅花の場合は二両が規定であったが、特例として伊賀国は七斤八両と規定されていて、驚くべき数量である。それは生産高が多かったからかもしれない。

当時の重量計算法は二四銖をもって一両、三両をもって大両、一六両をもって一斤であった。一斤は唐《とう》目《め》（重さの単位の一種。宋代の秤目《はかりめ》によったもので、一斤を一六〇匁とする）で一六〇匁であるから、一両は一〇匁に当たる。つまり大部分の中男は二〇匁ずつの貢納であった。

近世になって全国随一の紅花生産地となった出羽国がないのは、紅花の生産が後発であったことによる。また、『延喜式』では「飛騨。陸奥。出羽。壱岐。対馬等国嶋《ノ》不輸《ハ》」と規定しているので、中男の一切の貢納は免除されていたのである。このことは、地理的な事情によって除外されたのであろう。また当時の農民階層が紅花染の衣料を用いることはありえなかったので、紅花輸作国に指定されている以外の地で紅花を栽培することはなかったと考える。

ちなみに茜と黄蘗の課税国は次のようである。

茜　伊賀、伊勢、相模、武蔵、常陸、越前、加賀、越中、美作、備中、安芸、周防、日向

黄蘗　尾張二百斤、参河三百斤、近江三百斤、越前、越後三百斤、丹波四百斤、但馬二百斤、備中三百斤、備

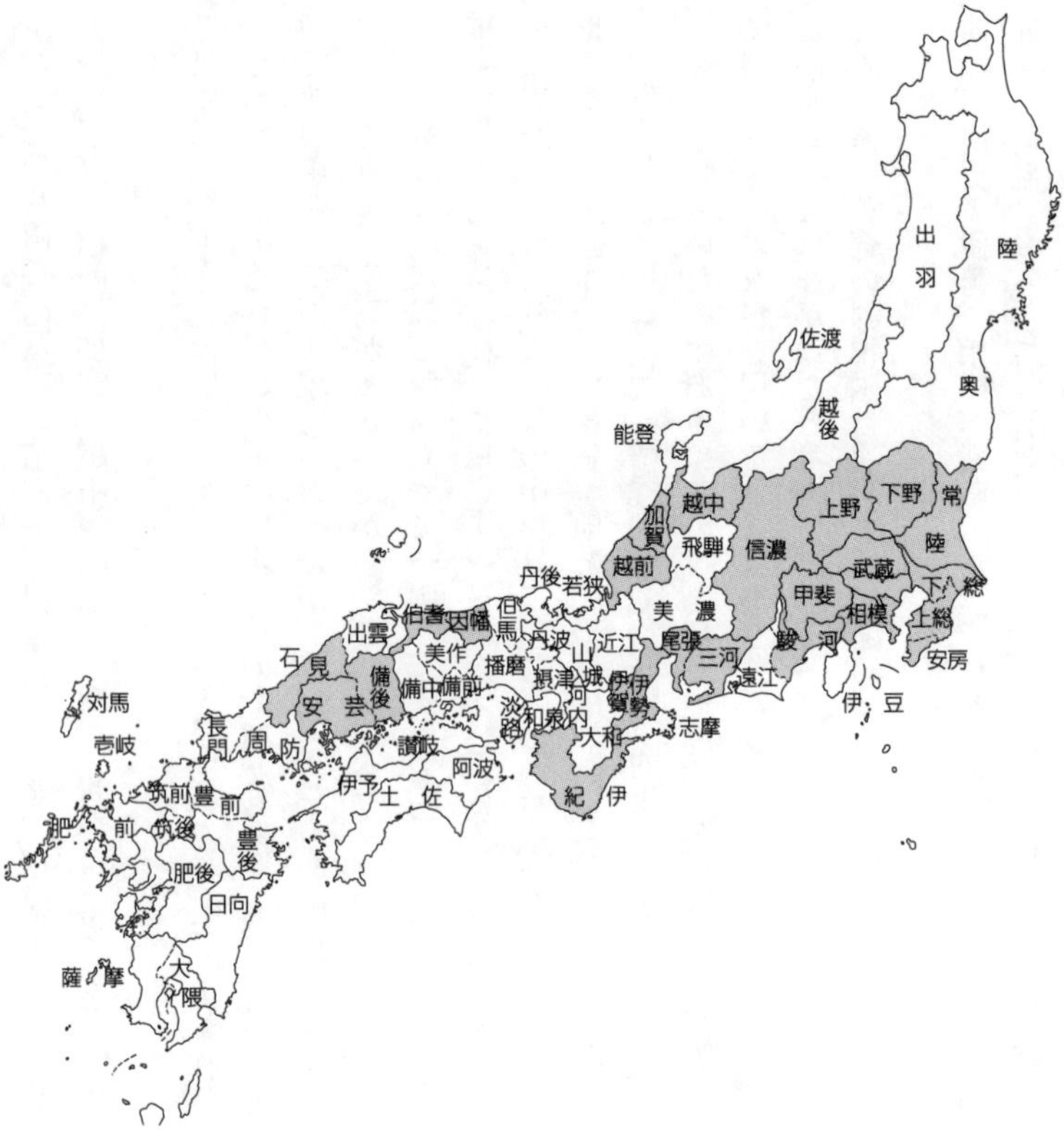

賦課によって紅花を納めた24カ国

後、周防、紀伊三百斤、阿波三百斤、讃岐百五十斤、伊予百五十斤、豊前

これによれば、中男作物として主計寮に貢納する染料は紅花、茜、黄蘗の三種であって、民部省の買上品（銀、朱砂、刈安草、胡粉、緑青、丹）などとともに、内蔵寮へ収納したのである。

なお、支子《くちなし》と藍は内蔵寮所管の作園があった。

真夏に紅花を摘み、厳寒に染める紅

最上川の上流の赤崩《あかくずれ》で紅花染をしている工房を、私は今回はじめてお訪ねした。赤崩は『地名辞典』によると、

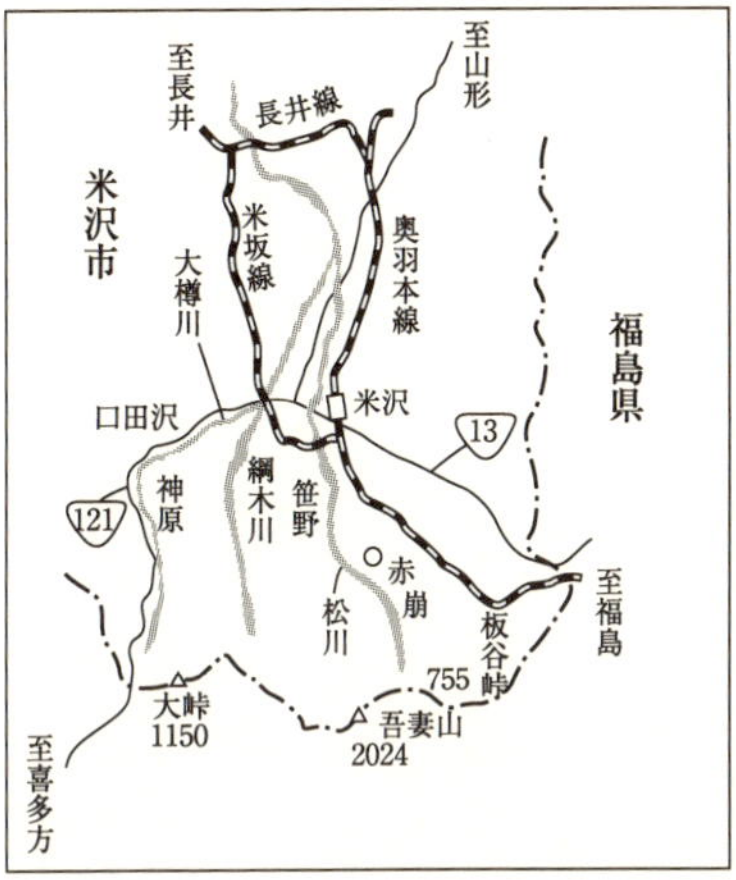

置賜地方、米沢盆地の南端、最上川上流（松川）の東岸に位置する。地名は激流のため決壊が多い危険地帯であったことに由来する。古名は安賀久津礼

とある。土地の人々は、赤石のある場所と言い、川はその赤石が崩れるほどの激流であったという。明治二十二年（一八八九）以降は山上村や南原村の大字《おおあざ》名であったが、昭和三十年（一九五五）から米沢市の大字名となった。その赤崩の地で紅花や藍などの染色材料を栽培し、養蚕をして繭から糸をつむぎ出して染め、織物を織っている山岸幸一さんの工房が

あるのだ。山岸さんの作品は、毎年の伝統工芸展に美しい紅染の織物が入選しており、私はいつも目を奪われていたので、作品は見知っていたが、今までお会いする機会がなかった。久しい間、お会いしたいと恋いこがれていたといったら過言だろうか。

ところが、久留米絣の森山哲浩氏から一枚の案内状が届いたのである。案内状は「うすはたの会　織作品展」とあり、しかも「最上紅花」について山岸幸一氏が講演をされると記されていた。日時は七月六日(平成十四年)とある。その案内状は前日の七月五日に私の手元に届いたのである。「明日?」と一瞬案じ、反射的に自分のスケジュール表に目をやった。展覧会場は京都である。が、私は京都に行くことに心が決まっていた。長い間、ひたすらお会いしたいと願っていた憧れの人に逢えるのである。ちょっと気負った言い方だが「千載一遇」のチャンスとおもって、翌日、早朝の新幹線に乗った。祇園祭を数日後にひかえて、京都の街には献灯がゆれて華やかであった。

「うすはた」とは、古歌の、

佐保姫の織りかけさらすうすはたの
　霞たちきる春の野べかな

にみるように、薄い織物(うすもの)のことである。中国で古代から織られていた「羅《ら》」がその代表的な織物といえる。経糸を緯糸一本ごとにねじって織った織物で、ねじってあるため非常に薄く、しかも軽いのが特徴である。うすはたについて『染織辞典』によれば、うすはた（羅）薄機の義にて、薄き織物の総称とす。名物六帖には「さほ姫のおもかげさらすうすはたの　霞たちきる春の野辺かな」とあり。また源氏物語には「うすもの」と見え、源平盛衰記には「女房のうすきぬおもて」などあり。皆薄き織物を云へり。

と、みえる。なお、羅についても同書に次のように述べられているので、概略を記しておく。「紗又は絽の如く粗く、または薄く織りたる物の総称とあり、宇須波多《うすはた》または阿幾豆志《あきずし》という。醍醐天皇の頃になると機織おおいに発達して種々の羅を織出し、調として尾張、紀伊、三河、近江、越前、但馬、伊予、阿波、丹波などから納めた。このように諸国より出たが廃絶し、その後、京都や堺、桐生などで織出された」と。

京都の会場に展示されているそれぞれの作家の美しい作品の前で、感動が胸をつきぬけ、そこから動くことができなかった。

多くの作品を前にして私は、はるかに遠い昔、「うすもの」を調として納めた人々の姿を想像しようとしても、想像できるものではなかった。むしろ想像を絶するほど、人の手は器用であった。

羅は、中国では古くから美しく上質で贅沢な織物の代名詞であった。中国に「有㆑羅紈《らがん》者必有㆓麻蒯《まがい》」という言葉がある。羅紈とはうす絹と白の練絹で、美服のことであり、麻蒯はアブラガヤの茎の繊維のことを指すことから、粗服のことをいう。つまり、さきの言葉の意味は、美服を着る者は、必ず粗服を着る時がある――ということで、盛者必滅の諭しとしてきた。

この羅の複雑な綟《もじり》組織の織物は外蒙古のノイン・ウラや朝鮮半島の楽浪など、漢代の遺跡から布の断片が発見されているので、その製織は紀元前後には始まっていたと考えられている。この羅の織技がいつ

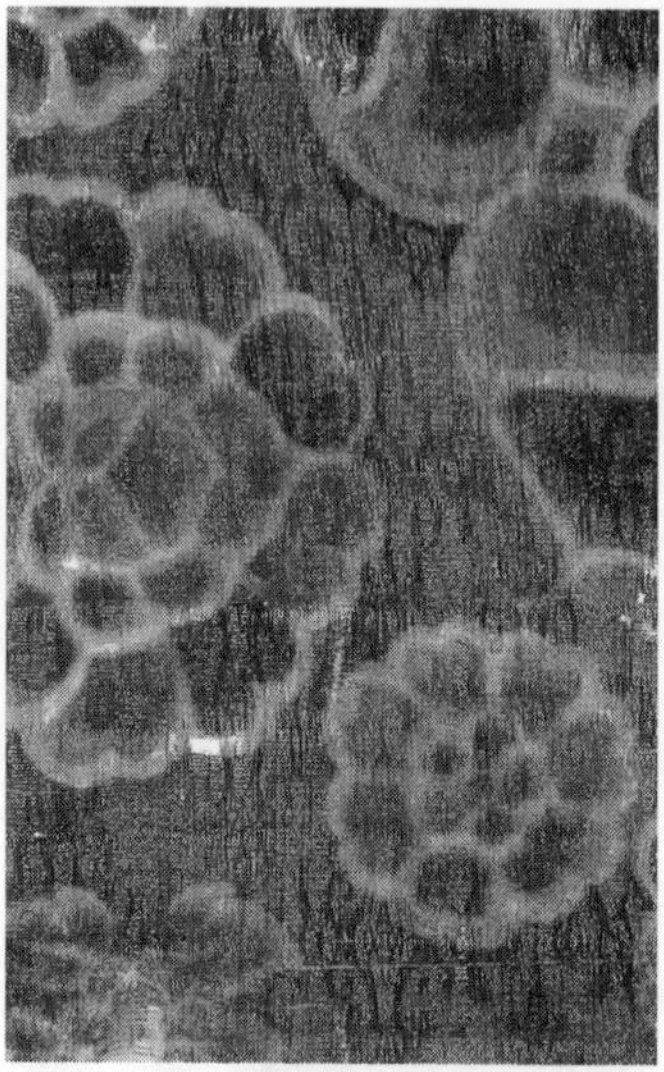

纐纈華文羅（幡、部分、八世紀、東京国立博物館蔵）

刺繡羅帯（部分、正倉院蔵）

ごろ日本に伝えられたか明らかではないが、聖徳太子の死を悼んで作られたという奈良中宮寺に現存する「天寿国繡帳」の残闕の生地は羅であることからすると、わが国でも六世紀末頃には織られていたのであろう。八世紀になると正倉院や東大寺に伝えられている古裂のなかに羅があるので、羅の技術は相当進んでいたと考えられる。しかし、平安時代以降は冠などのほか装束にはあまり使われていない。

細々と羅の技術が伝えられてきたのを知るのは、足利義政が長禄二年（一四五八）に熱田神宮に奉献した御神服で、現存している。その後、昭和天皇の御大典のおりに京都府から献上した紋羅である。複雑な組織の難渋さは『延喜式』に「冠羅を織るのに織手一人、共造（助手）一人にて、一日一尺一寸、また七寸」などから推察できる。羅は生糸で織り、のち精練、染色をして美しい薄物としたが、この薄い透ける織物は纐纈《きょうけち》の加工に適しており、正倉院に多く遺されている。そのうちの一つに「紫地《むらさきじ》花文纐纈羅断《かもんきょうけちのらだん》片《ぺん》」がある。纐纈染は後の板締染に類するもので、二枚の板のそれぞれの片面に文様を陰刻し、文様面をあわせた間に裂を二つ折り、または四つ折りにして挟み、強く締めつけ、あらかじめ板に穿っておいた穴から染液を注ぎ込んで染める。

なお、正倉院には、「刺繡羅帯《ししゅうらのおび》」がある。これは、褐色纐纈の羅と青色纐纈の羅を中央で縫い合わせ、その上から茶・紫・白・黄・緑・紅などの色練糸を使って菱文繋ぎを刺繡し、そのなかに四弁花文・四目菱文を散らしている。

「うすはたの会」の図録に、山岸さんは次のように書いている。

私の専門は、絹綿（真綿）双《もろ》（諸）紬織です。日本の文化財である着物を、身につける人が気持ち良く、心豊かに過ごせる衣裳として製作することを、私はいつも心に念じています。

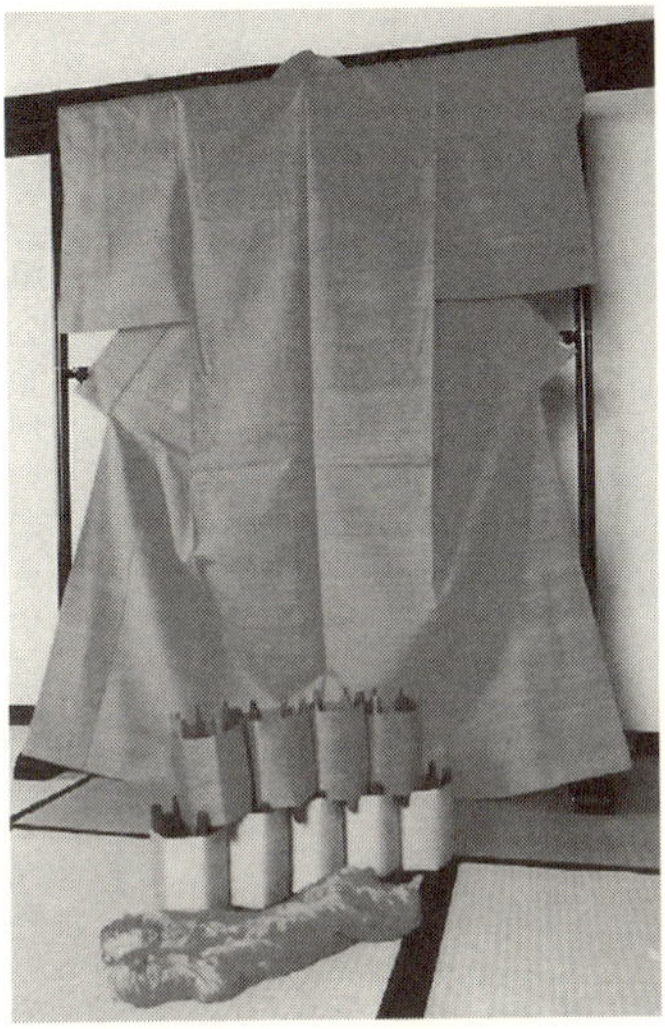

紅染のきもの（山岸さんの作品）

織物の組織としては一番単純な平織を専門としていますが、このことから、いかに素材を殺さずに生かすかを考えてゆくと、それは手仕事の世界になるのです。繭づくりから、糸づくりを行ない、それを植物染料で染め重ね、十分休ませて時を待ち、高機という機にかけて織り上げます。出来栄えは、いかに美しい透明感のある色を出すかにかかっている訳ですが、そのためには自然流水の水を選び、土を耕すことから始め、染の原料を得ます。以上それぞれの工程、プロセスをもっとも大事にし、そのことからいろいろなことを学んでいきます。後の世にも受け継がれる織物を念じています。

華やいだ紅花の色を染めて織っている人の、まことに地味な、地道な作家としての姿勢が滲み出ていた。この日の山岸さんの講演「最上紅花」は、人柄がそのまま滲み出て、静かで、感動的で充実していた。私はひと言も聞き洩らさないようにと、全身を耳にして聞き入った。

パネラー五人のなかに真栄城《まえしろ》興茂さんがいて驚かされた。真栄城さんは琉球藍を使って糸を染め、琉球絣を織っている。私は沖縄まで行って取材して『藍Ⅰ』（法政大学出版局）に書いている。

「あのときから十年になります」

と、真栄城さんは私の顔を見てそういった。その十年の間に、真栄城さんは日本伝統工芸展で文部大臣賞や、文化庁長官賞を受賞して、工芸家への道を着実に歩んでいたのであった。

山岸さんの講演のあと、私は感激のまま不躾に、赤崩の工房に伺いたいとお願いをした。

「米沢は山形市にくらべると少し花の咲く時期が遅いですが、そろそろ紅花が咲き始めています。七月二十日前後ならいいですよ」というご返事であった。

講演では「紅花の花摘みは早朝の午前四時から八時まで」と聞いていたので、私は七月二三日の午前五時一七分に米沢駅に着くことを連絡した。駅からタクシーで行こうと決めていた。ところが前日に山岸さんから電話があって、「米沢駅まで迎えに行くので、駅に着いたら電話をするように――」とのことである。私としては、花摘みの大事な時間中なので固辞したが、「行きますから」ということで電話が切れた。

そのとき、紅花畑が遠いのではその往復の時間的ロスがあると考え、「工房から紅花畑まで遠いのですか」と問う私に、「いえ、家の庭です」と、無造作な返事であった。

そのとき山岸さんは交通機関はなんですか？　と聞いたので、高速バスで行きますと答えた。つまり夜間高速バスである。旅行代理店が選んでくれたのだが、それは、どうしても米沢駅に午前六時迄に着きたいという私の希望で探してくれたのである。私にとって夜間高速バスは初体験であった。バスの乗り場の不案内もさることながら、米沢駅で目覚めるかどうかも不安であった。

当日のバスの車内は、休日明けのためか若い人たちが多く、しばらく声高の話し声がしていた。ようやく少しまどろんだろうか、「米沢です」という大きなアナウンスの声に、あわててリュックを持って下車した。米沢駅前に人気がなく、駅前にはタクシーの姿もない。公衆電話を探して、赤崩の工房に連絡すると、ほどなく山岸さんが車を運転して来てくださった。人気のない米沢の市街地を通り抜け、立派な石垣に守られた家並みを抜けて工房に到着した。車を降りると、目の前に紅花畑が広がっていた。庭で栽培していると電話で聞いたとき、「畑」と「庭」の関係がわからなかったが、工房の地続きで、広大な場所が畑であった。工房到着は午前六時前。紅花畑のむこうに朝霧に霞んだ山並みが見える。

「雲に隠れて頂上は見えませんが、一番高い山が吾妻山ですよ」と、山岸さんは雲に隠れて見えない山の方角をさした。

「ああ、あのあたりが吾妻山？」私は鸚鵡返しに返事をして、目に見えない山の頂上あたりを見つめた。紅花の栽培適地は、山に霧がかかり、その霧が山裾に下りてくる所だと聞いたことを思い出していた。

紅花を摘み、花餅を作る

最上地方では紅花のことを「花」という。それで紅花の花弁を摘むことを「花摘み」という。花摘みの話は、今まで多くの人たちから聞いていたし、真似ごとに摘んでみたこともあったが、私が摘んだ花を使って染めをする人が目の前にいるとおもうと、緊張する。山岸さんに花摘みの大事な基本を伺うと、「摘む花は、花の外側の花弁が二、三片ぐらい垂れたのを目安として、花弁の元をそっくりつまんで摘むんですよ」と。

山岸さんと三人の研修生に交じって私も一緒に、午前八時まで黙々と花を摘んだ。この日も暑い日だとおもうが、まったく暑さを感じなかった。炎天下の作業だというのに。

摘んだ花を計量すると三キログラム余りあった。この花弁を笊に入れて川まで持っていき、川の流水で水洗いし、水溶性の黄色素を流し捨てるのだ。これが「花洗い」。川の水に黄色の流れが生まれ、消えていく。さらに水分を充分に含んだ花弁を、上から静かに手で押しながら水を切ると黄色素は流れ去る。笊から半切盥《はんぎりたらい》に移して足で踏むのが「花踏み」。踏んだ花弁を、木陰に置いた茣蓙の上にひろげ、時折り水を与えるのが「花蒸し」。このあと「花搗《つ》き」といって木臼で搗き、花餅をつくるのだ。手で団子状にまるめて掌で煎餅《せんべい》状にする。

「すべては定まったリズムですよ。リズムのなかで、どのように仕事を処理していくかです。その一つ一つに確かな目と、勘だけではない積みあげた技術が必要でしょうね」

静かな語り口に、山岸さんが辿ってきた道が見える。

「私の祖先を過去帳でたどってみると、青苧を売る仕事をしていたようです。おそらく祖先は上杉公と一緒に越後から移ってきたのではないでしょうか。わたしの生家は米沢市中の米沢城址に近いところで、袴地を織っていたんですよ。織物屋としては私で四代目です」

山岸さんは話の合間に、おいしいお茶を入れてくださった。冷たい和菓子も添えてあった。このときになって、私の額から汗が流れ出た。お茶をひと口いただいてから、先刻から気になっていたことを聞いた。それは程よい所に、花がさりげなく生けてあることであった。たとえば棚の脇や屛風の近く……。小瓶の花は野の花である。可憐というより可愛いのである。私は若い研修生が生けているのであろうとおもっていた。

「わたしが生けてます」山岸さんは、さりげなくおっしゃった。

土を耕やし、花の種を蒔き、花を摘む日焼けした山岸さんの顔を見ると、優しい笑顔があった。

上杉公は殖産の一つに桑を植えさせて養蚕を奨励した。以来、米沢といえば絹織物の町として発展してきた。昭和二十一年（一九四六）生まれの山岸さんの幼少時代は、おそらく織物を織れば売れていった時代であったろう。

「わたしは動力織機の音の中で育ったんですね。〝音が止まると泣き出した〟といわれましたよ」

そのような環境で育ったので、学校を卒業するとすぐに家業を手伝った。ところが仕事として織機を前にすると、動力機の音が無機質に響き、そのなかで、いかに能率よく量産するか、いかに販売していくかなどに一生懸命になることに疑問を感ずるようになったそうだ。

「そこである日、動力機で織るのとまったく同じ材料を使って高機で織ってみたんですよ。その結果は歴然としてましたね。人間が身に纏《まと》う布は、人間の手で作り上げたものが一番だとね」

朝霧の中の花摘み

近くの清流で花洗い

摘んだ紅花の花弁

花踏み

花寝せ

花餅の乾燥

花搗き

山岸さんが織物に自分そのものの「魂」を吹き込みたいと願うようになった原点がここにあった。すると、素材の糸から始めなければならない。

「蚕は現在、五種類飼ってます。櫟《くぬぎ》も植えて天蚕も飼ってます。その繭から糸をつむぎ出します。その繭も、中の蛹を殺してから糸を引いては良い糸にはなりません。生繭といって、蛹を殺さないで袋真綿にして引いた糸には艶があります。その糸をわたしは『絹綿紬糸《きぬわた》』といってます」

黄金色の繭は、真綿にする工程で煮汁が出る。その色素を「あけぼの繭」の白い糸に染めつけたのが、「黄金繭色素染春来夢」（商標登録）である。「春来夢」は、黄金繭の名残りの色をしっかりと糸にとどめて、やわらかいクリーム色をしている。

頃合いを見て、山岸さんは立ちあがった。次は花弁を木臼で搗く花搗きの時間である。続いて花餅をつくる。直径三、四センチの団子に丸めるために臼から花を手に持つと、花は柔らかく掌に納まり、そっと握ると指の間から幾筋かの赤い汁が流れ出た。団子状にして両の掌で平らに押し、煎餅状にする。

「さあ、これで花摘みから花洗い、花搗き、花餅つくりと、紅染以外は全部わかりましたよね。紅染は寒染といって寒中に染めます」

私は花を摘ませてもらい、真似ごとだが木臼で搗く花搗きもさせてもらった。掌の中でねっとりと優しい感触を味わいながら、花餅もつくらせてもらった。でもそれは、どこまでも「手を出した」にすぎない。手を出しただけなのに、私の不注意で花摘みのときに右手の親指の爪の間に紅花の刺が刺さったらしい。痛くて、ペンが思うように持てなかった。

「刺が刺さったみたいで、指が痛いです」と訴えた。その痛さは深爪をしたときの痛さに似ていた。「刺が刺さると、もっと痛いですよ」と山岸さん。私は実際の痛さを計るすべがない。しかし、だからこそ、朝霧に濡れて、紅花の刺が柔らかいうちに花を摘むのだ。

紅花について江戸時代に書かれた本に「花ハ早朝カラ午前十時マデニ摘ム」とある。このことについて山岸さんは、「摘んだ花はその日のうちに処理しなければならないので、早朝から花を摘むという理由がきちんとあるんですよ」と、おっしゃった。時間に追われるように、次の工程に進むための頃合いは、すべて山岸さんの胸の内にあるらしい。これを「花のリズム」というのだろうか。それにしても紅花栽培や養蚕などは苛酷な「農」の仕事である。改めて私は山岸さんの逞しい腕を見て、それから日焼けした顔を見た。そこには明るく屈託のない笑顔があった。

「紅花についていろいろ調べてみると、昔の方法はずいぶん丁寧でしたね。わたしは昔の人がしていたと同じようにして流水で花を洗い、桶に入れて足で踏み、余分な色素や不純物を揉み出します。これを筵の上に広げて時折り霧を与えると、徐々に発酵が進んでいきます。それをさらに木臼で搗いて、純度の高い鮮やかな紅色を得るのです。こうして手間をかければかけるほど綺麗な色が得られます。昔の花餅はこうして作っていたのですが、能率を優先させるために省力化され、手間を省いて簡略になりました。今では機械で黄色素を除くんです」

私は山岸さんに尋ねた。「連日午前四時から花摘みをするなど、私からみたら苦しみの多い仕事のようですけど、苦しいと思ったことはないのですか?」

「苦しいと思うときでも、その先の楽しいことを考えていますから……」

山岸さんはそう答えただけだったが、無心に花に対している山岸さんの姿に接すると、私には後光が射しているようにおもわれる。おそらく、この花からどのような色が得られるのか、その色でどのような織物を創作しようか、など、私などの想像を越えた計り知れない工芸家の心が、紅花を栽培させ、さらに染めに至る工程の一つ一つに、文字通り心血を注いでいるのであった。蚕を飼育して繭から糸を取ることも、櫟を植栽して天蚕を飼育することも、すべて山岸さんの信念に裏打ちされた本質への追求に外ならないのだろう。

以下に私が山岸さんの工房で体験させてもらった花摘みから花餅つくりまでの工程を要約しておく。前にも記したが、最上地方では紅花のことを「花」という。

花摘み

夜明け早々の午前四時ごろから花摘みをし、午前八時ごろに終わる。朝霧に濡れている花の刺でも指に刺さると指先が腫れて痛い。私は注意していたのに爪の間に刺が入ってしまい、ひどく痛かった。「花摘みのときに、刺が乾燥する日中まで行なうと、刺が痛いということもありますけど、午前八時ごろに花摘みを終わるのは、陽のあるうちに花餅にして乾燥させるためで、とても合理的だとおもいますよ」と、山岸さん。

花洗い

摘み取った花弁を笊に入れて、工房の脇を流れている川で黄色素を流し去る。川の流水を使うのは昔からの方法。笊から流れ出た黄色素は、一瞬川の水を黄に染めて流れていった。

花踏み

川から持ち帰った笊から花を半切盥に移し、花を足で踏む。川の流れだけでは流し切れなかった黄色素が、花から流れ出る。

花蒸し

木陰に丸太を置き、その上に茣蓙《ござ》をひろげて敷く。これは茣蓙が直接地面に触れないようにするため。茣蓙に花を薄くひろげて置き、時折り水分を与えて発酵させる。「紅花と藍は似てますよね。藍は葉であり、紅花は花弁ですから、どちらも染材としては珍しいですが、共通しているのは両方とも発酵という過程を経ることですし、熱を使わない染料としても共通してますね。ただし、花のもつ黄色素は下染めに使えますが、この黄色素は熱染めです」と、山岸さん。

花搗き

発酵の状態を見計らって木臼に移して杵で搗く。搗き方は、花をひねり潰すのではなく、静かに押すようにして搗く。

花餅つくり

木臼からやわらかくなった花を手に取り、軽く絞って三～四センチの団子にしてから、掌で平らに押して煎餅状にする。大きな広く浅い笊に並べて、風通しの良い木陰で乾燥し、夕方には取り入れる。完全に乾燥するまで、繰り返す。煎餅状にして並べた花餅は、すでに美しい紅色をしていた。『名物紅の袖』に

「……もちを干すときの天気がよいと、ひときわみごとに干しあがり……上出来の品質となる」とある。この日は上天気であった。保存の良い花餅は、何年たっても品質が変わらず、使えるそうである。

この花餅を使って染めるのは「寒染」である。厳しい冬の季節に染めるのだ。許されれば私は、また冬にお訪ねして山岸さんが糸染めをする様子を見学させてほしいと、花餅の紅色を見つめながら切に願っていた。

太陽の光と、水と風と

山岸さんが植物染の原点に立ち返り、糸にこだわり、高機を使って手織りをするという徹底した織物を創作したいと念願して、赤崩に移り住んだのは昭和五十年（一九七五）のことだそうである。

「染物は水芸というほどですから、水を求めてずいぶん探して、やっとここに決めました。良い水というのは、四季を通して水温の変化の少ない水、水質も大事ですし、自然の流水も大切な要素なんですね」と。すべての条件が揃って、赤崩の地に「赤崩草木染研究所」を構えた。

赤崩は米沢市内の南端、そこは村山盆地の最南端に位置しており、紅花栽培の適地でもある。最上川は山地から流れ出た小さな川がいくつも流れ込んでいる。その一つである山岸さんの工房の傍らの川に行くと、川底の岩が太陽に輝いて、流水がその岩を嚙み、ゴーゴーと瀬音をたてて流れていた。この川に山女《やまめ》や岩魚《いわな》が生息しているそうである。振り仰ぐと吾妻山が山の頂まで姿を見せていた。ある保険会社で「ふるさと」のイメージのアンケートをとったところ、一位は「山」、二位は「海」、三位は「母」だったと

『朝日新聞』の「天声人語」に書いてあったが、この赤崩の地はまさに「ふるさと」のようなおおらかさを見せていた。川から引いた用水で田がひろがり、若緑の稲田に風が吹きわたる。

「風もまた大切なんですよ。染めた糸は、木陰の光の中で風を受けて乾燥させるんです。そうした環境を探していたわけです」

植物染にはまことに理想の地であった。しかも川の水は、山形大学工学部で水質検査をしてもらったところ、鉄分が微量（〇・〇一PPM）、ほんのわずかアルカリ性の軟水であったこと。そのうえ発色を促す酸素が豊富で、水温の差が一年を通して少ないことなど、山岸さんが追い求めていた理想の水であったのだ。

私は山岸さんと一緒に川の上流にいった。舗装されていない山の辺の道だが、今は車が通れるほどの道幅がある。かつては水の源を求めて人々が歩いた道であろう。鬱蒼と繁った木々の傍らに「錦堂薬師瑠璃光如来」の石標が立ち、右手に六角の塔があった。塔の前面にお地蔵様が浮き彫りになっている珍しい六地蔵である。湿った石段を登る。石段には灰色の石に混ざって明るい煉瓦色の石があった。これが赤崩の赤石だそうである。奥に小さなお堂が建っていて、山の湧水はお堂のみ仏に守られるようにして流れ出ていた。この水は体に良い水として古くから多くの人々の信仰を集めてきたそうである。

「わたしの曾祖母が重い病気で寝たきりになって、今日か明日かというとき、ここの水を汲んできて口に含ませたら、何日か命を助けられました」山岸さんの子供のころの記憶だそうである。

水の神に対する信仰はさまざまな形で各地に残っているようだが、水稲栽培をする地では、水に寄せる信仰が特に厚い。それは豊穣をもたらす水神は、母なる神として信仰されているからである。とりわけ阿

地元の人々の信仰を集める
「錦堂薬師瑠璃光如来」

弥陀如来への信仰は、奈良仏教の中に存在していて、やがて浄土信仰が庶民の間にひろまると、さまざまな形でひろまり、阿弥陀堂が建てられ、極楽往生の願いを中心にした阿弥陀信仰が地蔵や観音の信仰と結びついたのである。私は湧き口から導かれた水を、添えられていた柄杓《ひしゃく》でひと口いただいた。爽やかさを感じさせる水であった。

豊饒を約束してくれる「水」だが、かつては川を氾濫させ田畑に被害を与えることもあったのである。しかしこの川の氾濫によって上流から沃土がもたらされ、紅花の栽培には好都合だったのである。

「藍と紅花の似ている点も、またここにありますよね」山岸さんの目が優しく輝く。「ちょうど徳島県の吉野川が、川の氾濫によって藍がよく育ったように、紅花もそうだったんです」

私は米沢駅から赤崩に向かう車中から、土地の人々が石垣の町と呼ぶ家並みを見た。どの家も立派な石垣に守られていて不思議な光景だったが、それはたびたび洪水に見舞われてきたため、石垣をめぐらして家を守っていた姿なのだろうか、とおもわれた。が、山岸さんの話では、上杉公の下級士族の町で、水を利用した撚糸工場があったそうである。現在は護岸工事がしっかりされていて、川の氾濫はない。

「畑地を肥やすために、畑に肥料を与えるのですか?」と私。「いや、わたしの所ではよく肥えた畑の土を買ってるのです」。「土を買うんですか?

収穫した藍の葉は，手で揉んで干す

花摘みの日は藍の刈り取りの日でもある

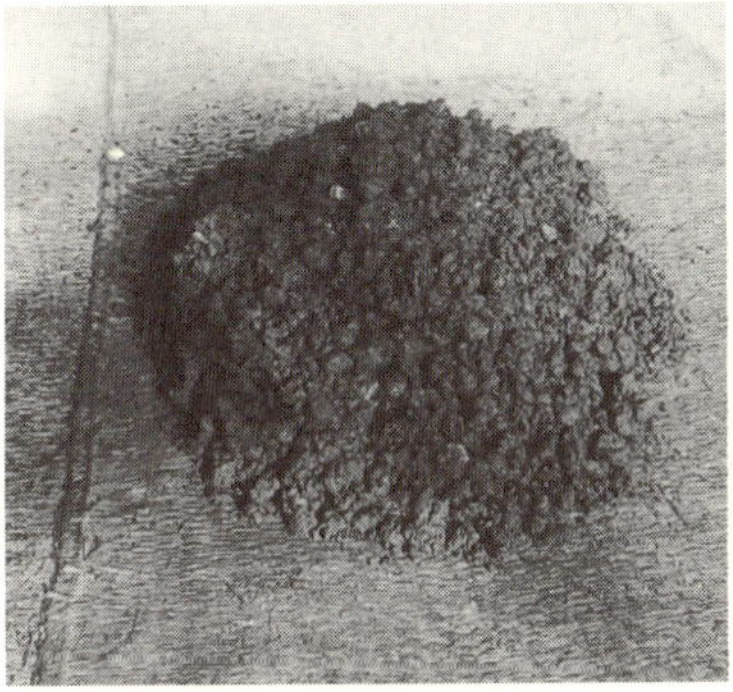

真夏に収穫した藍は，真冬の季節
にようやく蒅（すくも）になる

藍は葉にのみ青藍分を含むため，
丹念に葉をしごき取る．手前の黒
色の葉は前日の収穫分

それを客土にするのですね」と、怪訝《けげん》に問う私に、「そうですよ。植物を栽培しつづけると、土は痩せます。そうかといって肥料を与えただけでは駄目なんです。上質の土を買って土質改良をするわけです。その土の費用は……」といいかけて、口をつぐんだ。

あとで知ったのだが、山岸さんは日本伝統工芸展で日本工芸会賞や、日本伝統工芸会奨励賞などを受賞した際の金額に、さらにいくらかを加えて「畑の土」を買ったのだそうだ。大きな金額である。

笹野観音の近くの蕎麦屋でおいしい蕎麦をいただいて工房に戻ると、休む間もなく仕事がある。花摘みの時期は、藍草の刈り取りの時節でもある。山岸さんは鎌を手に藍草を刈る。藍草は大葉、縮葉、丸葉の三種類を栽培している。刈り取った茎から葉のみを手で扱《こ》き取る。扱きおろした葉を数分、陽に当てるとやわらかくなるので、その葉を手揉《も》みする。このあと袋に入れて保存し、十月ごろから蒅《すくも》づくりをするのである。近くに住むという二人の女性が、一生懸命に藍葉を扱き取っていた。

「藍は葉にのみ色素があるので、純粋な藍を得ようとすると、茎が入っていては駄目ですね」

藍の葉を一枚一枚手で扱き下《おろ》す。この時期にしかできない生葉染をする。蒅にした藍は来年の春の外気温が上がったときに自然発酵で染める。すべて自然の営みに素直に従って作業をすすめていくのだ。

強い夏の太陽に藍の葉はたちまち乾燥していく。今まで蟬の鳴き声も耳に入らなかったが、ほっとひと息ついたところで蟬の声が聞こえてきた。遠くの山の風の音が、かすかに聞こえてくるようであった。

幻想の紅花の精と白い紅花

早朝から山岸さんの行動に従っただけなのに、紅花を身近にして、花の精は生き物のように私の心を揺り動かし、ホテルに戻ってからも花の精に酔い、心地よい興奮状態で寝つかれなかった。この日の工程の一つ一つのすべてが思い出されるが、とくに鮮やかにおもい浮かぶ光景がある。それは半切盥の中に花を入れて足で踏む花踏みであった。山岸さんが花踏みの作業のために、それまで穿いていたゴム長靴と足袋を脱いだとき、顔も腕も日陽けして赤銅色をしているのに、その足の白いことであった。踏むと花から流れ出る赤みを含んだ余分の液が、足の甲に斜めに走って、備前焼の緋襷《ひだすき》を見るように、一つの幻想の世界を現出していた。水上勉著の『紅花物語』は口紅つくりの職人が主人公で、その主人公が紅に対して異常ともおもえる関心で紅に惹かれていくのだが、私はこの花踏みの際の紅花の艶の神秘に胸がとどろいた。このあとの花搗きや花餅つくりでは、花も、私自身もすでに静寂の世界にあった。

この日、私は山岸さんの紅花畑で真っ白い紅花をはじめて見た。白い紅花については『紅と藍』（真壁仁著）で読んだ記憶があった。

山形大学農学部・渡辺俊三教授の調査ではアメリカ、カリフォルニア州における栽培品種はスーダンから導入したものから選抜したN－852をもとに、それからN－6、N－10などを生み出した。ジラという品種がいま主力品種である。オレンジ色の花で、ときに黄色と白花が出る。

山岸さんの紅花畑で真っ白い紅花をはじめて見たときの驚きは、ホテルに戻ってからも一種の感銘として残った。

「はじめて白い紅花が咲いたとき、その種を採取して植えて、すでに六年ほどになりますから、突然変異で生まれた〝幻の白紅花〟ではないとおもいますよ」

紅花といっても紅色素を含まない純白の紅花は神秘的だ。だが「白」では「色」を染めることはできないであろう。

私は畑の白紅花を見たとき、花の命の宿命をおもって、名状しがたい感情が胸をついた。

蚕を育て、繭から糸をとる

「和服は直線裁ちで形にして、あとは着る人が体に合わせて紐で留めますね。着て着崩れしないとか、軽いとか、すべて着る人が自分で感じる衣服でしょう。そうしたことに応えるためには、素材から吟味する必要がありました。養蚕をはじめたのも自然の成り行きでしたね」

はじめは織物用の糸を糸屋で買った。だがその糸に納得がいかなかった。それで自身で養蚕を始めた。

「繭から糸にするにも乾繭《かんけん》と生繭があります。乾繭は中の蛹を殺して乾燥させた繭、もう一つは繭の中の蛹《さなぎ》が生きている状態ですから生繭です。絹織物の多くは乾繭から絹糸を得たものです。生繭は木灰の灰《あ》汁《く》で鉄鍋で煮てから清水にとり、繭の口を開いて中の蛹を除き、綿ぼうしの木型に重ねて乾燥させます」

ふつう真綿つくりは、繭を開いて、四隅に釘を打った道具に方形に掛け広げるのだが、これでは強く力が加わるところと、そうでないところができて、糸にしたときに良い状態の糸は得られない。手つむぎの

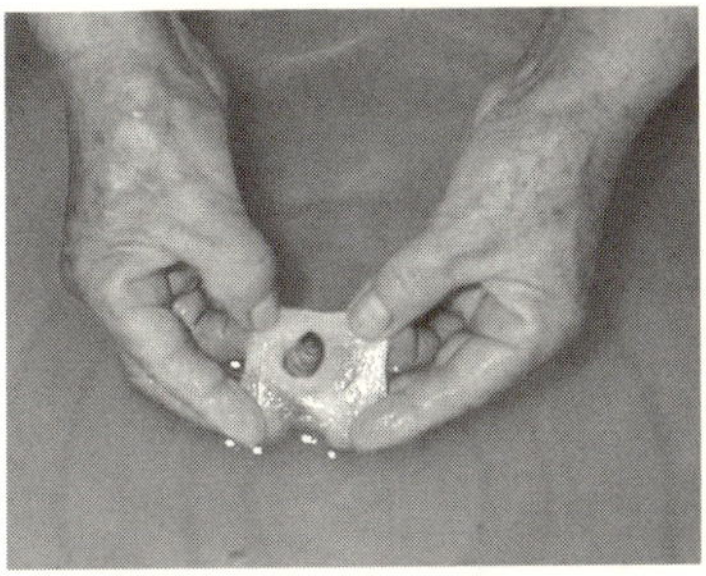

繭の口を開いて蛹を取り出す

繭を煮る

真綿を乾燥させる．一つの真綿に繭が30個ほど

一粒の繭を開いて，帽子形の木型にかぶせて真綿をつくる

真綿から直接，糸をつむぎ出す

上等の糸を得るためには、帽子状にした袋真綿が良く、これなら繊維の足が長く、糸に弾力性が生まれる。

「わたしは栃木県の結城紬研究所で一年間糸つむぎの修業をしました」と、山岸さん。その揚句の山岸さんのつむぎ糸は、空気が入り、ふんわりとふくらむ。この糸の中に入っている空気の力で、織りあげても弾力がある。

「ちょっと見てください。右が機械織り、左がわたしの織った手織りです」というと、右と左の織物を、両手の指先で押した。「ほら、左の裂は押した指のあとの凹みが、しっかりと復元しましたよ」

機械織りでは味わうことのできない、糸、染、織りの三味一体の織り味が生まれるのであった。

山の道の傍らの草木塔

置賜《おきたま》地方の特徴的な石碑に「草木塔」がある。これは「草木国土悉皆《しっかい》成仏」の精神をあらわし、人々の生活を支えるために伐採した樹木を供養するためので、「草木供養塔」ともいう。私は山岸さんに誘われて草木塔に行った。

「遠いですか？」と私。

「結構遠いですね」と山岸さん。

国道一二一号は米沢の市街地を抜けると、深い山の道になる。この道は最上川の支流の大樽川に添うようにあり、県境の大峠（標高一一五〇メートル）を越えると喜多方市（福島県）である。神原《かんばら》あたりで車を降りると、車道の傍らに草木塔が建っていた。崖の下は大樽川である。通称この塔を「上中原の草木塔」と呼んでいる。この碑は道路改修のときにここに移転したもので、碑の傍らにある説明文によると、「樹齢数百年を経た老木の檜の見事な枝振りを傘にした見事な草木塔」と記されている。台石の上の自然石の碑の高さは約一・五メートル。碑の前面の正面に「草木塔」と太字で刻まれ、その右上に「慶応元年七月廿日」とあり、また碑面の左下に「三田沢講中」とある。三田沢とは現在の口田沢、神原、入田沢を指す。現在でも五月二十日前後の早朝に、地元の田沢寺を導師として供養を行なっているという。

草木塔は昭和になってから造立されたものもあるが、古いもののなかには紀年銘が不明なものや、存在したという記録だけがあって現在では確認できないものがあるそうだが、それでも七十基を超える石碑が確認されている。その中で最も古いのは米沢市塩地平《しおじだいら》の安永九年（一七八〇）のものである。また、山地の森林地帯には「松木塔」や「大杉大明神」などもある。こうした松や杉などは伐採されて川を下ったのであろう。

深い山の中の大きな自然石に彫られた草木塔の文字を見ていると、草木に対するこの土地の人々の素朴で愛情あふれる精神を感じる。

米沢市口田沢の草木塔

「草木塔は、わたしたちの先人が自然を大切に、自然と共に生活を営んできた先祖の証《あかし》で、その感謝の気持ちがこうした塔にあらわれているんですね。わたしの仕事も、まことに天の恵み、地の祝いを十分に受けてはじめて、草木染の紬となって生まれ、育っていくわけです」

「草木塔の右隣りにあるのが蚕神塔です。これもこの土地にとっては大切な碑です。鷹山公が蚕業を奨励していますから」

山岸さんは塔の傍らで、ご自身の仕事を確かめるように力強い言葉でおっしゃった。

精根込めて、紅の「寒染」をする

私は夏の季節の花摘みのときから、厳寒の寒中でなければ染めない、紅の「寒染」の様子を見学したいと熱望していたので、十二月中旬に赤崩の工房に電話を入れた。それは、私が工房の中に入ってもいい日を、あらかじめ心づもりしていただくためであった。

すると一月になって、山岸さんから「来週染めます」と連絡があった。「寒いですよ。寒くないようにして来てください。カイロでもなんでも使って、暖かくしてね。雪も大分積もってます」

「寒染」は山岸幸一さんの登録商標である。この寒染は、寒中のもっとも寒気の厳しい午前四時に始め、午前七時ごろに終わるのだそうだ。

寒気に備えて私はたっぷりと着込み、さらに予備のセーターやマフラー、手袋をバックに詰めた。赤崩の工房に行けるのが嬉しくて、心が弾んでいた。予定は前日の夕方米沢に着き、ホテルで仮眠し、翌日の午前三時にタクシーを予約しておくことだった。

新幹線は空席が目立っていたので、気分的にもゆったりする。郡山あたりまで青空が見えていたが福島駅では雪が降っていた。トンネルを抜けるごとに雪は激しくなった。が、米沢駅に着くと雪は止んでいた。ホテルの人の話では、「きょうは朝から雪が降ったり、止んだりでした」とのこと。フロントでタクシーを予約してもらったので、ひと安心である。文字通り仮眠して、午前三時前にロビーにいると、ライトを光らせてタクシーが入ってきたのが見えた。運転手は私の顔を見るなり、「こんな時間に行って、先方は起きているんですか？」と、いった。「大丈夫です。起きているとおもいますよ」と、私。

凍った雪道を車はバリバリと音をさせながら、人の気配も、行き交う車もない道を走った。赤崩草木染研究所への道には目立った目標がなく、運転手は無線で連絡を取り、地図で確かめながら車を走らせてくれた。と、車が止まったので見ると、山岸さんの工房である。「あっ、人が出てきましたよ」と、運転手は安心したような、驚いたような声を出した。「その家の人は起きてますか」と、不安そうに私に聞いていたので、玄関から人影が見えたことが、まったく意外だったのであろう。人影は山岸さんご自身であった。

「月が出ていますよ」という山岸さんの言葉に、空を見上げた。満月を二日後にひかえたまあるい白い月が、幻想のように一面の雪原を照らしていた。「新しく降った雪が、こんなに美しい世界を見せてくれるんですね。雪国に住んでいても、雪は素晴らしいとおもいます。月も白くかすんで、雪も白く、白夜です。今夜はすばらしい。絶好の染日和です」山岸さんの声が弾んでいた。

午前四時。

「さあ、染めますよ」と、山岸さんの声に誘われて染め場に行くと、紅の染液や烏梅の汁、アカザ葉の灰汁に「湯づけ」されて染めを待つ白い絹綿《きぬわた》紬糸など、染めの準備は万端整っていた。大きな桶の中の紅の染液は人肌の温度である。その表面から微かに湯気がただよっているのは、まったく火の気《け》のない染め場の室温が、ぐんと冷えていることを語っている。染液が四〇℃を越すと、紅の色は黒ずんでしまうのだそうだ。

湯づけしてあった白い絹綿紬糸を絞り、ゆっくりと紅の染液に入れて、静かに引きあげると、まるで魔法にかかったように、白糸に紅色がまつわり付いていた。一キログラムの絹綿紬糸に自家製の花餅四〇〇グラムを使うのだそうだ。生花三キログラムを花餅にすると約二〇八グラムであると、夏の花摘みのときに聞いていた。すると、いま目の前で染めに使われている生花の量は六キロである。夏の日のひととき、炎天下で花摘みをしたが、あの日、山岸さんも研修生も全員で花を摘み、その一日の収量は約三キロであったのだ。貴重な「紅」である。むかしは「紅」は「金」と同じといわれていたことが、実感としてよくわかる。

「わたしは紅はお姫様のようだとおもっています。動植物など生物が寝しずまっているときに、静かに色を出して糸に移り住むのですから。夜明け前にひそやかに出した色は、早朝に太陽に出合って、なんともいえない独特の艶と色を見せてくれるでしょう。染めに入るとき、わたしは大きな期待でわくわくした気分になるんです。気分が高揚するんです」

糸を染液に入れ、静かに引き上げて絞り、さばいて風（さばき風）を入れる。この作業を何回も繰り返す。

「生繭から絹綿にしてつむぎ出したわたしの糸は、織りあげても弾力があるんです。機械織りでは味わえない織り味なんですよ。そうした生繭からつむいだ糸はセリシンが残っているので、色素が付着しやすいんですが、それでも何回も染め重ねます。するとセリシンを介して繊維の奥に、じんわりと色素が入っていき、染め重ねるたびに色が深まります」

「わたしは一つの素材を十回は染め、一年間寝かせて来年また染めます。このあとさらに一年間寝かせて、再来年染めるんです。一つの糸を一年に十回染めるとして、三年で三十回です。このくらい染め重ね、

花漬け

花絞り

紅染① 静かに糸を沈めていく

紅染② 糸を繰りながら全体をよく染める

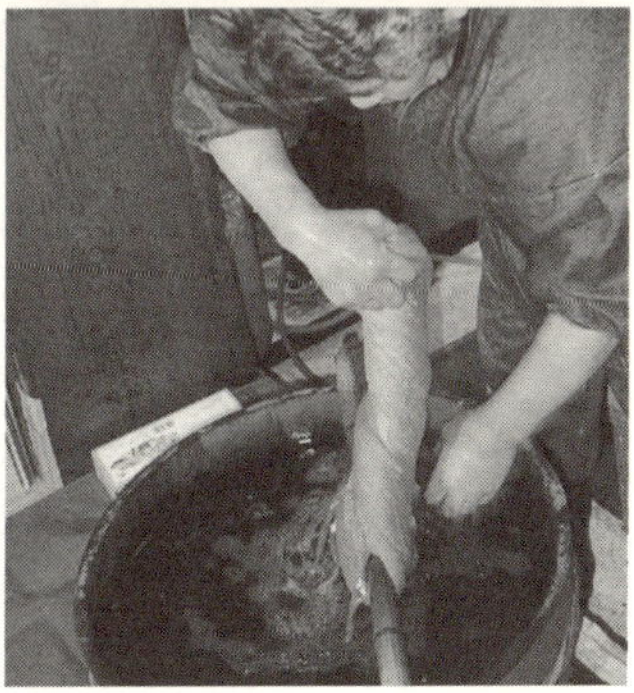

紅染③ 糸を絞る

紅染④ 糸をさばいて風を入れる

寝かせると色は熟成します。繊維の中に色素が浸透して風合いも出てきます。一つの色で三年がかりです」

とすると、今、私の目の前で行なっている染液に入れ、絞り、さばき風をするという一連の作業を何回繰り返しても一回なのであった。つまり午前四時からの寒染一回を一日とすると、十回は十日のことである。染める糸の量によって、寒染の日は増加する。見ているだけで体力も気力も必要な作業であることがよくわかる。

「でもね、こうして染めをしていると、染液からほのかな香りがするんです。こうしたことも染めの楽しみです」

わずかなことに楽しみを見いだして、仕事の活力にしているのであった。私は染液の傍らに立った。ほのかに甘酸っぱい香りである。花の残り香かもしれない。また、梅の実の香りかもしれない。山岸さんが〝お姫様〟と呼ぶのにふさわしい雰囲気の香りであった。

紅染は「熱」を用いない。つまり加熱しながら染める他の植物染料と違うのだ。また、電気の光さえも、紅の色素を変色させるのでよくない。熱を用いず、暖房のない染め場は、電気の光も最小限の明かりのみである。寒気と、ほの暗い神秘的ともいえる場所で、あの華やかな寒染の紅が誕生するのだ。

「寒染は寒の入りから二月がピークで、その間に自分の体調と天気を見て行ないます。夜空に白い月が出ていると、染めの合間に外に出て、雪の白と、白い月を眺めます。すると織物への想いが湧いてくるんです。自分の想い、ドラマ、喜び、葛藤などが糸になって生きてくるんですよ」

この日は白い絹綿紬糸と、昨年染めて、その後の一年間を静かに寝かせていた糸を染めた。染液に糸を沈め、引き上げて、さばいて風を入れる。さばき風のたびにパァーン、パァーンという音が静寂な染め場に響く。その糸の色を見ながら、染液に烏梅汁《うばい》を加えたり、紅の液を加えたりする。染液を混ぜるのは、静かに大きく右まわりに三回、左まわりに三回、そして最後に大きく十文字を書くようにするのだそうだ。

「染めるたびに色素が糸に吸い込まれていって、最後は染液が真水のようになるんです」と、染料を混ぜながら山岸さんはいう。

糸染を繰り返すたびに紅の色が少しずつ濃くなっていくのがわかる。この日の気温はマイナス一〇℃に近かったというが、真摯に染めに打ち込む山岸さんの姿が、神々しくさえ感じられ、私自身の寒さなど感じなかった。私はただひたすら山岸さんの動きを見詰めていた。

すると突然、『万葉集』の歌が思い出された。

竹敷《たかしき》の　宇敝可多《うへかた》山は　紅の
八《や》しほの色に　なりにけるかも（巻一五・三七〇三）

……紅の　八しほに染めて　おこせたる
衣の裾《すそ》も……　（巻一九・四一五六）

この歌に詠まれている「八しほ」の「八《や》」は、八回という具体的な数ではなく、数の多いことを示しているのである。古代の紅染も、幾度も染液に浸けて少しずつ紅色を濃くしていったのだ。美しく染めあがった糸を見ても、この色に到達するまでの手間と時間は計り知れない。

「さあ、ここで三十分ほど糸を染液に浸けますから、暖い部屋で休んでください」と、逆にねぎらってくれる。神経がぴりぴりしている仕事のはずなのに、この優しさは大人《たいじん》の風格である。私が暖い部屋でくつろいでいる間も、紅の色素はゆっくりと繊維の中に浸透していき、糸に艶が出て、風合いが生きてくるのだ。

「時間ですから、あちらに行きましょう」と促されて染め場へ行く。タイマーもかけずに三十分という時間を計れることに驚いてしまう。

「糸の声が聞こえるんですよ」と、山岸さんは染め場のほうを指して、穏やかにおっしゃる。染めながら、色や糸の状態をみるのは、三十年近くに及ぶ草木染との対話から生まれた熟達した技術と、自然との共生によって培われた、染色に対する特有の勘であるようだ。

「わたしは生繭を灰汁で煮て、絹綿紬糸をつくってますよね。その状態で染めると、絹の中に残っているセリシンに植物の染料が浸透していくわけですね。回数を重ね、九九パーセントで染めあがることになります。繊維の中で色素も生きているんですね。時が経つことによってつや、てりが出てきます」

染めた糸を工房の脇を流れる吾妻山から流れ出た自然流水の川で水酸化（さらす）を行なう。その川の両岸には、雪が覆いかぶさるように積っていた。川の水温はどれほど冷たいのだろうか。だが、この冷たさが、染めた色を引き締めるのだ。流水でさらした糸を絞って籠に上げ、雪を踏んで干し場に向かう。このとき午前七時。山里の遅い朝が明ける。

雪あかり　流水清く　紅の色

清流で糸を水酸化させる

この句は、山岸さんが詠んだ句である。

雪原に紅の糸が舞う

「きょうは素晴らしい色に染まりました。紅の色が冴えてます。白い月と雪。気象条件が合ったんでしょうね。紅が好む日だったんですよね。まだ染めが終わったわけではないですけど、わたしの直感ではいいとおもいます。ほんとうに理想的な日に染めができました。きょうは晴れますよ。そのうち山から風が吹いてくるでしょう。静かに……」

　晴れの日のシンボルのように、雪によって白く化粧した山並のむこうに兜の形をした兜《かぶと》山がくっきりと見えていた。

「化学的なデータも大切だけど、生きものを肌で感ずることは勘で当たります。作物の時期なんかでもそうですもの。昔の人は何かを感じ、求めて、孤独に自然と共に生きてきました。そうした自然の中の生活と、わたしの仕事とは切りはなせないんです。

外の風にあてて乾燥

語らぬものと対話をしながら、自然を一つの尺度として合わせながら、三十年近くを草木染をして生きてきますと、自然と相対しての暮らしが、人間にとっても素直で素晴らしいものだということがわかるのです」

　雪原の干し場に干した糸が、微かな風に揺れている。その糸を見る山岸さんの目が、いとおしいものを見るように優しい。

「わたしは紅の『寒染』を商標登録しています。この寒い時期になぜ染めるの？　と、多くの人に聞かれます。それは気温が低くて、湿度がもっとも少ない時が、水も澄んできれいです。そうした条件のなかで染めると、色も引き締まった色を出します。艶も照りも出ます。けれど、わたしが糸づくりから染め、織りのすべてを手仕事で行なうのは、そのことで付加価値を求めるためではありません。何百年も前に先人が遺してくれた文化を、遺産として受けとめているからです。そのうえで、わたしの技術が、この先、何百年も生き続けてくれることを願ってのことなんです。何百年も色が生きているのが草木染です。上杉家に伝わっている衣裳の色は、四百年を経ても変わらない美しさを保っています。わたしが染めた色も、何百年も生き続けてほしいんです」

私は上杉家に伝わる「紅地雪持柳桐文平絹胴服」（上杉神社蔵・国指定重要文化財）をおもい出していた。この胴服は上杉謙信・景勝の所用と伝えられる室町から桃山時代の衣裳で、紅地に雪持柳、牡丹の折枝、桐紋が一面に刺繡によって表わされている華麗な衣裳である。紅染の地色が忘れられないほど鮮烈な印象で、私の脳裏に焼きついている。

山岸さんが染や織りに自分の命を注ぎ込むように真摯に取り組んでいる姿を目のあたりにして、感動が私の胸を打ち、山岸さんが静かに語る言葉が胸にしみた。

参考のために山岸さんが『烏梅製造』（記録作成(4)　烏梅　その利用）に書かれた「最上の紅花染」を引用しておく。

我が家では、紅染めは寒中に行います。夕刻五時位から花を水に浸け、やわらかくほぐします（花浸け）。約二〜三時間程おいて、固くしぼります（花絞り）。これを二回程くり返し行います。次に三〇度位の湯にあかざ草の灰汁を入れた桶に花を入れ、よくまぜます。その桶を布でくるみ保温します。午後十一時から約三時間くらい時を待ち、午前二時花絞りを行い、紅色素を出します。これをくり返し行い、午前四時より染めに入ります。

紅染めは、このように取り出した紅色素に、中西喜祥氏が丹精込められた貴重な烏梅を、染めの三日前に三五〇グラムほどを熱湯につけ置いた汁を、紅色素の中に注入していきます。糸は最初は黄味色をしておりますが、時々絞り、さばき、風を入れ、再び烏梅汁を増し、糸染めを行います。この工程を十回位くり返して行い、最終には中西氏の烏梅によって引き締まった純度の高い紅色に染着します。糸を紅液に約四十分〜五十分程浸け置き、糸を取り出し絞ります。液は三十五℃位に温め、再び糸染めを行い、約二十分程つけてから、絞って米酢の水に入れ、約四十分ほどつけておいてから糸を絞り、清流（自然流水）にて糸を水酸化させ、外の風にあてて乾燥を行います。午前十一時位より、午後一時位まで乾燥し、第一回目の染めが終了します。四月中頃まで二回程くり返し、保存し一年間寝かせます。寝かせて三年目位の糸より、織物に使用します。その風味を生かすために、すべて手機で織り上げます。

絵絣に紅の色が映えて

佐々木苑子さんの絵絣には不思議な魅力がある。あるときは一つ一つの絣柄が躍動し、またあるときは静止してひたすら沈黙する。佐々木さんの絵絣は、慎ましく優しいが、強靱でもある。さまざまな相反する動きを秘めて、私の心の中に深く入ってきて忘れられないのである。このことは私だけが受けている「美」の衝撃だとおもっていたが、世の識者たちはとっくに承知していたのであった。平成十四年（二〇〇二）十一月に、「多年染織作家として精通し、多くの優れた独自の作品を発表してよく伝統工芸の伝承・向上に寄与し、事績まことに著明」と、紫綬褒賞に輝いたのである。

私にとっても嬉しい限りであった。

紅を染める

明るく、南側にひらけた工房には、前日から灰汁《あく》に浸けていた絹の絣糸一キログラムが染めを待っていた。紅を染める染材の花餅は八〇グラムで、すでに一番めの染液は木綿袋で液を絞り出してあった。液は臙脂《えんじ》色をしていた。

花餅から染液を絞りとる

「灰汁用の木灰は、友人に作ってもらってます。その友人は、教会の祭壇を製作しており、その樫の木材から灰を作ってくれてるんですよ。いまは上質の灰は手に入りにくくなりました」といいながら、佐々木さんは灰汁に浸けておいた絹糸を取り出して絞り、花餅から得た染液に浸ける。静かに静かに、液の中に糸は沈んでゆく。その糸を静かに繰り、引きあげると、白かった絹糸にほのかに紅が差していた。年若い女性が、恥じらいながら頬に差す紅の色。初々しい色であった。

「この色の着物は、少女時代の十代になるまでに着る色だといいます」と、佐々木さん。空気酸化を促すために糸をさばくと、紅の色はそのつど、はっと我に返ったように少しずつ色を深めていくようだった。

二階の工房から庭を見ると、えのき（ニレ科）の大木がのびのびと天に向かって伸び、左右にも枝を張っていた。寒中のいまは落葉しているので、黒々とした枝が逞しい。この木は高木となるので、夏の日の緑陰として楽しめるため「榎」の文字を当てているのだと、『新日本植物図鑑』（牧野富太郎著）にあった。「この木は実生《みしょう》なんですよ」と、佐々木さん。

榎の隣りに見えるのが「マテバシイ（ブナ科）」である。こちらは常緑高木なので、真冬のこの時期でも青々とした葉をつけていた。数年前のことだが、ある雑誌の取材で佐々木さんの工房をお訪ねし、マテバシイで染めた作品をつくっていただいた。「黒南風《くろばえ》」という題名で、心に残る作品であったことが鮮やかに思い出される。佐々木さんはイメージに合った特有の色が欲しくなったとき、さまざまな植物を使って新しい色を試みるのだそうだ。

紅の染液に糸を十分間ほど浸けて紅が浸透するのを待ち、引き上げて、絞って、さばいて、さらに染液に浸けて静かに待つ。時間に追われているのか、時間を追っているのか、糸の調子と色を見ながら烏梅《うばい》の液を加えると、紅の染液は冴えた紅色に変わる。糸も紅色を濃くしていく。糸綛《かせ》は佐々木さんの手の内、胸の内にすべて任せているように、素直である。紅もまた、佐々木さんの思うままに色を生み出しているようだ。こうした作業を見ていると、いつも不思議と感動の世界に私はひたるのだ。それは、染料を含有する植物と、作家の共同作業によって、新しい色を生み出すプロセスだからである。お互いが素直に、自分の持てるものを最大限に発揮してこそなしうることだからである。だから植物が持っている色料を一方的に糸にいただくというのとも違うし、計算とか計量などに頼って機械的に色が生み出されていくのとも違うのだ。たとえ同じ植物でも「年々歳々新たなり」で、期待しても期待どおりにならない。このとき、自然の偉大な力を知らされるのだ。「もの」と「人」が必死に努力して「色」を生み出すからこそ、植物

風を入れる

染液に漬ける

染料は百種百色であり、その中からその人だけの色を生み出すのだ。

糸が紅の染液の中で静かにしている間も、私はせっかちに取材をした。というのも、多忙な佐々木さんが「紅染」のための時間を割いてくれたからである。

「学校を卒業すると、一生続けられる仕事をとおもって、絵やデザインの勉強をしました。各地に行って陶芸も漆芸も見てまわりました。そのあげく、最初から最後までひとりでできる染織の道を選びました」

しかし、すぐに染織作家の道が拓かれたわけではない。ある日、自分でデザインして、染めと織りを職人に頼んだ。が、佐々木さんが思いえがいたとおりのものは上がってこなかった。じぶんで作ってみなければ駄目だと、このときに知ったのである。早速、富士宮市（静岡県）の織物工房に住み込んで、織りの

染め上がった糸

技術を身につけた。
佐々木さんの母上は佐々木愛子さんといって、染織研究家として新聞や雑誌などに記事を書いていらした。その愛子さんから以前、ご著書の『きもの暮し女の暦』（淡交社、一九八六年刊）をいただいた。その中に次のような文章がある。

娘の苑子が織物をはじめたいと言い出したとき、私は大反対したのでした。ただただ黙って緯糸を一本一本打ち込んでいかなければ一寸の布もあらわれない苛酷な仕事をさせたくなかったのです。
けれども苑子は自分の思いどおりに歩み出しました。静岡県下の織物工房に二年あまり住み込んで機織りのいっさいを覚え、家の二階に工房を設置しました。それから毎年のように鳥取県米子に出かけて緯絣を学びました。

佐々木さんは、遠くを見るような目で、遠い昔を

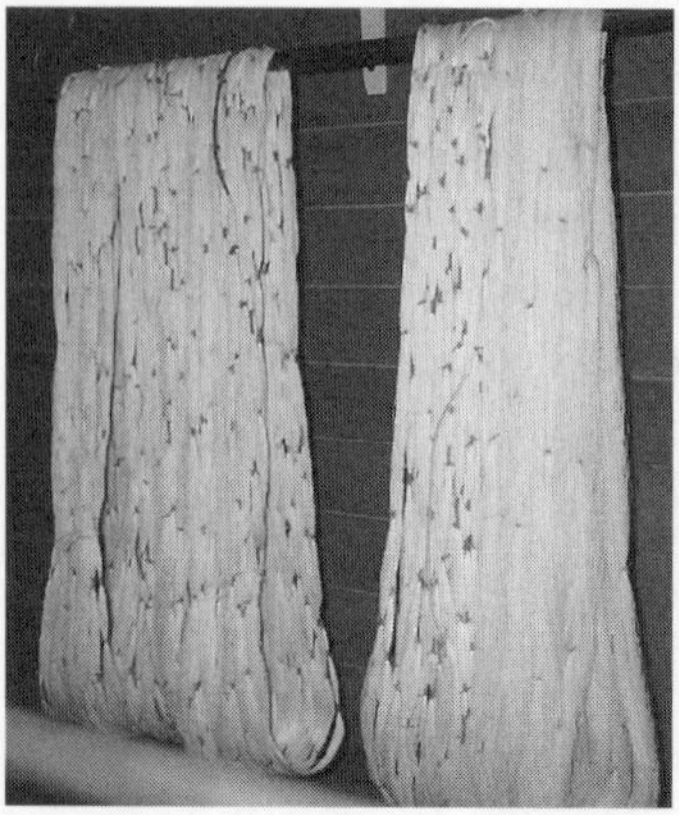
染めを待つ絣糸

絣の種糸

振り返るようにいった。「わたしは絵絣が好きなんです。絣には幾何文様もありますが、絵画のように曲線で表現する絵絣が好きなんです。素材は絹の紬糸です。絹の輝きに、細やかな絵絣を表現すると、とても、美しいんですね。そのことにずっと心惹かれています」

ずいぶん以前のことだが、『日本の美術　絣』（一九九二年刊）で、志村ふくみさんが語っている言葉がある。

弓浜絣というようなものはパターンとか種糸《たねいと》がありますね。ところが、今、伝統工芸展に出して新しい絵絣をしようとする人は、まったく種糸がない。自分でスケッチをして、それをパターン化して種糸を作る。種糸を作って織り出すまで、どんな柄が出るかわからないですから、その緊張感はたいへんだと思います。そういう仕事をずっと続けているのが佐々木苑子さんです。絵絣は経緯の織物ですから、そこに絵画的な曲線を出すのは本当にたいへんな仕事だと思います。

絵絣は機に糸をかけるまでもたいへんで、草や花、鳥などのスケッチからはじまる。つぎに図案をおこす。着物のできあがりを想定して図案を紋様にし、柄行きの配置を考える。紋様やその配置が決まると絣糸をつくる。種糸台で種糸をつくり、その種糸をもとに糸を括り、ようやく染色にかかるのだ。ひとりで最初から最後まで手をかけて仕上げるのは並たいていの労力ではない。

染織の中の自然の恩寵

佐々木さんは笑顔の美しい人である。ゆったりと、「他人」をくつろがせるおおらかさがある。聞くところによると、佐々木さんの叔父の舟越保武氏は、長崎の教会に二十六聖人のレリーフをつくった彫刻家である。私は長崎に旅してこの教会に何回か行った。大きな広い壁面に、スペインの神父二名、修道士七名、日本人の信者十七人が京都から旅をして、この地で十字架に磔の刑に処されたのである。私は突然、佐々木さんに「クリスチャンですか」と、問うた。

「ええ、そうです」と、ちょっと間を置いて佐々木さんはいった。

「わたしは今年で四十年間、作品をつくり出してきましたけど、苦しいことがありました。死ぬことばかり考えていた時期があったんです。これでいいのか、このままでいいのかって。染めと織りの仕事は集中力を必要としますし、孤独ですから、大きな力、創造主を探していたんですね。でも、どんなに苦しく、生きているのが辛いときでも仕事は続けていました。昔、バチカンのシステーナ礼拝堂に行きましたとき、さわさわした心地よさを感じて、その記憶が生きていたんでしょうね。ある年の九月に、なにか摂理があるのではないかと、カトリック教会に行きました。お訪ねした教会の司祭と相性が良かったんです。ふつう二、三年勉強をしなければならないのに、その年のクリスマスに洗礼を受けることができました」

佐々木さんの優しい目差しが、さらに優しさを加えていた。


平成五年（一九九三）六月十八日に、佐々木さんはローマ法王ヨハネ・パウロ二世の誕生日に謁見し、草木染の祭服を献じたそうだ。その祭服は絹糸と金糸を用い、中央に十字架を配したもので、十字紋は藍で染めた水色、紅花の桃色、支子《くちなし》と藍で緑色など五色の縞である。

「法王のご生活は質素そのもので、そのような日常に違和感なく溶け込めるようなものをと考えました。絹糸で丹念に織った布地の柔らかさは、洋服地では味わえませんから」

ベランダの手すりに一羽の鳩が飛んできた。「あの鳩、見てください。口に木の枝をくわえていますよね。きっと巣を作っているんですよ」

鳩は飛び去ったが、ほどなく戻ってきた。鳩に関心をよせる佐々木さんは、鳩に限らず森羅万象のすべてに関心をもち、そのすべてが佐々木さんの感性と融合して、個性的な作品となって実を結ぶのであろう。

鳩がふたたび飛び立っていった空の彼方を見ながら、佐々木さんはいった。「個性が素直に出るように、自分自身を無垢の状態にしていようと心掛けています」

絹の光沢に悠久の歴史をおもう

「絹が好き」という佐々木さんは、シルクロードを幾度となく訪れたそうだ。

「シルクロードが盛んだった文化はすでにありませんが、その大地に立ち、風土や色を目にすると、自分の中に感じるものがありました」と、佐々木さんはいう。

絹の糸は、だれが見ても美しく、あやしく輝いて魅惑的だ。

蚕を飼う養蚕が始まったのは、今から約五〇〇〇年前の中国である。中国王朝の遺跡から三六〇〇年前の絹の裂が出土している。不思議な光沢をもつ中国の絹織物を世界中の人々が欲しがったが、中国では養蚕技術や絹織物のつくり方を外国に知られることを恐れて、蚕の卵や桑の種を持ち出すのを禁じていたのである。

こんな伝説が残っている。西域の瞿薩旦那《クスタナ》国王は絹の製法を得るために、王子の妃に中国の王女の降嫁を請《こ》うた。そして王女には蚕卵を密《ひそ》かに持ち出すことを約束させたのである。そのころ蚕卵や養蚕技術を国外に持ち出せば極刑だったが、王女は瞿薩旦那の王子のためにその危険を冒《おか》して、高く結い上げた髪の中に蚕卵を隠して国境を越えた。こうして中国を出た養蚕技術は、タクラマカン砂漠を越えて西域に伝わったという。

瞿薩旦那は現在の中国・新疆《しんきよう》ウイグル自治区の都市・和田《ホータン》である。やがてパミール高原やヒマラヤ山脈を越えてインドに渡り、中央アジアを通ってペルシア、トルコ、ローマにまで運ばれ、この道がシルクロードと呼ばれて、東西の文化交流の道となった。

日本でも古くから養蚕が行なわれていたようで、『古事記』や『日本書紀』に蚕を飼っていたことを思わせる記述がある。また、『魏志倭人伝』に、

種木稲紵麻　蚕桑緝績　出細紵縑緜
(稲や紵麻《ちよま》を植え、桑を栽培し、養蚕して糸をつむぎ、細紵・縑・綿《きぬわた》を産出する)

とある。下って『延喜式』に調糸を貢《こう》する国として上糸国、中糸国、麁《そ》糸国が定められ、関東の八国は麁糸国であった。

近世になって関東一円は桑園のグリーンベルトとなり、あるときは江戸へ、あるときは「上《のぼ》り糸」として京都西陣へ運ばれた。開港後は輸出品の第一として、横浜港から生糸を送り出した。日本の絹の道《シルクロード》は、関東の山間部から平野部にかけて養蚕地帯が葉脈のように発達し、八王子市（東京都）は生糸の集散地として賑わった。生糸を積んだ大八車は八王子市から峠を越えて横浜に運ばれたのである。現在、八王子市はこの道を「絹の道」として史跡に指定している。

佐々木苑子さん

一期一会の色

紅の染液をくぐり、さばいて風を入れると空気酸化作用によって、紅の色は少しずつ美しい色を見せてくれる。ここが作家として、心楽しい瞬間であろう。その一瞬一瞬が一期一会の色といえるのかもしれない。

「こうして四十年を染めと織りをやってますが、毎年めぐってくる春でも、同じ春はないんですね。また、そうした自然の中で同じ素材で染めても、微妙に色合いが違うんですよ。だから、いつでも初めてその色と出合ったようで新鮮に受けとめられます。そうした神秘的なところが仕事として魅力なんです。絹に惹かれるのは、生きものが生み出した糸だからです。しかも艶があって、強靭ですもの」

その絹糸は、紅の染料を含むたびに艶を増すのだ。

「わたしは植物染料で染めてますが、木霊《こだま》っていうか、木の霊がわたしに響いてくるんですよね。だから、独特の色が欲しくなったとき、さまざまな植物で色を試してみるんです。これを見てください。さっき届いてきた梅なんです」

花の咲く前の、蕾をつけたままの梅の小枝が袋の中に詰まっていた。この梅からどのような色を得るのだろうか。色は、その色がどれほど美しくても、絵絣として織りあがったとき、絣模様として全体の調和が必要であろう。

「絣自体も、一本おき、三本おきに糸を括って染めますでしょ。でも絣は算数でできるのではなく感覚なんです。技術でもないんですね」

技術で織れるとおもうのは不遜ですね、とも、また、どれほど細かい絣柄でも機械で織ったものには「心」がないと、佐々木さんはいった。技術は教えられても、感性は教えられないというのである。一族に芸術家が多いという佐々木さんは、持って生まれた感性が、佐々木さんの作品をごく自然に展開していくのであろう。

「気がついたら染織に四十年の年月が過ぎてました。一つの作品を仕上げても、すぐ次の作品のことを考えています。その点で飽きることのない仕事です。わたしはこの仕事を選んで良かったとおもっています。最初から最後まで一人でする仕事ですから、孤独といえば孤独で忍耐力も必要ですが、仕事がわたしを助けてくれましたし、その仕事が多くの喜びを与えてくれました。昨年（平成十四年）紫綬褒章をいただきましたが、『これからも、しっかりと作品を作りなさい』と励ましの言葉をいただいたとおもっています。これからも染織の深い世界を歩いていきたいと考えています」

静かな自然体の人、佐々木さんは、おおらかで、伸びやかで、けれど凛《りん》として仕事に立ち向かう姿勢を私に見せてくれた。

紅染の糸は、どのような絵絣になって、どのような表情を見せてくれるのだろうか。

休業宣言した紅花紬

山形市に出掛けたついでに、長井市（山形県）の小松健太郎さんをお訪ねした。三年ぶりだった。健太郎さん（一九五〇年生）は、玄関口に立った私に、開口一番、「休業しました」と、いった。

思いもよらないことだったので、私は自分の耳を疑った。ついこの前、紅花で染めた反物を見せてもらったばかりだからである。しかし、「ついこの前」と思ったのは、正確には三年前であった。

その間に、何があったのか。

「世の中の景気がね」といって健太郎さんは言葉を切った。そしてゆっくりと、「こんな時代になって、売れないんです」と、元気のない声が消えるように続いた。私は答える言葉が見つからなくて、うろたえた。三年前に見た紅花紬《つむぎ》織りの色が、鮮やかに蘇える。

「あんなに美しく染めて織っていたのに……」と私。健太郎さんは黙って、頷くのだった。「廃業」といわず「休業」といっていたことに、私は少しだけ救われた気がするが、いつまで休業なのだろうか。

「また、様子を見て紅花紬を織るのでしょうね。してくださいね」と私はいった。

「わたしだって、染めたいし、織りたいですよ。そういう日がくればいいですけどね」健太郎さんの声は沈んでいた。私には休業が、やがて廃業になってしまうのではないかと、心配だった。

摘んだ紅花の花びら

花摘み

小松さんの家の裏の畑に、今年（二〇〇三年）も紅花が咲いていた。三年前と同じように。だが、栽培面積は減っていた。

紅花を摘む

「いつ使うことになるかわかりませんが、花餅にして保存しておけば、いつでも染めることができますから」

健太郎さんは、これから花を摘むという。私も花籠を腰につけて、紅花畑に立った。健太郎さんの父上の慎一さん（一九二三年生）も畑に出て、紅花を眺めていた。

「いつまで紅花を栽培できるかわからないが、紅花栽培をやめてしまったら、淋しくてやりきれないでしょうよ」慎一さんはつぶやくようにいう。

紅花の花弁をつまみ、キュッと抜くと、そのつど、シャキッ、シャキッと微かな音がする。紅花が、染めて！、染めて！　と、いっているように私には聞こえて、悲しくて胸がいっぱいになる。

シャキッ、シャキッと、健太郎さんが摘む微かな花の音が聞こえる。「わたしだって、紅花を染めたいですよ」と、彼は独り言のようにいう。

明治初期の頃、化学染料や安価な輸入紅花に押されて、紅花栽培が衰退していくときも、このような状況だったのだろうか。

花餅をつくる

花籠いっぱいになった紅花を、地下水を汲みあげた水で洗う。これを何回も繰り返し、黄色素を洗い流すのだ。

「丁寧にね」無口な健太郎さんが、手馴れた手つきで水洗いの作業をしながらいった。水洗いが終わったら花寝せ。黄色素が流れ去った花は赤く美しい。これをしばらく笊に並べて寝かすのだ。その間は、私たちもひと休み。慎一さんの話に耳を傾ける。

「うちの紅花の栽培面積だって、年々少なくなってます。以前はむこうまで紅花畑だったですから。この前のときは藍畑を見たでしょう。去年から藍畑もやめてしまいました」

慎一さんは、長井紬の染色部門の伝統工芸士として、植物染にこだわってきたのだ。藍は慎一さんの父上の健一さん（一八八六年生）が、長井紬の藍絣を完成させたのである。小松家は健太郎さんで四代目の長井紬の機業家として、長井紬とともに発展してきた。慎一さんの話である。

「長井は紬の名産地だったんですよ。繭から手つむぎで紬糸を出して織ってきました。結城紬《ゆうきつむぎ》に次ぐ上

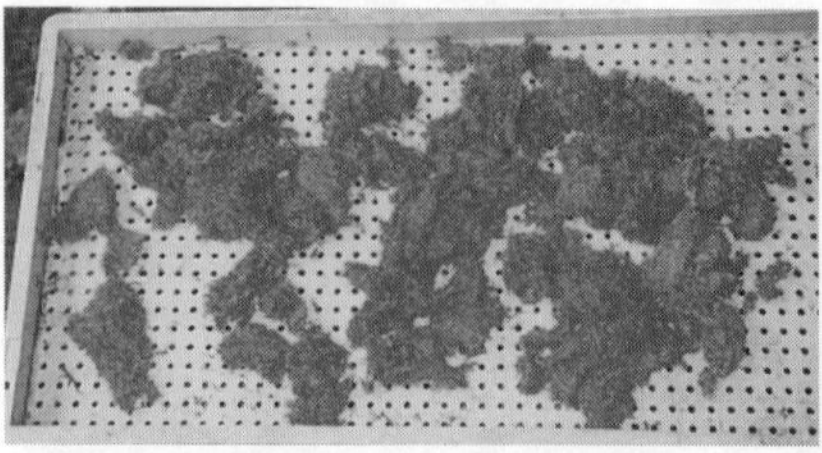

花寝せ

花洗い（黄色素を洗い流す）

等の品質でした。生産高も多かった。この成田村（現長井市）に半右衛門という人がいたんです。紬一匹の製織賃が銀一分《ぎんいちぶ》だったころ、百匹織り出すごとに餅を搗いて、織工の労をねぎらい、また親戚知人にも配って喜びを分けあったというんです。それでその餅を『百切餅』といったというんですね。そしてまた、一分銀のことを『ひと切れ』と俗な言葉でいったそうですよ。今はまったく考えられないような、遠い遠い昔話です。夢のような話です」

慎一さんは、そういうと、良く晴れた青い空を仰いだ。

「近いうちに、生産再開できる日がくるかもしれませんね」

私はそういってから、なんと空々しいことを言ってしまったのかと、恥かしい気持ちになった。休業宣言をして二年。慎一さんや健太郎さんにとって、長く感じた年月だったに違いない。そして、これから先の日々を案じているのだ。

花寝せが終わったら、花を臼で搗《つ》く。臼は石臼である。強く搗かず、静かに扱う。搗き終わった花は木綿の袋に移し、庭先の筵の上に団子状に丸めて並べる。並べ終わったら、その上に筵をのせ、静かに足で踏んで煎餅状にする。これを乾燥すると、花餅ができあがる。

石臼に入れて搗く

莚の上から足で軽く
踏んで煎餅状にする

手間をかけて紅花を栽培し、早朝から炎天下で花を摘み、体力と気力を持ち続けながら花餅をつくるまでの労力。そして厳冬の日の染色作業。紅花に対するには並大抵の気持ちでできる仕事ではない。

長井紬と上杉鷹山公

山形県の西置賜《おきたま》郡から長井市にかけての一帯は、古くから養蚕が盛んであった。その基礎を築いたのが、米沢藩の家督を継いで藩政の立て直しと、殖産振興を計った上杉鷹山《ようざん》公である。鷹山は殖産振興の具体策として、漆《うるし》、楮《こうぞ》、桑を領内にそれぞれ百万本を植える計画を立てる。

もともとこの地方は青苧の産地で、青苧は小千谷《おじや》（新潟県）の縮《ちぢみ》布用や、月ケ瀬（奈良県）の奈良晒《さらし》用の原料として出荷されていた。そこで鷹山は安永五年（一七七六）九月に、小倉左衛門と横沢中兵衛の二人を越後国に行かせ、縮布の織工を雇ってくるように命じたのである。二人は越後国松之山から源衛門の家族四人と、縮師三人、織工五人を連れて米沢藩に行く段取りを立てたが、これを知った松之山の名主が、「これでは技術流出になって、越後縮の将来はたいへんなことになる」と反対し、結局、源衛門の家族と、別の男女を連れて米沢藩に戻った。

藩では源衛門には終身扶持米二人口を、織工には賄料を与え、米蔵会所を宿舎に与えた。縮の伝習は、績《う》み方、機方、晒方、藍寝せ方、藍染方などにわけて行なわれた。こうして技術を習得した人によって、安永五年十一月から翌年五月までの産額を「縮役場金銭受請帳」に見ると、次のようである。

安永六年五月中迄織出の縮布反数書出之覚

二百八十一反　〆高

内　百九十一反　寺町にて織り出す

八十四反　下長井織出　忠兵衛

右は用掛り寺町出勤五十嵐円左衛門、石塚与左衛門、その時々に御役所へ届出で、前書反数の内、三十八反は御本城小納戸へ納め置き候由、相残る分二百四十三反御土蔵へ入置き候由、届出候

ところが、縮は年々産額が減っていくが、反対に桑の栽植とともに、養蚕業が振興し、蚕糸業が発達したのである。

縮織物を織り出してから十六年後の寛政三年（一七九一）の頃になると、紬織物として他国に売り出されるようになっていった。鷹山は、藩財政の乏しいなかから、さらに倹約し、桑の苗木を領民に与え、養蚕業の振興を計るのである。それればかりか成田村（長井市）の善四郎の指導を受け、鷹山自身も蚕を飼育し、取れた繭から奥女中たちに糸に製させ、織った織物は諸方の贈り物にしたという。

養蚕上手の善四郎は成田村から登城の折り、「往復の途中の川の渡し場を滞りなく通行させること」という鷹山直筆の書を賜っている。その後、善四郎は苗字帯刀を許され鈴木善四郎として、子や孫にわたって領内の養蚕指導に当たったのである。このように藩主の養蚕振興の熱意に、領民もようやく養蚕に熱心になり、収益をあげることができるようになった。文化年間(一八〇四―一八)には、藩内の一カ年の養蚕収入は四万八千両に達したといわれている。

長井紬の絣織

江戸末期の長井紬がどれほど優れた織物を織っても、知名度の高い結城紬にはかなわず、いつも二番手に甘んじていなければならなかった。「結城紬を追い越せ」が長井紬にたずさわる人々の悲願であった。が、長井では機渡世《はたとせい》(織物で生計を立てる)の人は、糸の仲買人から「つむぎ糸」を買っていたので、糸の質によっては、織物がよく仕上がらないことがあったのだ。ところが結城では糸の売買はほとんど無く、元糸から自分や家族の手でつむぎ出すのであった。

長井紬の売れ行きが好調なほど、当然のことだが糸の仲買人が多くなり、糸の「せり買い」をするようになって、糸の品質が悪くなる。品質の悪い糸は管《くだ》に巻く段になるまで見分けがつかない。管に巻くときに、糸を湯に浸して十分に湿らせてから巻き取るが、この段階になって不良品の糸がわかるという。ここまでくると、糸の売手に返品もできず、不良品に買い当たった不運と諦めてしまっていた。それは「機渡世」といっても、多くは婦女子の手仕事であったためで、糸の売人との掛合いも弱く、泣寝入りになったのである。これでは紬の生産意欲はなくなると、事態を重く受けとめた成田村の半右衛門は、長井紬の糸質向上の改善策を藩の御国産役場に進言する。藩ではこの進言を入れ、嘉永六年（一八五三）八月に半右衛門を紬問屋に命じた。

覚

成田村
半右衛門

右者此度紬問屋付益被仰村候事
嘉永六年八月

紬問屋となった半右衛門は、品質向上に力を尽くすとともに、貧しい百姓たちに金銭や米を恵み、紬の増産をはかった。これによって苗字帯刀を許される。その子の二代飯沢半右衛門も苗字帯刀を許されている。

覚

成田村長百姓其身一代苗字帯刀御免
其身一代御代官所直支配　子供代苗字帯刀御免被仰付
飯沢　半右衛門
右者、父半右衛門の元にて紬道に粉骨を尽し、念入りにこし

長井絣を織る（足踏みの半自動織機）

らへ出候様、売先も手広に相成、婦女子ども、多分の金銭取入れ候故、田地不足にて難渋の村々といえども、御年貢道滞り無く上納いたし候儀は、畢竟永年御国益に力を尽し候故の儀、且また自他村難渋のものを憐み、追々手当を致候分積りて金銭にて二十両二分、三百七十五貫文、米百九十三俵余りも相恵み、稀なる志の者に付き、お賞として右の通り仰付けられ候事

安政六年九月

紬織から絣紬へ

紬織の中心地は、東五十川村、成田村、五十川村、鮎貝村（以上、現長井市）であった。やがて紬織だけでなく、絣織がはじまる。それについて一つの伝説がある。

文化年中の頃、東五十川村の十助の家に、汚れた衣服を着た男がたずねてきた。いろいろの話の末に紬織物に及び、絣の製造法になった。十助はその男に宿を貸し、男から絣の製織法を学んで、緯絣の製織に成功したという。これが長井の絣紬織物の始めといわれる。こうして長井紬は縞紬から絣紬となり、明治中期には「長井紬」が「絣」の別名になるまでに成長する。

慎一さんは遠い昔を振り返るようにいった。

「わたしで長井紬三代目、父の健一は藍絣を完成していますから、父に師事して藍染や紅花染をやってきました。父が藍絣を完成したのが昭和三年ごろ。でもそのころは昭和の不況で、反物は生産減が続いて

いたようです。そして組合員数も減っていきます。つまり組合員の減少は、そのまま織物生産の漸減です。昭和八年の夏ですが、長井紬の発展策について会合をもっています。父はその頃、組合の評議員をしていました。会合は『染織に関する事項を調査研究して、生産の増織ならびに改良進歩を図るを以て目的とす』でした。この目的を達成するために、小組合を組織して、十名の役員を決めました。十名は当時の実力者たちで、父の小松健一も名を連ねています」

長井紬（明治36年１月～12月）の生産高

白	紬	463反
黒	紬	370反
縞	紬	393反
絣	紬	23,792反

「長井紬織物工業協同組合」が昭和二八年（一九五三）に設立されたとき、組合員は二十三事業所であった。「現在ですか？　二、三軒ですか……」組合の理事として活発に活動してきた慎一さんだったが、その声に力がなかった。

傍らで話を聞いていた健太郎さんが言葉を継いだ。「戦後はさまざまあったようですが、わたしが幼い頃は、生産は順調で、昭和三十年代は毎年二、三千反くらい増えていたとおもいますよ」

健太郎さんの言外に、休業に追い込まれるほどの日を迎えるなど、想像できないといったふうであった。

三年前に私は小松慎一さんと健太郎さんをお訪ねしたときも紅花の盛りであった。紅花を摘み、花餅をつくった。ちょうどそのとき、商社の人が紅花染の反物を買いにきていた。座敷にひろげた幾条もの反物が華やいでいたのである。

小松家四代、百年にわたる歴史は、そのまま長井紬の歴史であった。

十二単の紅袴《くれないのはかま》

絵絣を中心に、染織作家として伝統工芸展に出品している佐々木苑子さんと、東京・銀座の高田装束研究所に伺った。

前日の春嵐のような激しい雨があがり、銀座の並木の若葉が輝いてみえる日であった。

高田装束研究所の高田倭男《しずお》さんは、内蔵寮《くらりょう》御用装束調進方として、数百年つづく高田家のご当主で、現在も宮中装束の製作にたずさわっていられるのである。

私が高田さんとお会いするのは、今回で二度目なのだが、ずいぶん久しいことご無沙汰だった。というのは、昭和六十一年（一九八六）に朝日新聞社から出版された染織シリーズ（全七巻）のうちの一冊に、白洲正子さん、高田倭男さん、そして私の三人の座談会が企画されて、顔を合わせていたのである。そのときのテーマは「きもの賛歌」だった。

私が改めて高田さんにお目にかかり、お話を伺いたいとおもったのは、高田さんは宮中装束のほかに、正倉院事務所や国立博物館の委嘱によって、歴史的染織品の調査復元をされているからであった。その服装史や染織史を研究するために、高田装束研究所を主宰されているのである。宮中装束の製作をされているのなら、十二単の紅袴《くれないのはかま》については高田さん以外の人では語れないのではないか、と、おもったからである。

『源氏物語絵巻』の絵の復元

高田さんは銀座のビルの一室で、約束の時間に待っていてくださった。「お待ちしてました」と、若い青年の声でドアーが開き、案内された部屋のテーブルの前で、高田さんは待っていてくださった。佐々木さんと高田さんは旧知の仲である。私にとって二度目の高田さんだが、眩しくて緊張気味であった。

その私に向かって高田さんは、「はじめまして、というべきか、しばらくでしたというべきか」と、おっしゃって笑顔を見せ、声に出して笑われた。このひと言で私は救われ、すっかり気が楽になったのである。なにしろ、明治維新まで京都にお住まいになって、宮中のご用を勤め、明治時代になってからは皇居の近くの麹町にお住まいだったとか。「広い家で、戦争中は〝こんな広い家に住む人は非国民だ〟なんていわれたようですよ。でも、戦災でその家は焼けました」

このような気のおけない話に誘われて、私は前日のテレビの画面について聞いてみたくなった。それは『源氏物語絵巻』の復元の過程であった。和紙に、美しく優雅に描き出されていく絵は、まさに十二単の紅袴《くれないのはかま》である。すると解説者の声が入り、「紅に砂糖を加えて、紅袴に厚味と艶を出すための工夫をした」と語っていた。紅色は紅であることを印象づけるため、紅花（紅餅）を手で絞っている仕草がワンカット出たので、私には納得できたが、その紅に砂糖を加えるということに私はこだわったのである。復元ならできる限り、当時の材料、手法を使うべきではないだろうか、と、私はかねがね考えていたからである。つまり、紅に砂糖を加えるという点で、『源氏物語絵巻』の描かれた平安時代末期に、砂糖があっただろうかという疑問である。

「砂糖は無かったでしょうね。すでに蜜臘《みつろう》（蜜蜂が分泌した蠟で、蜜蜂の巣を熱して、搾り取った蠟のこと）を使っていたことから、蜂蜜ならわかりますが。しかし蜜を紅に加えていたかどうかは、わかりません」

一瞬にして消える画像は儚《はかな》く、記憶は不確かな部分が多い。すると佐々木さんは、「紅を有機染料といっていました」と。

「有機染料というから間違いやすいのですね。有機というのは、生活体を構成・組織する物質ですから動植物のことですよね。この場合は『紅』は植物ですからいいのですが、復元に使用する紅は顔料として使っていますから、絵の具であって『染料』ではありません。絵の具として使っているので『顔料』というべきだったでしょうね」非常にソフトに、しかし明快なお返事であった。

私が紅花に惹かれたのも、はじめに書いたように、紅花に「顔料」と「染料」の二つの性格を持つ面白さ、不思議さがあったからである。

東京・銀座で古代を聞く

テーブルの傍らに、赤系統に染めた絹糸の束が置かれていた。紅染のお話をうかがうための私の訪問に、高田さんが心にとめて用意してくださったものだ。

そのなかの一つの束を手にすると、「これが茜《あかね》で染めたもの、緋《あけ》です。こちらが紅花ですね。紅花の場合は燃える火の色です。火色ではあっても、糸扁に非と書く緋《ひ》ではありません。奈良時代の朱華《はねず》は、紅花で染めたものといって間違いないでしょう。

夏まけて咲きたるはねず　ひさかたの　雨うち零《ふ》らば　移ろひなむか

と、『万葉集』（巻八・一四八五）にありますね」

茜と紅花を染めた絹糸を見ながら、二つの「色」を記憶するのはむずかしいとおもった。その色を文字に書いて表現するのは、もっとむずかしい。私は、「三百種類もある印刷インクの色見本から、茜染や紅染の色を探すことはできるでしょうか？」と聞いてみた。

「印刷インクでは、おおよそを知ることができるとしても、むずかしいでしょうね。そうですね。『和《わ》染鑑《ぞめのかがみ》』を見せてあげましょう」

高田さんは、ひと抱えもある大きな箱のようなものを、別室から持ってきてテーブルの上に置かれた。箱だとおもったのは濃い緑色に染めた絹を張って丁寧に作られた帙《ちつ》（書物を包む、おおい）で、その中から取り出したのは、厚手の和紙を屏風だたみにした冊《さつ》であった。これに『延喜式』の「雑染用度《くさぐさのそめ》」にもとづいて染めた絹織物と糸が、きちんと整理されて貼ってあった。染め色の息をのむほどの見事さ、絹地の表装の見事さ。製本は表具師に作らせたものだそうである。万全の製本術。感動で胸がふるえるほどであった。

この『和染鑑《わぞめのかがみ》』は、高田さんの父上の高田義男氏が、大正末期から昭和初期にかけて製作されたものだそうである。

「これと同じ『和染鑑』は、このほかに三部作りまして、帝室博物館（現東京国立博物館）、奈良国立博物館、京都国立博物館に寄贈したと父から聞いています。私の家に今伝えられているこれは、戦争中に疎開のために日本通運に頼んで家から運び出したのですが、世田谷の日通営業所にあったときに、その辺一帯が被災したのですね。営業所の屋根が吹き飛んで、荷物は水を被っていたんです。それでも、こうして私の元に戻ってきました。これは私の宝です」

「私は、この『和染鑑』から二つのことを教えられています。一番目は『いい糸を手に入れること』、二番目は『染料と染め方を研究すること』なのですね。染めの裂地《きれ》を見てください。色が自然の美しさで表現されているでしょう。綾に染めたからで、古代にはなかった縮緬や綸子《りんず》に染めたのでは、色はこのように見えません。まして印刷した色は染見本になりませんから、印刷された色と同じような色に染めようというのは無理なことです」

染料と媒染剤
（『延喜式』より抜萃）

色名	染料	媒染剤
黄櫨染	櫨，蘇芳	酢，灰
黄丹	紅花，支子	酢
紫	紫草	酢，灰
深緋	茜，紫草	米，灰
浅緋	茜	米，灰
蘇芳	蘇芳	酢，灰
葡萄	紫草	酢，灰
韓紅花	紅花	酢
退紅	紅花	酢
深支子	紅花，支子	酢
黄支子	支子	
浅支子	支子，紅花	酢
橡	搗橡，茜	灰
赤白橡	黄櫨，茜	灰
青白橡	苅安，紫草	灰
深緑	藍，苅安	灰
中緑	藍，黄蘗	
浅緑	藍，黄蘗	
青緑	藍，黄蘗	
縹	藍	
藍	藍，黄蘗	
黄	苅安	灰

高田倭男『服装の歴史』中央公論社より

しかし一般の人は、美しい実際の色を知る機会が少なく、印刷物で色を追求するしかない。だからこそ、植物染の色を追いかけているのだ。

高田さんは歴史のある家柄に生まれ、「美しい本当の色」を知り、その色を保ち続ける努力をしていたのであった。そのために良い糸を必要とし、染色の技術の研鑽を積んでいらしたのであっ

高田倭男さん

た。「植物染」といえば泣く子も黙る今の世に、貴重な一矢を放ってくれた言葉として、私はしっかりと受け止めたいとおもった。

さらに高田さんは、私の目の前に紫染の裂《きれ》、紅染の裂などをつぎつぎと見せてくださる。裂地は生経、練緯の浮織である。私の目にしっかりと焼き付いた紫や紅《くれない》の色は、深みがあって、やはり高貴な人の衣裳の色であることを肌で感じるのであった。

高田さんは東京芸大や日本女子大、愛知県立芸術大学などで教鞭をとっていられるので、そのために貴重な裂を惜しげもなく学生に見せ、後進を指導しているのであった。「色」をしっかりと覚えさせることが、染色の前段階にあるのだった。

と、そのとき、高田さんは、「『古今集』に、つぎのような歌があります」と口ずさんだのは、

みみなしの　山のくちなし　えてし哉　おもひの色の　したぞめにせん

であった。

「この歌に『おもひの色』とありますね。ひを火に懸けています。色は心象であることを語っています」

父あってこそ

私はテーブルの上の『和染鑑《わぞめのかがみ》』を見入るばかりであった。そしてお父上のことが知りたかった。

「父の高田義男は、大正初年に数百年続いている、宮中内蔵《くら》寮御用装束調進方以来の家業を継承しました。そのころ、大和絵の大家の松岡映丘に師事して、絵画を学んでいます。また、正倉院宝物染織品のうち、羅《ら》の美しさに感動しまして、室町時代後期いらい断えていた文羅（文様を織り表わした羅）の製織技術の復活を志して、やがて復元に成功しました」

「つづいて経錦《たてにしき》、緯錦《よこにしき》、綾《あや》、絁《あしぎぬ》などの織物のほかに、纐纈《きょうけち》、蠟纈《ろうけち》、纐結《こうけち》（目交《めゆい》）などの復活も行なったのです。それで当時の帝室博物館（現東京国立博物館）の大島義脩館長から、正倉院の染織品の調査と復元の委嘱を受けたのです」

「このような仕事に先だって、同じように絶えていた黄櫨染《こうろぜん》、茜染、紅花染や、そのほかの植物染料による染色や、その技法の復活に努力したのでしょう。そのため『延喜式』縫殿寮式の「雑染用度《くさぐさのそめようど》」を研究し、その成果として『和染鑑』がまとまったのです」

銀座のビルの一室は静謐《せいひつ》であった。私はただひたすら、高田さんの話に耳を傾けていた。

「昭和三年の昭和天皇の御即位式に際しまして、黄櫨染（嵯峨天皇以来、晴れの儀式に天皇が着用される束帯の袍の色）の御袍地の染色、御衵《おんあこめ》、御単《おんひとえ》、御表袴《おんうえのはかま》、御大口《おんおおぐち》そのほかのために、紅花染を復活しました。そのころ紅花で染めることは衰退していましたからね」

天皇が着用される装束は、すべて御（おん）とお呼びするのが決まりで、衵《あこめ》も天皇が着用するものに限って「御祖」と尊称する。したがって「御単」、「御表袴」、「御大口」は天皇ご着用ということである。このような尊称について、私は迂闊なことだがまったく知らなかった。このことはまた、宮中の長い歴史を語っていることでもあるのだった。

「父はどれほどの時間を復元の仕事に使っていたのでしょうか。私が記憶しているだけでも、伊勢神宮御神宝装束調進についても、ほんらい文羅をもって製作すべきもの、纐纈によって製作すべきもの、また植物染料による染色の再興をするなどと、それぞれを忠実に製作しています。こうしたことにつづいて、帝室博物館の委嘱によって、鶴ヶ岡八幡宮や、熊野速玉大社、熱田神宮の御神宝装束を、また伝大塔宮護良親王所用鎧直垂《ひたたれ》、宇良神社蔵・白地草花模様縫箔肩裾小袖など、国宝や重要文化財に指定されている装束や小袖類を復元模造していて、数えあげたらきりがありません。それだけでなく、実物遺品や、復元した装束、太刀などの持物などを用いて、古代の姿を再現するなど研究に余念がなかったですね。その研究に、有職故実の大家である猪熊浅麿、関保之助、また、横山大観、松岡映丘、安田靫彦《ゆきひこ》といった人たちが寄り合ったのです。それから樺山常子伯爵夫人もしばしば訪ねていらっしゃいましたね。いつもお嬢さんの正子さん（後の白洲正子）をお連れになっていました」

「これは父の業績ですが、私はそうした環境のなかで育ち、装束製作に従ってきましたから、私自身も、正倉院宝物をはじめとして、歴史的な染織品や、服装、調度の復元模造にたずさわっています」

「お父上は高田家二十三代ですから、高田さんは二十四代目のご当主ですね」と、私はたずねた。

「そういうことになりますが、私自身は何代目などと、そういうことは気にしていません。たしかに個人の人格形成や、研究に必要な環境は影響するでしょうけれど、私としては、個人の研究に必要なのは資質と強い意志、それにたゆまない努力が大事な要素であり、必要なことと考えています。わが国が一千年以上続けてきた文化をしっかりと受けとめて、現在必要とする確実な仕事をするということだけです」

「さっきの『和染鑑』でいいましたように、いま、私がすべきことは、〝良い糸を選ぶ〟ということと、〝染色の研究〟です。良い糸というと『小石丸ですね』という人がいますが、小石丸は確かに良い糸ですが、良い糸はそれに限りません。ものをよく見る、よく識《し》るということの大切さを知ってほしいです」

高田さんは、この銀座のビルの中でも糸を染めているのである。

戦後の紅花栽培の復興

高田さんが静かな口調で語ってくれたのが、山形県の紅花の復興であった。

「昭和の初期に紅花栽培を復興させ昭和三年の天皇御即位式には紅花餅を使っています。けれど第二次世界大戦で食糧の増産が優先されまして、戦争中は紅花栽培が難しくなっていたのですね。しかし、なんとかして続けてもらいたいと、紅花栽培をしてもらって、収穫した紅花をお米と同じ価額で買っていたそうです。それでも紅花は栽培できなくなっていったのです」

「戦争が終わって、紅花の種さがしが始まりました。ある農家の火棚（囲炉裏の上の棚）にあったのです。その農家は漆山（山形市）の佐藤清蔵さんです。清蔵さんは何代も続く紅花栽培農家だったので、早速栽培してもらったのです。清蔵さんの家の隣りの桜井キクさんも、紅花農家でしたから紅花栽培に精を出してくれました」

六、七十年ほど前の話が、高田さんの語りによって、昔話を聞くような、ゆったりした気分にさせてくれた。私は聞きながら、二十数年前に佐藤清蔵さんと桜井キクさんを、紅花の盛りにたずねたことを思い出していた。清蔵さんは代々紅花栽培農家であり、土地では〝紅花爺ちゃ〟と呼ばれ、桜井さんは〝紅花婆ちゃ〟と呼ばれていた人であった。私がたずねたその頃の漆山は紅花栽培が軌道に乗って活気が出てきたころである。

その端緒を開いたのが高田さんの父上だったのである。私にとって漆山の紅花畑が、ひどく懐かしい風景におもわれた。

小袖の衽《ふき》

話がちょっと一段落したとき、お茶とお菓子をすすめられた。

「このお菓子、綺麗ですね。季節的には何をイメージしたと思いますか」高田さんは私たちを、教え子のように対して話を進めてくれる。その雰囲気で、私は子どものように「菜の花！」といった。高田さんは黙って、にこやかに笑っていらした。あとで気がついたのだが、高田さんは襲《かさね》の色をイメージされていたのかもしれない。

お茶をいただいて、またひとつ気持ちが楽になった私は、かねてから教えていただきたいと思っていたことをおもい出していた。

「小袖には衽《ふき》（袷《あわせ》のきものの裏地が表に折り返る部分）は、無いのがふつうだったのでしょうか」と。

「あるのもありますが、無いのもありますね。衽は〝吹き返し〟からきたので、裾や袖口から見える色の美しさを強調しています。宮廷の人々の、しなやかな絹の着物の袖や裾が、吹く風や動作によって裏が返り（ふきかえし）ますから、その色の美しさがありますね。『古今集』に歌がありますよ。

わがせこが　衣のすそを吹き返し　うらめづらしき　秋のはつかぜ

詠み人知らずです」

私はゆっくりとお茶をいただき、高田さんの次の言葉を待った。

「衣の裾が風に翻るさまを考え、衣服の表地と裏地の色の組み合わせに気を配り、季節感や自然感を趣き豊かに着ることが、日本人の心であり、美意識でしょう。このように裏地の色と表地の色が異なるものは、正倉院宝物の衣服にもあります。それが一段と裏地の色に気を配るようになったのは、衣服がゆるやかになったことと関係がありますね。それに公家の衣服が直線裁ち式に戻ったことでしょう。それによって襲ね着形式の発達が促進されて、表地の色と裏地の色との対比と調和の美を求め、二つの色の組み合わせに意味をもたせることになったのです。つまり襲ねる方式によって、奥行きをもたせる複雑な色彩象徴を行なって、しかも季節感を表現し、色名を冠したのです。これが襲ね色の考え方です。音楽でいえば、独奏に対する二重奏、三重奏、さらに交響楽のような精妙さと奥行きを増していくのです」

着る楽しみを彷彿とさせてくれる言葉であった。

平安時代の女房装束

女房装束は公家《くげ》（平安時代以降は、貴族を公家といった）女子の正装である。その原形は養老の衣服令に規定された女子の朝服《ちょうふく》で、衣、紕裙《そえのも》、紕帯《そえのおび》、履《くつ》という構成である。また装束とは、装う人のきまりごとに添いつつ、美意識に裏付けられた衣裳を指すのだ。

平安時代は和様式となって、奈良時代の両腋《りょうわき》をえぐるようにした大陸的な仕立ての衣は、直線裁ち式となった。細い袖は広袖化し、身丈が長くなって袿《うちき》ともよばれる襲《かさ》ね着形式となった。

「それで従来の長い裙《も》は腰につけず、形を変えて後腰に着けて裾を引き、改まった時にのみ着用するという形式的なものとなりました。文字も裙に代わって裳《も》が用いられるようになったのです」

「そして、裙の下にはいていた下袴《したばかま》を長袴にし、袖なしの短衣である背子《はいし》もやや大型化し、垂領《たりくび》形式の二幅仕立てとなりました。背子に袖をつけて唐衣《からぎぬ》と呼んで、袿の上に着用しました。このように少しずつ形を変えた女房装束の構成は、紅《くれない》の袴をはき、袿と同形ですが、裄《ゆき》や身丈が長く、単仕立の単と呼ばれる衣の上に袿を数領襲ねます。晴れの行事には砧打《きぬた》ちで艶《つや》を出した打衣《うちぎぬ》を加え、その上に美しい袿の表着を襲ね、腰に裳をつけ、唐衣を着て、檜扇《ひおうぎ》を持ちます」

まさに王朝の絵巻だが、私たちはほとんど目にすることはできない。私は記憶の底にあった平成五年六月九日の、皇太子さまと雅子さまの結婚の儀で、賢所《かしこどころ》にむかわれるお姿をテレビで拝したことを思い出していた。

皇太子さまは黄丹袍《おうにのほう》。黄を帯びた赤色で、染料は紅花と梔子《くちなし》で染め、皇太子だけが着用される束帯の袍である。

妃殿下になられる雅子さまは、五衣《いつつきぬ》、唐衣、裳の平安時代以来の宮廷装束で、一般には十二単《じゅうにひとえ》とよばれている。

十二単というだけで、紅袴《くれないのはかま》がおもい浮かぶ。

「それは違います。紅袴を着用できるのは結婚の儀が終わってからですから、結婚の儀で賢所に向かわれる雅子さまの袴の色は濃袴《こきのはかま》です。『濃《こき》』『薄《うすき》』と表現する色は紫に限るわけですから、濃袴は濃く染めた紫色ということになります。結婚の儀が終わりまして、妃殿下になられて紅袴《くれないのはかま》を着用するのです。つまり、現今は、結婚の儀まで濃袴ですが、その後に紅袴をはくのですね。ですから美智子皇后さまは、平成のご即位式のときに紅袴をお召しになりました」

「公家の装束は織物が中心ですから絵画的文様より、色彩が重んじられました。その色彩によって、お立場をはっきりさせるようになっているのです。ところで、下袴は平安時代の中期以降に紅袴、打袴《うちばかま》、張袴《はりばかま》などと呼ばれる長袴に変化しました。これらが紅染であるのは、紅染が美しいからですが、紅花が血液の循環をよくし、体を温める効果があるといわれていることにもあるようです」

「平安時代になって、柔和で華やかな美しさを表わす紅《くれない》が好まれて流行するのですが、この頃から紅《くれない》はやや黄色味を帯びた『赤』を指すようになります。おそらく黄色の下染をほどこしてから、紅花染をしたものでしょう。このような紅の深い色を『火色』と呼び慣《なら》わされることになりました。そして、それまで『紅』といわれた紅花のみで染めた色を『紅梅《こうばい》』と称されはじめたのです。けれど紅染の火色を、後世になって誤って『緋色』と書くようになって混乱を招きますね。緋は『あけ』ですからね」

宮廷のきまり、その色の呼称など、にわかな勉強ではとても追いつくものではない。が、私は勇気をもって、もう一つの疑問についてうかがった。

「紅袴は、糸で染めてから織るのでしょうか？」

「先染のものも、後染のものも用いられたとおもいます」

「絹織物なのに、紅袴の張りは、どのような織り方でできるのですか？」

「糊をつけて張りを強くしたものと、精好《せいごう》（中世以後使われるようになった呼称で、多くは袴地の織り方）という織物を使う場合があります。精好の糸は縦緯に生糸を使うのと、縦に練糸、緯に生糸を使うのと、二種類あります」

糸は湿らせて織るので、目が詰《つ》むのであった。

高松塚古墳の壁画について

私は、高田さんの流れるような話術に聞き惚れながら、気持ちは古代に誘《いざな》われていくのだった。そして色鮮やかに高松塚古墳の壁画に残る絵を想い出していた。当時、紅花はすでに日本に入ってきていたと考えられるが、その紅花から得た顔料を使って壁画を描くには、量は充分ではないであろう。赤系統は「朱」であったはずである。しかも高松塚古墳は発掘され、調査が済んで、すでに閉じられているのだ。それでも私は明日香村の地に立って、古代を考えてみたいという気持ちが高まっていた。

すると高田さんは、「私は、あの壁画の像から、描かれた年代を推察したことがあります」とおっしゃった。

「男子像は、黒い冠を被っていますね。これに二重《ふたえ》襷《たすき》文《もん》が描かれていて、その墨の色から紗《しゃ》のような薄物で作られたものと考えられます。また、上着の裾に墨で横線が引かれてますから、有襴の衣であることを示しています。それらの上着の襟には結紐《ゆいひも》のほか、長紐で結んだものがあるので、そうしたことを考えますと、天武天皇十一年から同十三年（六八二—六八四）以後でしょう。また、緑や縹《はなだ》の上着を着ている人物がいますね。袴の色が白く、白袴とおもわれること、その画風から綺《き》とおもわれるものを絎《く》けて作った細紐状の帯を締めていることなどを考えて、持統天皇四年（六九〇）以後であるといえますね。これを服装史から見ますと、壁画製作の年代の上限としてよいでしょう」

「女子像をみましても、上着の裾に襴《らん》（袍の裾の前後に、共裂を横に当てたもの）がつけられていることを示すように、墨の横線が認められますし、結紐といって、紐で結んで襟を合わせていますよ」

「では壁画製作の年代の下限を推察してみましょう。男女とも上着を左前に合わせて着てますから、養老三年（七一九）二月の『初めて天下の百姓《ひやくせい》（庶民）をして襟を右にせしむ』という服制の改訂以前です。また、男子が上着の上に革帯を締めていないので、和銅五年（七一二）以前でしょう」

「女子の髪形には髻《けい》が認められませんから、慶雲二年（七〇五）の婦女子の髻髪の制以前ですね。男子は脛裳をつけていないことなどを考え合わせますと、慶雲二年（七〇五）を下限としてよさそうです」

「男女の上着の襟は垂領《たりくび》形式のように見えますが、ふつうの垂領と異なって、前は円弧状になっています。これはちょうど、野球のユニフォームの襟のようになっていて、その襟が襴の縫目にまでできています。おそらく、こういう形式が大領《おおくび》で、着物の左右の打ち合わせを深くするために、縫い足すことになった衽《おくみ》の語源と考えています」

「女子の上着の裾から、大きな襞をとった別の裾をのぞかせているのを、褶《ひらみ》とする解釈もなくもないのですが、この襞の色と上着の袖から出ている内着の袖の色が同じですから、この内着の裾（襴）と考えてよいのではないでしょうか。正倉院に伝えられている半臂《はんぴ》に襞をとった襴をつけたものがあります。ですから半臂に長い袖をつけた有襴の内着を想定してはどうでしょう」

「それから、女子がはいている裳《も》は縦縞で、これは『天寿国繡帳』の女子像にも見られますから、伝統的な様式でしょう。時代が下って、養老の衣服令に規定されている女子の朝服の紕裙《そえのも》（色の絹を細い台形に裁ち、それを十数枚はぎ合わせて仕立てた裳）に当たるものです。この形式の裙《も》（裳）は、正倉院に伝えられています。また、中国アスターナ出土の唐代の俑《よう》がはいている裙も同じ裁縫形式です」

「男女が手にしている太刀《たち》、胡床、翳《かざし》、如意《によい》などの持物は儀式に参列する威儀の諸具が持つ威儀具ですが、礼服を着ているのではないので、規定されたすべてを持っているわけではありません。ですから儀式の場を表わしたものとはいえませんね。人物の群像は三々五々、歩いたり立ち話をしたりして、思い思いの姿に描かれていますよね。画調ものびやかです」

高田さんのお話は格調高く、高松塚古墳の壁画についてこれほどしっかりと語ってくださったことに感激してしまった。

たった一軒で、烏梅の里を守る

烏梅《うばい》といっても、知らない人が多いかもしれない。

烏梅は、完熟した梅の実に煤《すす》をまぶし、そのあと燻製にする。これを天日でカラカラになるまで乾燥する。できあがると烏の羽のように真っ黒になるので「烏梅」というが、「黒梅」とも「焼き梅」ともいう。『和漢三才図会』に烏梅を「布須倍牟女《ふすべうめ》」とし、その製造法は、

造ル法、半黄ナル梅ヲ取テ籠（籃）ニ盛リ、ソノ上ニ於テ煙（烟）リニ之ヲ薫《くす》べ、烏梅ト為ス

とある。烏梅は紅染の媒染剤や、紅花からつくる口紅になくてはならないものであった。紅は烏梅の酸で美しく発色するのである。そのほか烏梅は漢方薬として用いられた。

小説『紅花物語』（水上勉著）の主人公の清太郎は紅つくりに生涯を賭けたが、病に倒れ、その臨終の床で最後の力を振りしぼって養子の玉吉に、「月、月が瀬や……やぎうのおくの月が瀬……月が瀬の梅を……つこうてみいや……在所の梅を紅につこうてみいや」と、とぎれとぎれにいう場面がある。月ヶ瀬は清太郎の生まれ故郷だが、青年のころ、愛し合った二人の結婚に親の許しが得られず、駈け落ちして京都

に出た。以来、清太郎は故郷と絶縁した。口紅をつくり、紅商となっても、月ヶ瀬の烏梅は使わず広島県三原市の烏梅を使っていたのだ。この三原の烏梅は『和漢三才図会』に、

烏梅は備後三原に出るものを良とす。山城の産これに次ぐ

とあり、また文政三年（一八二〇）の『商人買物独案内』には、

備後三原烏梅問屋（大坂）　瓦町一丁目角　広屋五三郎

とある。この三原の烏梅は、現在の広島県三原市付近から産出し、品質の優れたものだったらしい。三原市の西野の梅林はいまも名所で、これは当時の名残りの梅林であろうとおもわれる。

小説の背景となった大正時代までは三原で烏梅をつくっていたが、月ヶ瀬の烏梅の品質が向上したこと、紅染の中心地の京都に近いことが月ヶ瀬の烏梅に幸いして、三原の烏梅は衰退していった。

烏梅の里、月ヶ瀬村は深い山の中にある。東から北へ鈴鹿山脈が、西から南へは笠置山脈を衝立《ついたて》にして、重畳として山は連なる。宇陀から流れ出た名張川（月ヶ瀬村では五月川《さつき》となる）が村の中央を流れて、雄大なV字形の渓谷をつくって西に流れ、木津川に注ぐ。村の東は三重県上野市へ、西は奈良県柳生へ、南は奈良県山添村へ、北は京都府南山城村に接している。つまり月ヶ瀬村は奈良県の北東に位置しているのである。十年前のことだったが、月ヶ瀬村に用件があって速達を出すと話したところ、村の人は「速達など

きかしまへん」といっていた。普通便と速達便の所要日数の差が、ほとんどなかったのである。

が、月ヶ瀬村は寂しい村ではない。梅の開花の季節には、苔衣をまとった老梅が谷を下り、山をのぼる。梅花がさかしまにその影を渓水に映す。その美しさに誘われて、多くの人々が探梅のために山道を辿るのであった。月ヶ瀬村の村名の由来も風雅で、この地に古くから続いている旅館の古記に、

　この地より見下す五月川の川面に月影の金波、銀波と映り、その美しい眺めから月の瀬といった。

と、みえる。明治中期まで月の瀬、月瀬、月ヶ瀬などと呼んでいたが、昭和四十三年一月に村条例で「月ヶ瀬」と定められた。

　ところで、この地に梅が植えられたのはいつごろのことであろうか。伝承によれば、元久二年（一二〇五）に尾山天神社を真福寺の境内に祀り、祭神の菅原道真公にちなんでその境内に白梅を植えて、梅樹の森にしたと天神社記にある。梅の種類は太宰府の「飛梅」と同じ野梅種である。野梅は原種に近く、強い性質で、種が大きく、酸度が強い。この強い酸味が烏梅の品質の良さにつながっているという。そのほか野梅に近い城州白や鶯宿《おうしゅく》が烏梅に適している。

　烏梅づくりの歴史は、はっきりしていないが、月ヶ瀬村に次のような話が伝わっている。

　元弘元年（一三三一）後醍醐天皇笠置山落城のおり、その近侍の女官たちがこの村に逃げてこられ、そのうちの一人の園生《そのう》姫が倒れたのを村人たちが助けたのを縁に、姫は村に住むようになった。あるとき、梅の実が熟しているのを見て、都で見たことのある烏梅の製法を村人に教えたという。村人たちは教えられたとおりに烏梅をつくり、京の都に送ったところ、大変高価に売れ、米より収入がよかった。そこで競

って梅樹を植え、烏梅の生産に精を出したという。全山梅樹の里となり、広く世間に知られるようになった。

この口伝から百年後の宝徳年間（一四四九―五二）には、村内に数万本の梅樹が繁ったと伝えられている。この伝説を裏づけるように、月ヶ瀬村桃香野の古木は樹齢六百年と査定され、文化財指定を受けている。

ちなみに現在の月ヶ瀬村は一郡一村だが、それは明治二十二年（一八八九）四月に石打村、尾山村、長引村、月瀬村、桃香野村の五カ村を合併して月瀬村となり、その後嵩村と合併して月瀬村となったが、昭和四十三年（一九六八）に村名を「月ヶ瀬村」に改めた。なお、旧村名は字名《あざ》として残っている。

さきのように桃香野に六百年を経た古梅があることから、むかしから相当広い範囲で梅が植えられていたことが知られる。

烏梅づくりのために梅を植栽

梅の里として月ヶ瀬を有名にしたのは、観梅のためにこの村を訪ねた人々が、その景観の美しさと、満開の花の馥郁《ふくいく》とした香りを世に紹介したからである。それは、伝えられている記録によると、京都の町奉行与力・神沢貞幹（一七〇八―九五）が、明和九年（一七七二）に著した『翁草《おきなぐさ》』といわれている。その二十巻中の四巻に月ヶ瀬村のことが、次のように記されている。

予、大和に遊びし、尾山、月瀬、長引など山里あり、ここは伊賀大和の界なり、此間前後、皆梅林にて誠に梅世界ともいうべし。
凡そ南北二里余、東西一里ばかりの森林に山梅あり、花は遅し、盛りの頃は馥郁鼻に充つ。

伊賀の人で津藩士の堀末塵（一七二三―一八〇三）は寛政三年（一七九一）に村を訪ね『探梅句集梅花帳』を残している。

伊陽（伊賀上野のこと）を去ること三里ばかり、西に至って大和国境、添上郡尾山、長引という山里あり、……このあたり多く梅の木を植え、その果をとりて烏梅となし長安（都のこと）の市に送り、鬻《ひき》ぐ（売る）を以て生活の業となす。見渡す限りの谷山、畑に至るまで数万株、地の足らざるをうらむるや。

と、はじめて烏梅のことが紹介されている。このころになると、村内の旧家の古文書のなかに烏梅の生産や取引を物語るものが見られる。

伊勢山田の儒者・韓聯玉（一七九七―一八六五）は『遊月瀬記』に、次のように書いている。

宿の老主人によれば、この村は山が険しく、梅を以て穀に充つと。蓋《けだ》し（思うに）梅をよく乾し、烏梅をつくり、多くを京に輸す。紅染のときに合わせ用いるとよく其の色を発す。去年尾山一村でおよそ二百二十斗、長引では之に倍すると。以前聞いていた備後三原の梅林は甚《はなは》だ盛んにして、三原で収穫が多くなれば月瀬が価を減じ、月瀬多く出来れば、三原売れず。

津藩の儒者・斎藤拙堂（一七九七―一八六五）は多くの著書があるが、よく知られているのが『月瀬記勝』である。拙堂は同行者数人と月ヶ瀬村を訪ねている。『月瀬記勝』の「梅渓遊記八」に次のように記している。

尾山一村で上熟せば乾梅（烏梅）二百駄を得、毎駄一石五斗、重さ二百斤、此間十余村を合わせば、中熟にて千四百駄、上熟せば二千駄、毎駄価九十銭、或は百銭という。これを以て穀に充つ。思うにこの地は山が険しく耕すべからず。此をもって穀に当てる。実の熟するに及んで京都の染屋に送る。銭を得ること万石の入を減ぜず。また山中の経済なり。（原漢文）

生梅一六〇貫を烏梅にすると、約二〇パーセント止まりの三二貫（約一二〇キログラム）となるが、これが一駄である。一駄の値段が九十銭か百銭とあるが、これは当時の米で七、八俵分に相当したという。この山里は土地が瘠せて耕作できず、烏梅をつくって京都に送り、米穀の代わりに経済をなしたのである。村の古老の言い伝えによると、烏梅を多くつくる家は一戸で二十駄も生産したといい、村里の谷間には「一駄の木」といわれていた一六〇貫も穫れる大樹があったとのことである。当時、〝五駄のない家へ嫁に行くな〟といわれていたのである。『月瀬記勝』は天保元年（一八三〇）に公にされたが、このあと文人墨客が多く月ヶ瀬を訪ね、探梅を楽しんでいる。

頼山陽が月ヶ瀬に探梅を試みたのは天保二年。山陽五十二歳のときで、弟子たちと京都を二月二十一日に発った。この日は小雨が降っていたが、山陽は「雨を衝く探梅もまた一奇……」と元気だったようだ。初日は奈良で泊まり、翌日は春日山を越えて柳生街道を東へ向かう。二十三日になってようやく五月川のほとりに着いた。山陽たちは梅林の中の急坂を登り、小高い丘から遥か東に梅渓と、その下を流れる五月川を眺めたのである。頼山陽は月ヶ瀬村で詠んだ絶句の末尾を次のように結んでいる。

非観和州香世界
人生何可説梅花
（和州（大和）の香の世界を観るにあらずんば、人生何ぞ梅花を説くべけんや）

村人たちは急峻な土地の貴重な収入源として、渓谷や空地に梅の木を植えた。観梅の時期には茶店を出し、烏梅を生産して主な収入を得ていたのである。

明治から大正にかけて、多くの著名人が月ヶ瀬を訪ね、梅花を観賞して楽しんだ。この名勝の梅林は、史蹟名勝天然記念物保存法によって大正十一年（一九二二）三月に「名勝月瀬梅林」の指定を受けた。このとき同時に指定を受けたのは奈良公園（奈良市）と兼六公園（金沢市）であった。

「名勝月瀬梅林」の指定を受けた当時の地域と梅の本数は次のようである。

尾山	畑一二一筆	約二町八反六畝	一二四〇本
長引	畑　四二筆	約一町一反五畝	五四八本
嵩	畑　六九筆	約一町四反三畝	三八二本
月瀬	畑一四九筆	約二町三反八畝	二八五本
桃香野	畑一九二筆	約二町五反六畝	六五三本
計	畑	約一〇町三反八畝	三一〇八本

なお、記念の石標が尾山、長引、嵩、月ヶ瀬、桃香野の梅林に建っている。

明治以降、化学染料の普及とともに、烏梅の需要は激減し、衰退の道を辿る。明治元年（一八六八）に月ヶ瀬五村で八二〇駄あったのが、明治十七年（一八八四）には四三四駄余と半減する。村の人々はやむなく梅の木を伐り倒し、桑や茶を植え養蚕や製茶へと転換する家が増加した。そのとき梅の木を保護しようという声があがり、さきに記したように大正十一年には梅林が名勝に指定されるなど、かろうじて梅林は保持されたのである。

烏梅づくりにとっての大きな打撃は、戦争中の食糧増産で、この山村でも農家は烏梅など作っていられなくなったことである。

それでも戦後まで烏梅を作り続けていた家は尾山の中西喜一郎（昭和三十二年、八十六歳で没）、松本庄治（昭和二十二年、七十五歳で没）、松本和気治（昭和四十九年、七十七歳で没）の三軒と、桃香野の井之尾浅次郎（昭和五十七年、九十五歳で没）の一軒であった。井之尾浅次郎は村で作った烏梅を、漢方薬として使う大阪の道修町《どしょうまち》の薬店に売りに行ったという。すでに京紅染用ではなくなっていたのである。

現在烏梅を作っているのは中西喜一郎の孫の中西喜祥さんである。

「名勝月瀬梅林」と彫られている石標を左に見ながら、ゆるやかな坂をのぼると梅の里ゆかりの真福寺に出るのだが、むかしは、徒歩の観梅の人々のために、村の子どもたちは山から桜の枝を伐ってきて杖をつくり、道端に並べて置いた。代金は傍らの木の枝にぶら下げた竹筒に入れたのだそうだ。長閑《のどか》な光景がおもわれる。

尾山観梅道への登り口に「名勝月瀬梅林」の石標（大正九年建立）が立つ

梅が香に　のっと日の出る　山路かな

芭蕉の句が思いうかぶ。

ここから左手の道を行くと烏梅づくり九代目の中西喜祥さんの家がある。

中西さんは人なつこい笑顔を見せて、私を迎えてくれた。中西さんの家から碧い水を湛えた五月ダム（高山ダム）が望まれる。このダムの建設で梅林の一部が水没した。

「あのあたりに、川の際《きわ》から山にかけて大きな梅の木があって、梅拾いをしたものだった」

中西さんはダムの方向を指さしながら、つぶやくようにいった。

中西さんは大正七年生まれで今年で八十五歳になる。

「わしが子どものころは、この村のほとんどの家で競うように烏梅をつくっていましたよ。ところが烏梅を作ってもよう売れまへんので、茶畑になって……」

需要が少なくなるにつれて、生産高も減り、単価も安くなった。

「いまは、わしの家一軒になってしもうた。わしのおじいさんは孫のわしに、〝此処で生涯暮らすなら、これだけは忘れるな。烏梅さえやっていれば、先祖は文句をいわないよ〟と。だから、わしは子や孫に烏梅つくりの技術を伝え、その精神も伝えていく」

中西家は代々観梅客の訪れるころには「梅古庵」という茶店を開いてお客を案内し、六月から七月にかけて梅実が落ちると、実を拾い集めて、それを天秤棒で担いで山の上にある家まで運ぶ。梅実拾いは一籠十貫余り（約四〇キロ）もあるたいへんな重労働であった。

嫁入りするかて尾山へ行くな
　朝は早うから梅拾い

と、祖母は祭り囃子に合わせて歌っていたそうである。中西さんは息子や孫に手伝わせながら、「悪くおもうなよ。これが代々伝わってきた家業なんだから」と、いい続けている。自分が祖父からいわれ続けてきたように。そして、自分自身にいい聞かせるように。

中西さん自身も十歳のころから烏梅づくりを手伝い、祖父の喜一郎さんからとっくりと教え込まれた。自分が教えられたと同じように、孫にも教えておきたいと願っている。

「でもね、勘だけの仕事は、教えるといっても腕で覚えるしかないからね」と、できるだけ仕事を手伝わせるのであった。

月ヶ瀬村尾山からの眺めは雄大

漢方薬としての烏梅

昭和十三年（一九三八）中西さんは出征した。そのとき、「戦争から無事に戻ってきたら、家業の跡を継いで烏梅づくりをする」と約束した。やがて終戦となって生還し、約束どおり烏梅づくりを始める。が、まだ食糧も充分でないころで、烏梅など売れるわけがなかった。烏梅をつくっていた村の同業者が次々と転業し、そのたびに梅の老樹が伐り倒され、茶畑に変わっていく。それを見ながら中西さんは、売れるあてのない烏梅を毎年つくり、屋根裏のつしに保存した。「ここで生涯暮らすなら、烏梅づくりを忘れるな」という祖父の言葉と、自分が出征するときに「跡を継ぐ」と誓ったことを、忠実に守り続けていたのである。が、この時期は中西さんにとって、辛い日々だったかもしれない。

私がはじめて中西さんをお訪ねし、烏梅のことを伺った二十年以上前のことである。中西さんは童顔をほころばせていった。「わしは烏梅づくりに一所懸命だったから、売った先が何に使うかわかりませんでしたよ。わしが知っていたのは、そのころは漢方薬だといってましたからね」

中西さんは家の奥から一枚の紙を持ってきて私に見せてくれた。その紙は『新撰薬名気味能毒』からのコピーで、烏梅の項に次のようにあった。

和州
烏梅　梲　酸温毒多用レバ歯損　　斤弐百三十目
渇ヲ止メ虫ヲ吐ク治胃気収肺潤咳ヲ止ム

中西さんは私に向かって「わかった？」という顔をした。漢方薬として清涼性収斂薬《しゅうれんやく》、止瀉薬《ししゃやく》、回虫駆除薬、解熱・鎮咳薬《ちんがいやく》に効用があったといわれている。

村の人たちは梅見のころになると、観梅道の傍らに茶店を出す。観梅の人たちは月ヶ瀬梅渓の坂道を、梅の花を賞でつつゆるゆると登り、そして下る。大勢の人で賑わうこのときが、月ヶ瀬がもっとも華やぐときである。中西さんは茶店で名産の梅漬などと共に烏梅も陳列する。烏梅を風邪薬用に求めていく人もいるという。

烏梅をつくる

梅実拾い

烏梅用の梅は、梅林の落ち梅を使う。梅の種類は野梅《やばい》といわれる白梅種《はくばいしゅ》。梅実は七月の半夏生《はんげしょう》（夏至《げし》から十一日め。七月二日ごろ）のころになると完熟して、自然に落果する。落果した梅はだれでも拾うことができるので、半夏生の翌日になるとどの家でも女子どもまで加わって梅拾いをした。拾った梅は腰につけた袋（ウマカタマエダレ）に入れた。それを藁製のフゴ（籠）に移して運ぶ。

フゴは口まわり約三〇センチ、深さ約二七センチに吊り手をつけたもの二袋を、オオコ（天秤棒）に振り分けて運ぶ。一つのフゴに約二〇キログラムを入れるので、二袋では約四〇キログラムを、山の坂道を登って家に戻る。山道では足が滑ることもあったようだ。中西さんの祖父は「梅実拾いは一回に一〇貫余り（約四〇キログラム）あって、男のわしでも重労働だった。履きものは草鞋《わらじ》だったから、雨上がりの坂道では足が滑って、かなりしんどかった」と、いっていたという。

媒まぶし

拾い集めた梅は、その日のうちに媒をまぶす。長さ二・五メートルの檜の間伐材三本の上部をひとまとめに紐で括って、下を三脚状に広げ、上部の括り紐にカギとよぶ吊り手を下げ、これに紐をつけた箕《み》を吊り下げる。この三脚状の道具をモンガリという。

媒をまぶすには、四〇から五〇粒ほどの梅の実を箕に入れ、梅にシュロ刷毛で水を打ち、媒を振りかけ、箕をゆすって、転がしながらまぶす。

「水は天水《てんすい》というでしょ。雨水がいいですよ。カルキを含む水道の水はダメです。媒はマツやサカキ、クヌギなんかを焚いて、よくふるった細かい媒でね。だけど、どこの家だって電気やガス、石油になってしもうて、煙突や鍋底の媒集めがたいへんなんですわ」中西さんは箕を動かしながらいった。

ウメスダレ

媒をまぶした梅を箕から出して、畳《たたみ》一畳ほどの大きさの竹で編んだスダレの上に、梅が重なり合わないように、ひと並べする。この竹スダレを「ウメスダレ」という。スダレに使う竹は三年生の真竹《まだけ》や淡竹《はちく》だが、霙《みぞれ》が降るころに採取するのでミゾレダケとよばれる。

スダレの作り方は、竹を幅六ミリから一〜二ミリほどに割り、ウマとよぶ編台を使って細縄で編む。編みあがったら直径六センチほどの竹を半割りにしてスダレの上下から挟み、藁縄でくくり付ける。さらに中央に丸竹で補強する。これが下段用のウメスダレで、上段用は補強の竹は使わない。下段用のスダレに梅が重なり合わないように、ひと並べする。

①煤まぶし

②カマに割木を組んで火をつける

③籾殻を加える

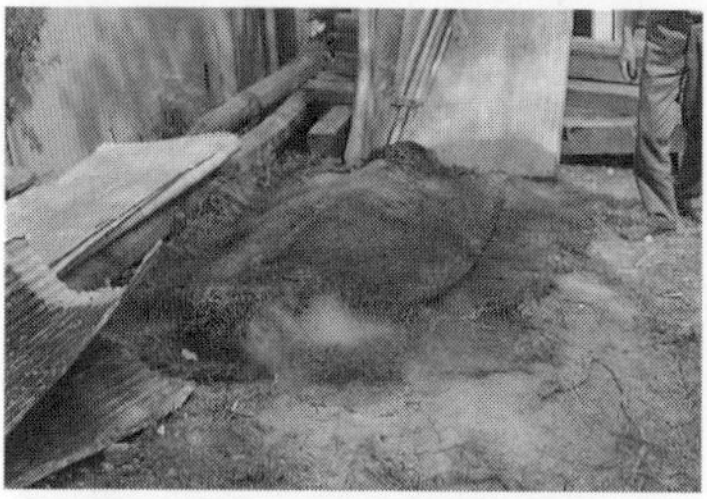

④カマの上にすっぽりとスダレで覆う

⑤乾燥を防ぐためにジョウロで水を撒く

⑥燻し上がった烏梅

カマで焚く

地面に幅三尺（約九〇センチ）、長さ四尺八寸（約一・五メートル）、深さ二尺（約六〇センチ）の穴を、四隅を丸くして掘る。この穴で籾殻を焚いて、媒をまぶした梅の実を燻《いぶ》す。

「昔のカマは野天に築いたものだったんです。だから烏梅づくりがはじまると、毎年カマを掘ったんです。それはいいとして、雨でも降ったら、このカマを杉皮で覆ったんです」

平成になってから、屋根のある小屋にカマを築いたので、現在は雨の日も安心して作業ができるそうだ。

カマに松割木を組んで火をつける。よく燃えてきたら籾殻五キログラム入りを二袋、まわりからかけて燻す。

「このときの松割木は生木でなく、炭を焼くときにできる不完全品を使うと火持ちがよいのです。火持ちがよいということは、カマの湿気がよく取れる」と、中西さん。

よく燃え始めたら梅を敷き並べたスダレをカマの上にのせる。さらに上段用のスダレをのせるが、煙の通りをよくするために上段と下段のスダレの間に、直径六センチほどの檜の丸太を置く。この上から全体に筵をすっぽりとかけて覆う。筵の上から乾燥を防ぐためにジョウロで水を撒く。

「水はだいたい五、六升ぐらい（約一〇リットル）をまんべんなく掛ける。しばらくすると、湯気と煙が筵から出てくるんです。その上り具合いで火の回り加減がわかるわけね。また、筵の乾き具合いによって二、三回水を掛けるんですよ。だから、夜中に見回って水を掛けることだってありますよ」

燻す時間

水を掛け、様子を見ながら燻す時間は一昼夜。籾殻がその一昼夜の間、煙を出し続けるように、松割木の燃え方、籾殻の量などを勘によって決める。

半夏生を過ぎると、中西さんは朝早くから梅の実を拾いに行き、重い梅の実を天秤棒で担いで、山道を登る。梅の実が腐らないうちに煤をまぶして、燻す。毎日、毎日……。「梅の実に煤をまぶすのは、梅肉が太陽熱を吸収しにくいように黒くして、品質を保ちながら乾燥を早めるためでしょう。昔の人の偉い知恵ですよね」

乾燥

燻し終わった梅はタケスダレに移して、天日で充分に乾燥する。タケスダレはウメスダレと同じで竹を割って編んだものだが、ウメスダレよりひと回り大きく作る。

乾燥の際、タケスダレを地面に直接置くと乾燥しにくいため、タケスダレの下に丸竹を二本置く。梅の実がカラカラに乾燥するまで干す。

烏梅用の完熟生梅一六〇貫（六〇〇キログラム）を乾燥させると三二貫（一二〇キログラム）の烏梅ができあがる。これが一駄である。

保存

できあがった烏梅は油粕の紙袋に入れるが、以前は筵を二つ折りにして両端を縄で縫った叺《かます》に入れていた。この叺二袋で約三二貫（一二〇キログラム）あったという。

用具作り

梅拾いに使用するウマカタマエダレは、梅拾いに便利なように腰に付ける。丈夫な木綿の前掛の長い垂れを横半分に折り返して、両端を縫って袋状にした。この袋に約五キロほどの梅が入るそうだ。

運搬用の天秤棒やフゴも手製である。フゴは細縄でウマと呼ぶ編台で編む。

天秤棒にフゴを吊り下げて山道を登るときに使うのがイキツエ（息杖）で、上下どちらか一方が二股になっているものは、途中で休憩するとき、この二股に天秤棒を預けることができて重宝だそうだ。

梅に媒をまぶすときに使用するのが、水を入れる容器でカナダライともいい、現在は銅製の洗面器を転用して使っている。水を打つ刷毛はシュロで、水さばきが良い。藁刷毛は均一な水打ちができない。

スイレは一斗缶を二つ切りして、太い針金で鉉《つる》を付ける。

箕は月ヶ瀬村の隣村である山添村（山辺郡）遅瀬《おそせ》の藤箕が使われている。この藤箕は「遅瀬藤箕」として知られており、シノベタケを裂いて山藤の靭皮（内皮）を織り込んだもので、梅の実の表面の細毛を取り除く。これをヒゲコロシ（またはヒゲタオシ）という。ゆすったとき梅が飛び出さないように、口の部分に三枚分多く竹を入れた円弧状になっているのが特徴。また破損しても繕いができる。現在遅瀬で藤箕を製作している家は数軒である。

プラスチック製の箕は、ヒゲコロシができないことが難点である。

コモ編台はウマと呼び、欅の二股で脚の部分をつくり、それに横木を取り付けた組立式のもの。付属としては、編縄を巻き付けるコマで、コマを前後させて編む。この編み台はスダレやフゴなどを編むのにも使う。横木には作るものに合わせて、編縄位置に目印の刻みが付いている。

二股の欅はなかなか手に入らないため、「ウマ用の二股があったら、取っておけ」と、祖父から教えられていたそうだ。

烏梅づくりは「わしの生きがい」

山里の痩せ地で、烏梅が支える経済はたいへんなものであった。

月ヶ瀬から京都へは、烏梅を馬に積んで運んだ。峠を越えて木津（京都府木津町）に出て、ここから北へ向かって京都に入った。帰りは売り上げ代金を山賊に盗《と》られないように、西瓜の中身を食べ、その中にお金を入れてお金の音がしないようにして、村に帰ってきたという話が残っている。

記録に残っている烏梅の生産高は別表のようである。最盛期は明治元年（一八六八）で、全体で八二〇駄あったのが明治十四年（一八八一）には、三六〇駄となり、明治十七年（一八八四）には四二四駄と盛り返したが、その後は伸びなかったようだ。明治十五年に真福寺の天神社を探窪《さかしくぼ》に移祀したので、村の人々は「天神さまの祟り……」とささやき合ったという。

「いま考えると化学染料が普及して、コスト高になる植物染料の紅染を止めてしもうて、烏梅も不要になったんですね」と、中西さんの話。

中西さんは祖父から教えられた昔ながらの方法で、毎年、七月の半夏生の翌日から烏梅づくりを始める。「雨が降っても、この日に始めないと縁起が悪いから」と、黙々と烏梅をつくる。奥さんの千代さん（大正十三年生）が手伝うのはいつものことだが、長男の喜久さん（昭和二十年生）とお嫁さんの邦子さん（昭和二十三年生）や孫たちも手伝う。手伝いながら仕事を覚えていく。山の上の中西さんの家から、高山

烏梅の生産高

	嘉永５年（1852）	明治元年（1868）	明治10年（1877）	明治14年（1881）	明治17年（1884）
尾山村	200駄	105駄	50駄	80駄	10駄
長引村	120	193	50	80	5
月瀬村	130	56	57	40	5
嵩　村	15	16	14	20	4
桃香野村	160	450	350	140	400
石打村	5	—	—	—	—
合　計	630	820	521	360	424

ダムの湖水が目の下に眺められる。烏梅の最盛期の江戸時代末期は、梅の木が二十万本とも三十万本ともいわれたが、ダムに沈み、また、転業で梅の木を伐ったりで現在は一万本ぐらいだそうである。それでも開花のころは、全山が梅花で埋まる。

「この村で烏梅をつくってるのは、わし一人になってしもうたが、烏梅づくりがわしの生きがいだから」と、今日も烏梅をつくっている。

村の梅林のもととなった烏梅の製造を守る中西さんに、村は昭和五十五年十二月に月ヶ瀬村の無形文化財保持者に認定したのである。中西さんは「梅の木を増やすのもわしの仕事」と、いまも烏梅用の白梅をせっせと接ぎ木して殖やしている。

武州紅花の足跡を辿って

　ＪＲ桶川駅から旧中山道を横切って北東へ一・五キロメートルほどのところに、稲荷神社がある。この神社の境内に、武州紅花の関係者が寄進した石灯籠があるのだ。当初は不動堂に寄進した。この不動堂の不動尊は、元禄のころ（一六八八―一七〇四）桶川宿の水谷彦三郎という人の畑から出土した石造の不動尊だそうで、南向き三間（約六メートル）四方の堂を建立したのが不動堂の始めだという。その後参詣者も増えたので不動堂を南蔵院に寄付し、文化二年（一八〇五）六月から南蔵院が管理することになった。石灯籠を寄進したのは安政四年（一八五七）なので、南蔵院管理の不動堂に寄進したことになる。

　ところが明治二年（一八六九）に南蔵院が廃寺となったため、堂は壊され、不動尊は浄念寺に移された。石灯籠は別当であった関係で稲荷神社に移されて、今日に至っている。

　石灯籠の高さは四・五メートルあり、「紅花商人中」と、大きく、しっかりとした文字で彫られており、その下に二四人の寄進者名が記されている。左右一対の石灯籠だが、二十四人の名の順序が左右で違うのは、石工が別であったことによるのだろうか。建立の日は「安政四丁巳年八月吉辰」と刻まれている。

　二十四人の寄進者の所在は、現在の桶川市十七人、上尾市五人、菖蒲町二人である。これらの人々は紅花商人のほか仲買人もいたようである。中分村《なかぶん》（現上尾市）の矢部半右衛門は旗本・牧野式部の代官名主

稲荷神社

紅花商人寄進の石灯籠（桶川市指定文化財）

灯籠の台石に刻まれた「紅花商人中」の文字

をしており、この地方では有力農民であったが、必ずしも紅花取引が多かったわけではなかった。

菖蒲町は桶川から二里（約八キロ）の距離にあるが、紅花と深くかかわっていたのであろう。桶川の伊勢屋次郎兵衛から菖蒲町の釜屋七兵衛へ仙吉が聟入りしていることで想像できる。

この石灯籠にどのくらいの費用がかかったのだろうか。といっても、その全額は記されていないのでわからないが、残された資料は次の通りなので、だいたいの経費を知ることができる。

覚

一　金弐拾七両也　　伊豆屋
　　石買金　　　　　八右衛門
一　金五両二朱ト　七百三拾五文　小泉
　　右取引船賃口銭共　　　　　　長右衛門
一　三拾三文三分三厘
　　右積込台角物
一　金七両也
　　右畔吉河岸より引取　鳶の者へ渡し方
一　三朱　車損料
　　足吊代　　　　角兵衛へ払
一　金拾壱両壱分　石屋
　　手間代　　　　　清司

一 金拾壱両也　　　　　石屋
　　同断　　　　　　　　栄次郎
一 金五両弐分　　　　　鳶の者
　　地行建方
一 五貫文 右丸石
　　砂利駄賃共
一 金弐両弐分　　　　　南蔵院江
　　地代
一 金弐分　　　　　　　雪城先生
　　書料

以上のことによって、石は荒川の畔吉《あぜよし》河岸（現上尾市の川田谷の東）に荷上げし、桶川まで運んだことがわかる。が、もっと多くの資料を見たかったので、私は『武州桶川べにの花』という小冊子を書いた桶川市の加藤貴一さん（大正十年生）をおたずねした。

「桶川市には古文書が少ないです。上尾市には『須田家日記』がありますね。あれは戦後、古本屋から出たんですよ。その古本屋が最初桶川市に持ち込んだんですが、応待した当時の職員は北海道出身の人だったので、あまり関心がなかったんですね。それで上尾市が話を聞いて買ったんです。当時の上尾市の市長は、大切なものだとおもって、個人のお金で買ったと聞いています。なんでも二十万円だったそうですよ。そのころではたいした大金です」

それは私が後に見ることになった『久保村須田家日記』であり、石灯籠に名が刻まれている須田家なのであった。

加藤さんは若いころ、稲荷神社の石灯籠に刻まれている「紅花商人中」の文字を見て、紅花とは何だろうとおもって、いろいろの人に聞いてみたが、知っている人はいなかったそうだ。

「わたしも今は八十二歳になりましたから、いまから六、七十年昔のことです。それが紅花へ興味をもった最初ですね」と。加藤さんは数年前まで、紅花を栽培していたそうだ。しかし、「紅花は手間がかかるので、もう無理ですから、今は鉢植えだけです」と、笑っていた。

かつて、この稲荷神社に通じる道は、稲荷大門と称する参道だったというが、昭和初期の耕地整理によって廃されたという。この町に住むお年寄りは、「耕地整理のころは、見渡す限り田畑だった」といっていたが、今はその頃のおもかげはなく、住宅が建ち並ぶ明るい町である。それだけに、稲荷神社の場所を聞いても、知っている人は少なかった。

武州紅花の栽培のはじめ

『延喜式』によると、関東では八カ国が紅花の輪作地としてあげられている。後に全国第一の産地となった出羽国はここにはあげられておらず、また、江戸時代に生産地があった九州諸国もまだない。しかし武州の紅花が、調として輸送していた時代から、江戸時代まで延々と栽培されつづけていたとは考えられない。
時を経て、新しく武州で紅花が栽培されるようになったのは天明・寛政の頃（一七八一―一八〇一）であろうとされている。『大日本近世史料　諸問屋再興調　六』（東京大学出版会、一九六二年刊）によると、

寛政のころ、江戸の紅花問屋・柳屋五郎三郎の召使いの太助と半兵衛が上村（現上尾市）の百姓七五郎に、羽州最上紅花の種を渡して栽培させた（読み下し）

とみえる。
また、寛政十二年（一八〇〇）の桶川宿明細帳に、

五穀の外、菜、大根、午旁、芋、並ニ紅花、茜之類出作仕候

とあり、各種の野菜のほかに、紅花と茜を栽培していたことがわかる。
天保五年（一八三四）十月の武笠惣《ママ》兵衛の手控に、

紅花一袋五〇〇匁入　六十四袋を以て一駄とし、正実は三十貫四百匁。一駄の代金は九拾六両。

と記されている。この武笠家は桶川宿の脇本陣で、桶川の産物を記していた。
さらに『大日本近世史料　諸問屋再興調　六』の別の項目に、

七拾年程以前より作付けしているといい、古老の話によると天明、寛政年間よりと聞いている（読み下し）

これは安政二年（一八五五）八月の文書であることから、「七拾年以前」とは天明年間のことになるので、この文書からすると、武州上尾の七五郎が紅花栽培を始めた時期は、天明・寛政の頃であるのは間違いないであろう。

柳屋五郎三郎が召使いに紅花の種を持たせて、上村（現上尾市）の七五郎に渡して栽培させた経緯はわからない。しかし、五郎三郎についてはわかる。

ずいぶん古い話だが、明国の医師・呂一官という人が来日し、家康の知遇を得て浜松に住み、日本人の娘を妻にして名を堀八郎兵衛と改めた。慶長八年（一六〇三）、家康は天下をとり、江戸に幕府を開くと居を江戸に移した。堀八郎兵衛は二代・秀忠に仕えるが、そのとき江戸日本橋の角の地を賜った。その屋敷の一角に、五郎三郎という者に臙脂《えんじ》販売の店を開かせたのである。材料の紅花は八郎兵衛の故国より取り寄せたという。紅の製法も八郎兵衛が五郎三郎に教えた。八郎兵衛は明国（中国）の医者だったので、漢方のほうから紅の製造を知っていたのであろう。当時、紅の価格は純金の値に等しく、化粧料だけでなく、皮膚病の特効薬として湯の中に入れて浴する浴剤や、紅染の肌着を着ると保温性があり、病気にならないなどといわれ、紅染の肌着が売れるようになる。やがて五郎三郎は「紅屋五郎三郎」といわれるようになった。ところが、嘉永年間（一八四八—五四）になると堀八郎兵衛の店は衰退する。このとき近江国の外池村の人が堀家の養子となり、店をゆずり受け、八郎兵衛の屋号だった「柳屋繁広」のなかの柳の一字をとって「柳屋」とし、五郎三郎を襲名して「柳屋五郎三郎」が誕生したのである。

さきの『諸問屋再興調　六』は安政年間（一八五四―六〇）に書かれたものなので、「柳屋五郎三郎」はこの人のことである。したがって柳屋五郎三郎が召使いに羽州の紅花の種を持たせて武州に行かせたのは、おそらく原料の確保のためではなかったろうか。大店の商人が販売商品の入手を容易にするために、近村の百姓を指導することがあり、これは紅花ばかりでなく、たとえば狭山茶の発達にしても、大店の茶問屋がかかわっていたことでも知られる。

五郎三郎から紅花の種を受け取った上村の七五郎は、順調に紅花栽培ができたわけではなかった。

其頃者作方手馴不申、少分之荷高に御座候

と、『諸問屋再興調　六』にみえる。

羽州の紅花の種を武州で栽培するには「手馴不申」とあるように、多くの困難があったようで、収穫は少なかった。それは、羽州では春蒔で、「半夏《はんげ》の一つ咲き」といわれるように、七月の上旬に開花する。ところが武州では、前年の秋に蒔《ま》き付けて、翌年の初夏に開花している。『久保村須田家日記』に、

年々八九月頃蒔付置、翌年五月に至り摘取製干之上売物ニ致候品ニ御座候

とあり、最上地方の種であっても、最上地方と異なった栽培時期を示している。

武州では、摘み取った紅花を農民の手によって花餅にする。これを紅餅とか干花という。

武州紅花の隆盛

その後、七五郎たちの努力によって紅花栽培地は急速にひろがる。『諸問屋再興調』によると、

桶川宿、上尾宿、大宮宿、最寄在々江蒔付、遂々作増いたし

とある。

その第一は、最上紅花よりも一カ月も早く五月（旧暦）に収穫できるという有利な点にあった。そのため武州紅花は早場《はやば》（早庭）と呼ばれて歓迎されたのである。早場の生産地は武州のほか紀州、大和、山城、播州にもあって、それらとの競合はあったが、苦労して栽培しただけ武州の紅花の品質はよかったのである。京都の紅花問屋・伊勢屋理右衛門が南村（上尾市）の須田治兵衛にあてた、享和元年（一八〇一）の仕切書が須田家文書にみえる。須田治兵衛は「紅花商人中」として石灯籠を奉献した一人である。

仕　切

一金百拾五両弐分　　大印大極上紅花八入四丸

銀弐匁八分壱厘　　ヒ印上吉同拾九入壱丸

拾八入三丸

〆弐駄拾七袋

右紅花弐駄為替金

右之内
七月朔日
一金六拾両二分　　近江屋喜兵衛殿へ
　六匁　　相渡
一金壱両三分　　七、八、九
　三匁九分　　〆三ヶ月
一銀六匁五厘　　弐朱打
一金壱両　　此度平八殿へ相渡
〆金六拾□両一分
　銀拾五匁九分五厘
差引
　残金五拾弐両
　　銀壱匁八分六厘
右之通　内田平八殿御相対を以売捌、紅花代金差引残金銀、御差図通、江戸浅草花川戸川田屋平右衛門殿伺、明七日、嶌屋飛脚を以差下相渡、此表無出相済申候、若算用違候ハヽ、御互御差引可被下候、為後日仍而如件

享和元年酉十月六日
　　伊勢屋　理右衛門　判
武州

須田治兵衛殿

この仕切書に示された量の合計は一四五袋で、七二貫五〇〇匁である。天明・寛政期ごろに種がもたらされているので、栽培が始まって十余年で、しかも一回の取引としては比較的多く、急速に紅花栽培が盛んになったことがわかる。以後、京都の紅花問屋は次々と武州まで来て、直接仕入れをするようになる。

取引単位の一袋は、干花（花餅）五〇〇匁を和紙袋に詰めたもので、十六袋を麻袋に入れる。これが一丸《まる》、または一箇と呼ぶ。したがって一丸は八貫目であり、四丸は三十二貫（一二〇キロ）で、これを一駄といい、馬一頭に負わせた荷物である。

武州紅花の品質がよく、文化九年（一八二六）の紅花相場は、

飛切　五拾五両
中　五拾両
下　拾五両

とあり、これは当時としてはそれぞれ最高の値であった。このような高値を生み出した原因は、最初から取引商人の指導により、商品となるために栽培されたからであった。しかも、紅花は連作を好まないが、関東平野の広い地域では栽培地はいくらでも確保できたのである。

さらに江戸へはもちろん、上方へも海上輸送が可能であった。このことは、最上紅花より一カ月早く収

穫できることとあいまって、京都では高値で取引されたのである。

柳屋五郎三郎が紅花の種を武州にもたらしてから、わずかの年月で京都からも引き合いがあるなど、これほどの隆盛になったが、このことを当初の五郎三郎は想像していただろうか。五郎三郎はじめ江戸の紅商たちは、江戸の近郊に栽培地を開発し、京都に対抗して大きく商売を発達させようとしたが、江戸商人の独占とはならず、上方からの商人が多く入ってきたのであった。

『新編武蔵国風土記稿』（文政年間末に編纂完了）によると、

年年多ク紅花植テ、臙脂ヲ製セリ、近郷ノ人サシテ桶川臙脂ト称ス

とみえる。

武州紅花は早場物と呼ばれて歓迎されたが、このうちとくに西山とよばれている地域の紅花は値が高かった。西山という呼称は、江戸の西方台地という意味であろうか。このあたりは江戸の初期から入間川、名栗川、高麗川などの流域から杉丸太を筏に組んで、荒川から江戸へ運んだ。この材木を古くから「西山材」と称していたので、紅花も、これにならって「西山紅花」とよんだのであろう。西山の地域は荒川以西の、現在の坂戸市、鶴ヶ島市、大井町、富士見市、狭山市、上福岡市やその周辺の台地である。このあたりは畑地がアルカリ性で水はけが良く、気候が内陸性気候であること、江戸との交通も便利で金肥が入手しやすいこと、さらに米ができる土地柄ではなかったので、紅花の商品化に熱心であったこと、などの条件がととのっていた。こうした商品の優秀さは値段にも反映されている。

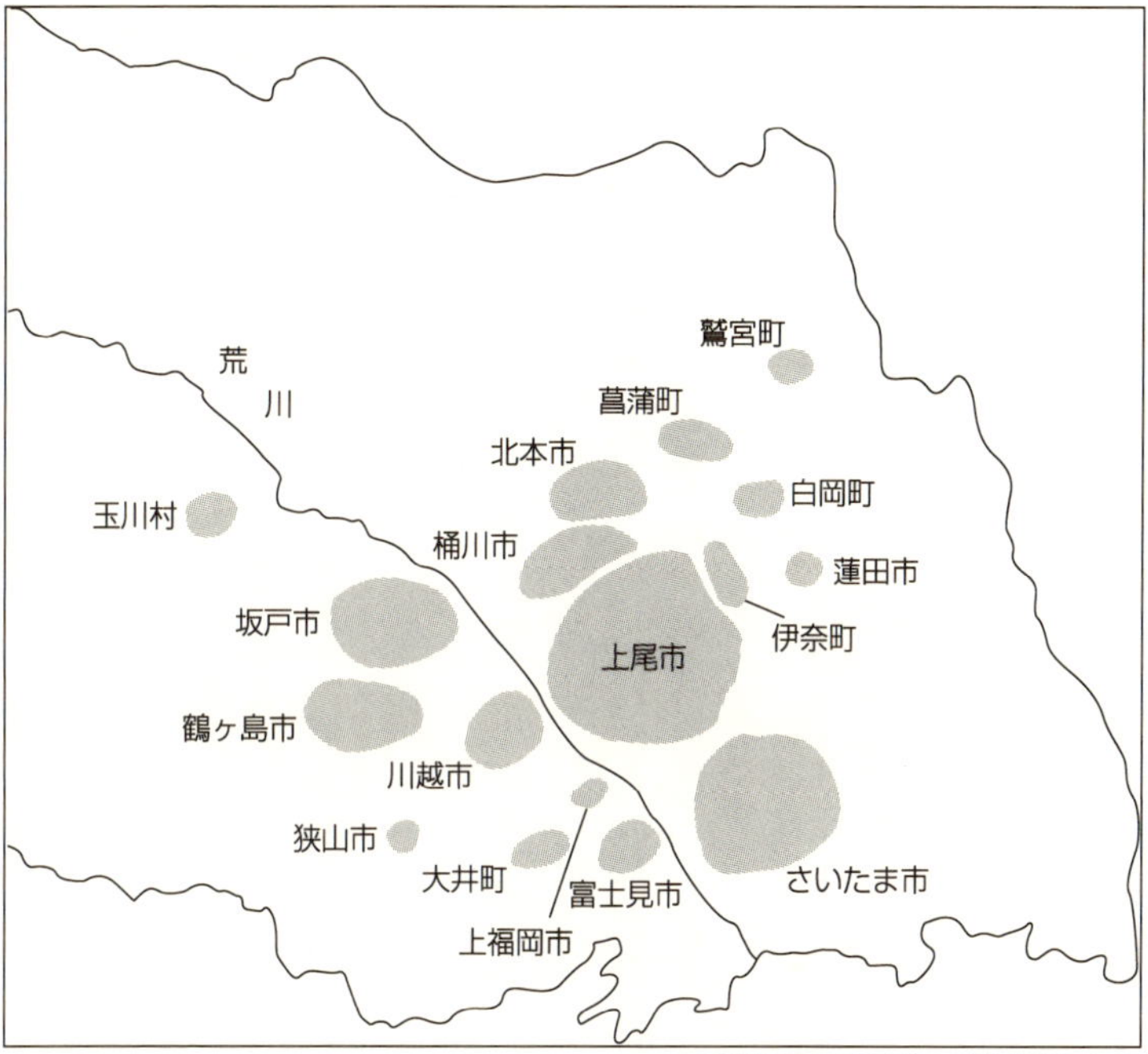

天保13年（1842）の紅花産地を須田家日記をもとに，栽培村数で割り出した（表示市町村名は現在のもの）

さいたま市	6村
上尾市	13
坂戸市	10
鶴ヶ島市	8
川越市	6
桶川市	4
北本市	4
菖蒲町	2
白岡町	1
鷲宮町	1
上福岡市	1
伊奈町	2
大井町	2
蓮田市	1
狭山市	1
富士見市	1
玉川村	1

最上紅花（羽州）　五拾七、八両
早場上物（武州）　六拾壱、弐両
西山紅花（武州）　七拾五、七両

西山地域の紅花の品質が優れていたのは、さきにも述べたように、他に目立った物産がなかったことから、手をかけた栽培ができたことと、丁寧に花餅をつくったからである。

『万葉集』に、

紅《くれない》の浅葉の野らに刈る草《かや》の
束の間も吾《わ》を忘らすな　（巻一一・二七六三）

とある。『万葉集事典』によれば、「くれない」は浅葉野の枕詞として使われているが、その地は未詳としながらも「埼玉県入間郡麻羽郷」（現坂戸市浅羽《あさは》）の地としている。そのことをふまえて、埼玉県では浅羽を「万葉ゆかりの地」として指定している。

「あさは」の地名は、『和名抄』の武蔵国に「入間郡麻羽安佐波」とあり、ほかに静岡県磐田郡浅羽がある。

嘉永六年（一八五三）に江戸の渡辺渉園という人が秩父地方を旅して、その帰途、鶴間村（現富士見市）で紅花を見た様子を旅日記に記している。

……鶴間という村をすぐるに、女ども畑に作りおけるくれないの花を摘みてありく。何ぞとたずぬればべに花なりといふ。これやすゑつむ花なるべしとて、ひとふさ乞うに、たやすく折ってえさせぬ。つみ取たるむしろにひろげておき、露にてしめりあい、やわらかに成たるをまろめて板の上に布をしき、その上にいくらも並べて、また布をきせ、升《ます》の底にて打叩き、またはむしろを敷きて押しひらめ、日に乾かすなり。それを商人わたり来て、買われて行くと、その敷きたる布は、おのずからくれないに染めれるをとりて、女ども頭にまといなとす。

武州紅花商人と京都の紅花問屋

紅花を栽培し、花餅につくるのは農民だが、その花餅を買い集めるのは在方の買継問屋である。買継問屋は、直接生産者から買い付けをしたり、小仲買人を使って買い付けたりして花餅を集荷する。集荷された花餅は荷造りされ、京都の紅花問屋に売られる。在方の買継問屋は、自己資金で購入する場合もあるが、京都の紅花問屋から資金を借り入れて買う場合が多かった。買継問屋の手先になって活躍する小仲買人のなかには、自己資金の多い独立的な小仲買人もいたが、買継問屋からの資金で買い集める人が多かった。

最上地方は城下町商人に力があったが、武州の場合は、当初、生産地に城下町商人がいなかったため、紅花商人は在方の人たちであったのだ。また、京都の紅花問屋は、資金の多い城下町商人と取引するより、在方の上層農民に買い継ぎをしてもらったほうが有利であった。こうして、上方の紅花問屋の方針と、在地の商品作物とが結びつき、武州に多数の在方商人が生まれた。

武州の買継問屋には、紅花の開花時期になると、上方の紅花問屋から多額の資金が送られてくる。こうして紅花問屋は、在方の買継問屋に紅花の買い付けを依頼するのである。『須田家日記』によると、年によっては三千両もの資金が送られている。また、この時期になると、京都の紅花問屋では手代を武州に派遣して、買い入れの量などについて買継問屋と打ち合わせが行なわれる。『須田家日記』にも、そうしたことが記されている。

五月廿三日　京都㊉孝七殿八ツ時頃ゟ御出府ニ而大宮迄文蔵供ニ遣シ……
六月朔日　京都清左衛門様代茂兵衛様今日八ツ時下リ着相成

京都㊉は、京都の紅花問屋・伊勢屋源助のこと。伊勢屋の手代孝七が来たことを示している。また、六月の京都清左衛門は、西村清左衛門のことで、手代の茂兵衛が買い付けの打ち合わせのために武州に下ってきたことを記している。

武州に買継問屋がどのくらいあったのか、明確な数はわかっていないが、おそらくは二十数軒あったのではないだろうか。

石灯籠に名を刻んでいる桶川宿の木嶋屋源衛門、木嶋屋浅五郎、宮田源七、伊勢屋次郎兵衛や南村（上尾市）の須田治兵衛、久保村（上尾市）の須田大八郎などであるが、紅花栽培地の拡大にともなって、在地の買継問屋も各地に増えていった。上尾の武蔵屋治左衛門、大宮の武蔵屋代二郎と松坂屋初五郎、加茂宮村の川鍋幸左衛門、与野町の綿貫太郎右衛門、浦和宿の大松勝助などがいた。そのほか、熊谷宿や岩槻、菖蒲などにも買継問屋があった。

京都に送られた花餅から紅を取り出すのは、技術をもった職人たちである。京都ではこうした仕事を業とするのを「紅染屋」といっていた。紅づくりは、それぞれの紅染屋の秘伝とされ、門外不出で受け継がれてきた。このように紅染の技法が伝統をもった職人たちのいる京都地方で発達したので、花餅の取引は京都が中心であった。そのため、花餅を扱う問屋も京都に集中していた。最上地方や武州の花餅も、それぞれの在地の商人を通じて、京都の紅花問屋に集められたわけである。

武州紅花商人と江戸紅花問屋の争い

天保十二年（一八四一）十二月、老中・水野忠邦の「天保の改革」によって江戸の各種株仲間は解散させられていたが、嘉永四年（一八五一）の問屋再興の機会に、江戸の紅花商人たちは株仲間解散以前のように小間物問屋丸合組を結成する。丸合組の中で紅花を扱っていたのは柳屋五郎三郎、玉屋善太郎、村田屋久蔵、丁字屋吟次郎の五軒であった。これらの問屋は、旧特権の復活を目論んだのである。というのも、それまで五軒の問屋の下組であった紅粉《べに》絞屋（加工業）の二十八軒が独立して問屋仲間を結成しようとしており、紅花の直取引を主張したからであった。このことに驚いた丸合組の五軒の問屋は町奉行所に出訴する。この訴訟は結局両者の示談となり、旧問屋の元組に対して、紅粉絞屋は仮組（準問屋仲間）へ加入ということになった。が、それは五軒の問屋の支配力が衰えたことを示したようなものだった。

武州紅花の栽培が始まった天明期は、それまで大きな力をもっていた京都の紅花問屋株仲間が廃止されたあとで、取引は自由で、相対直売買が盛んになりつつあった頃である。そのため、京都の有力商人は集荷の組織をつくるために、武州の紅花産地に手代をおくりこんできたのである。こうして進出してきた上方の問屋は在郷の商人たちと手を結んだ。石灯籠に名を連ねている木嶋屋源右衛門や、木嶋屋浅五郎たちはこうして成長していった。同様なことは須田大八郎にもいえる。このように新しく紅花産地となった武州は、上方と結んで流通機構を確立していった。

しかし京都の問屋は、当初こそ直接買い付けを行なうために手代を送り込み、買宿を決めて手代を常駐させていたが、これでは諸費用がかさむため、在郷の商人や地主たちを買継商人として紅花を集荷させるようになる。これが相対《あいたい》売買である。これには二つの形があり、一つは紅花問屋と自由契約を結ぶ。が、比較的大きな商人と結ぶので、買継商人の独自性が強い。もう一つは、前渡金によって買い入れを委託するのである。武州の商人は、前渡金による委託買継が多かった。須田家に残る文書に次のようなものがみられる。

（前略）
一当年も不相変紅花注文御願申上度候間此度左ニ
　金六百両也　江戸先賃貴地払
右之通着御改御記帳可被下候雨懸リ極上物利好ニ御頼申上候当年ハ諸国大荷ニ付下直ニ無之而迚も
引合六ケ敷候（後略）
　閏五月七日
　　　　　　　　　　　　　　　西村屋清九郎
　　　　　　　　　　　　　　　　庄兵衛
　　　　　　　　　　　　　　　　茂兵衛

須田大八郎様
御家内中様

これによって、京都の問屋が六百両の送金をもって注文したことがわかる。つまり、須田大八郎は前渡金によって集荷する買継商人であった。

このように武州と上方が直接結びつくことは、江戸商人にとって不利であった。そこで打越禁止を願って嘉永七年（一八五四）に役所に願書を提出する。打越とは、上方への荷が江戸を通過することである。

願書の内容は次のようなものであった。

・紅花の素人売買を禁止する
・打越荷を禁じ、江戸商人を通すこと
・紅花の売り捌きは、一切商人が行なうこと
・口銭として、紅花一丸につき銀二匁を支払うこと

この願書を役所に出したのと同時に、同じような内容の書状が在郷の商人に届いた。在郷商人のなかには妥協して示談に応じた者もいたが、多くの商人は示談を拒否したのである。このことが江戸問屋を相手に、訴訟に踏み切らせる発端となった。一方、上方商人にとっても、江戸問屋の打越禁止は痛手だったので、生産地側への協力態勢ができあがっていく。このように上方側の援護によって、在郷商人の争いは強くなっていく。

江戸商人としては、紅花の種を渡して武州の地に栽培を指導してきた自負があったので、上方商人の進出をくい止め、江戸問屋が大きく利益を得ようというものであった。

しかし、激しい訴願文のやりとり中でも紅花の取引は行なわれており、海上輸送で武州から上方へ紅花は送られていた。結局、この争いは示談という方向で和解をみる。示談成立のため、訴訟の取り下げ願いが安政二年（一八五五）九月二十七日に行なわれている。その示談の内容は、

・丸合組合が荷物の送状に裏書し、輸送する。

・荷主は紅花一箇につき、関東筋は銀一匁六分、奥州筋は一匁二分ずつ口銭を納める。その他の費用は一切とらない。

・陸送の場合、送り状に裏書するが、口銭はとらない。

・海難事故の場合、荷主、廻船問屋が立ち合って船法を守る。

というものである。この示談書の調印により、江戸問屋は荷を改めるが、紅花を独占する権限を放棄した在郷商人側は、銀一匁六分を納めることになったものの、江戸問屋の独占を阻止できたのである。

この訴訟をふり返ってみると、江戸問屋の当初の要請に対して、在郷の比較的大商人である木嶋屋源右衛門などは早々に妥協してしまい、新興の在郷商人の須田大八郎や須田治左衛門は訴訟側に加わった。古くからの在郷商人はそれだけ江戸問屋とのつながりが強く、妥協せざるをえなかったといえるが、二つに分裂したのは、問屋支配の在郷商人の体質の弱さと、新興産地での在郷商人の成長の未熟さがもたらしたものではないだろうか。

武州から江戸、上方への輸送

武州でのおもな取引先は江戸と上方であった。武州から上方への積み出しは江戸廻りであったので、上

方へは江戸経由であった。江戸までの輸送は陸送と河川利用の二つがあった。

・陸送の場合は、中山道の大宮宿、蕨宿である。

・河川利用は、荒川筋の平方河岸、または畔吉河岸まで馬付で送り、ここから舟運で江戸へ出た。

いずれも所要日数は早いもので二日間、遅いと約二週間を要している。日数を多く要するのは積荷の関係であるという。ちなみに、明治時代になると、早いものは一昼夜で浅草の花川戸に着いたのだそうだ。

江戸から上方までは廻船問屋による海上交通である。陸路は紅花の荷いたみが激しく、運賃も割高だったので陸上輸送をきらった。

文政期（一八一八―三〇）ごろからは海上交通の安全性も増し、いっそう海上輸送に頼ることが多くなった。といっても海難事故がなくなったわけではない。安政二年（一八五五）八月、廻船問屋・井上重二郎、船主は大坂の木屋市蔵、船頭・亀太郎の有徳丸が遠州沖で遭難したのである。乗組員十七名のうち十六名は溺死している。この船に紅花四十九丸余りが積み込まれていたが、二十七丸が浜にあげられ、このうち八丸は無難であったという。一般に海難事故による荷の損害は荷主の損失であり、船の損害は船主の損失であった。が、江戸末期になると共同海損の方法がとられるようになった。この方法は「分散」と「合力」で、分散は破船や難船の時に残った荷物や船を按分《あんぶん》して、荷主と船主で配分する方法であり、合力とは荷主と船主が損害額に応じて、一定割合の分担金を醵出して損害を補う方法であった。

武州紅花の衰退

江戸末期の桶川の宿は、賑やかだった。そのことを示す額絵馬が残されている。文久三年（一八六三）

桶川宿商家店先（絵馬，桶川市指定文化財）

に商売繁昌の神・稲荷社に奉賽したもの。絵を描いたのは北尾流の画家・渓斎北尾重光で、奉賽したのは近江国（滋賀県）の小泉栄助と利七、館林町（群馬県館林市）の米屋正右衛門（正田家）である。小泉栄助と利七の家業は呉服であり、米屋正右衛門は米穀と紅花を扱う商家であった。額絵馬に描かれている商家は、桶川宿のほぼ中央にあった布屋である。中山道に面して見世（店）があり、桶川名物の「まんじゅう」や「亀の子せんべい」を並べて売っており、二階の中央に万年の生命を保つといわれる吉兆の亀の看板がある。

右の遠景に描かれているのは稲荷神社である。朱塗りの鳥居の傍らに幟がはためき、朱塗りの社殿が見える。

店の隣の土蔵の前では、荷造りされた紅花を運ぶ人の姿があり、その荷を運ぶ馬は、布屋の屋号の(布)を染め抜いた新しい腹掛けをかけている。馬方はこれからの駄送の準備に、馬蹄の点検に余念がない。こうした絵から想像すると、布屋では、農家から買い入れた花餅を土蔵に収めておき、注文に応じて馬の背に乗せ、中山道を江戸まで送り、江戸から海路を上方に送ったのであろう。

中山道を行く桶川宿の賑わいは、布屋の前を歩く旅人の多さで知ることができる。

こうした賑々しい街が、紅花の需要の減退とともに衰退していく。紅花の需要の減退の原因は何だったのか。紅花よりも有利な換金作物に転換したために、紅花栽培農家が減り、それが需要の減退につながったとする見方もあるが、もっとも大きな原因は、外国産の紅花の輸入である。元治元年（一八六四）四月に、京都の紅花問屋から武州の須田大八郎への書簡に次のような一文がある。

……諸色ハ至而大高値ニ御座候処、紅花ばかりは下値で捌ける事無候、尤も絹縮緬、木綿ニ至ル迄、地大高値故、染方数少なく、自然紅花商当惑仕居候、其上、近年唐紅花、沢山上り廻り候間、値段引立不レ申、当紅花商ハ不割合ニ御座候、御賢察可被下候……

書簡中の「唐紅花」は中国産の紅花のことで、「唐花」ともいった。文中に「沢山上り廻り」とあるのは、輸入量の多いことを示している。輸入紅花は中国四川省からで、すでに天保年間（一八三〇―四四）から入ってきているが、まだ国内産の紅花を圧迫するほどではなかった。

輸入紅花の最初は中国産だが、やがてインド産の紅花も輸入された。これらの輸入紅花が急速に増加するのは明治四年（一八七一）からである。『最上紅花史の研究』によれば、幕末は十斤以内であった輸入紅花が、明治四年に約十七万斤、明治五年（一八七二）には二十一万斤となり、明治八年（一八七五）には三十八万斤となるのである。

輸入紅花のピークは明治十年前後で、明治十六年（一八八三）になると十万斤を割り、以後は年毎に減少する。と同時に、外国産の化学染料が輸入される。この化学染料は手軽に染色できるので、日本の染色業界に大変革をもたらした。そのため染色用として使用する紅花は、最上紅花は明治二十年代をもって終わった。武州紅花の場合は、それより十年は早く終わったのではないだろうか。武州紅花は江戸末期から徐々に衰退しはじめ、明治維新を迎えて明治政府の「富国強兵」の政策によって、外貨獲得の中心として各地に桑と茶を植えさせ、養蚕と製茶を奨励したからである。

私は桶川の稲荷神社に石灯籠をたずねたあと、上尾市の教育委員会に黒須茂さんをおたずねした。黒須さんは、

「石灯籠に安政四年と彫ってありますが、実際に建ったのは翌年です。このことは須田家文書にもあります。また、紅花が衰退したのは、どれほど武州の紅花の品質が優れていても、染めるのに手間がかかります。紅花が高価であることも一つの要因でしょう。『紅花』にこだわらなければ、手軽な化学染料が普及するのも、わからなくはありませんね」

「明治初期に養蚕に転換していったのですが、作付けのむずかしい紅花栽培よりも、もっと金になる養蚕にかわったのです。その当時の話を知るお年寄りから聞いたのですが、『水田にまで桑を植えた』というほどだったようですよ」

黒須さんはここで一息ついて、石灯籠を建てたことを記す『須田家日記』の安政五年の箇所を指した。そこには次のように記されていた。

三月廿八日　きり　四ッ時より天気　大□曇候
丹那様大宮より五ツ半時御帰宅、今日桶川不動灯籠出来ニ付、御せ《(ぜ)》ん備之為、新七向ひ《(迎え)》ニ来ル、紅花荷こしらい都合五駄程、明日出ル、江戸宛へ小針より小豆取寄申候、大豆畔吉河岸へ五十四俵出し

「御せん備之為」は、紅花商人寄進の石灯籠ができあがったので、不動尊の御前に供える祭事を行なったのであった。

黒須さんは言葉をつづけていった。

「明治十年（一八七七）に内国勧業博覧会が東京で開かれました。これは当時の殖産振興のスローガンのもとに政府の積極的な肝入りで開催されたんですね。これに上尾宿の林治左衛門という紅花買付問屋が紅花を出品しました。翌年、この会の事務局から『出品解説』が出されました。この紅花は農業部門の染料の項で、次のように記されています。

紅藍花《ベニバナ》　埼玉県武蔵国足立郡上尾

とあります」

「もう一人、この博覧会に与野町の大熊与左衛門が紅花の栽培法と製法について記録を出しています。

紅藍花　埼玉県武蔵国足立郡与野町　大熊与左衛門
種　収　十月十五日ニ下種シ、三月中、反ゴトニ菜（種）油滓末一石ヲ与フ、翌年六月初旬ヨリ中

旬ノ間ニ花ヲ摘ミ取ル

製　法　紅花ヲ水ニ浸シテ黄汁ヲ流シ尽シ、蒸籠ニ投ジテ之ヲ蓋《オオ》ヒ、二月間ヲ経テ擂盆ニ移シテ研磨シ、三十匁丸トナシ、布ニ包ミテ踏圧シ、厚二分許トナシ、炎日ニ乾ス、二日其量二匁四分トナル。

と、あります。これが最後の『はな』を飾った博覧会でしたね。武州紅花の最後の花道でしたね」

黒須さんは、声を出さずに笑われた。私には寂しそうに見えた。

武州紅花は天明・寛政のころに始まり、明治初期の「富国強兵」の国策に沿って、紅花は消えた。その間、わずかに百年で、嘉永・安政期（一八四八—六〇）が武州紅花の最盛期であった。そのクライマックスのシンボルとして、石灯籠が昔と変わらない姿で建っていたのである。高さ四・五メートルの堂々とした一対の紅花灯籠に名を刻んだ二十四人の人々のよろこびの歴史。武州紅花がもっとも光を放ったのは嘉永・安政年間の約十年だが、とりわけ安政年間の五年間はその頂点を極め、そのとき、石灯籠が建てられたのである。灯籠に深く彫られた「紅花商人中」の文字が誇らしげに見える。

桶川市では昭和五十一年（一九七六）十月一日に紅花が「市民の花」に制定された。

琉球紅型に臙脂が使われていた頃

沖縄県が琉球王国であったころの、目を奪う華麗な「紅型《びんがた》」は王家が生んだ宝物だ。その彩りの一つである「紅」は、何を使ったのだろうか、と考えたのが今回の私の沖縄への旅の目的だった。

ちょうど沖縄の人たちがいう若夏《ウリズン》の季節で、赤色の梯姑《デーグ》（日本名デイゴ＝梯梧）の花が咲き誇っていた。「この花がたくさん咲く年は豊年なのよ」と、お年寄りは「豊年」に力を込めるようにいう。私は梯姑の高い木を見上げて、「豊作はなにより嬉しいわね」といった。

沖縄では作物が多く収穫できる豊作は、台風の少ないことを意味する。島痛《シマチャビ》の一つである台風さえなければ、南国沖縄は天国だ。私は沖縄が好きである。見上げた梯姑の木に赤い花がたくさん咲いており、そのむこうに清澄な青い空がある。流れる白い雲。紺碧の海の色。梯姑の赤い花に豊かにふりそそぐ陽光。この風光が華麗な紅型を創り出したのだと、しみじみと感じられた。

九州の南から南西にかけて弧状に点綴《てんてい》する琉球列島は、かつては王国であり、王家一門が君臨して独特の文化を形成していた。その美の中核は絣織や染物《スミムン》で、王家が培った工芸の雅《みやび》であった。

絣は久米島の絹紬色絣、宮古島の真苧《マーウー》（からむし）の紺絣、八重山諸島の真苧（からむし）の白絣と、それぞれに特色があった。また王府内でも布織女《ヌヌウヤー》を中心に王妃や王女も糸を績《う》み、機を織った。これとは別に、王家の注文の絣織物は「御用布《グイフ》」とよばれ、いわゆる御殿物《ウドン》である。布織女は島のなかから腕の良い女性を選んで当てたので、選ばれた女性は非常に名誉なことであった。

染物《スミムン》には型付《カタチキ》と糊引《ヌイビチ》とある。型付は一枚の型紙《カタカビ》を使って型を付け、多彩に色を差してゆくのを「紅型《ビンガタ》」と呼んだ。同じように一枚の型紙を使って藍の濃淡に墨などをあしらったものを「藍型《エーガタ》」と呼びならわしている。

多彩な紅型は王朝時代は、庶民の着用は許されず、王侯貴士族だけが着用したのである。一四七七年に尚真王が即位し、中央集権を確立すると位冠制度を定め、以来階級制度が強化された。紅型の着用もこうした階級によって、色も文様までも定められていったのである。例えば、第一階級の王族婦人の礼装の地色は黄色《チィル》であった。黄色は黄金を意味していた。平常は水色地《ミジィルジ》や浅葱《アサジ》（浅黄）などである。

糊引は、筒描きで糊を引き、色料で彩色する。地色を染める場合は型付と同じように、彩色した模様部分を糊で伏せてから、引き染めか浸染で地色を染める。

また、型付の用途は主に衣服であり、糊引は風呂敷や幕などであった。

衣服用で多彩な型付を「紅型」と呼び、いつのころからか「色彩をあらわす語」として使われるようになったらしい。

紅型の語源

この紅型の呼称は、明治以前は使われていない。私は古琉球紅型研究の第一人者で、ご自身も型絵染の人間国宝であった鎌倉芳太郎氏（一八九八―一九八三）をお訪ねして紅型について伺ったことがある。

「文献の上では紅型の名は見当たらないですよ。これは色絵垣（描）染のことです。知念家蔵の文書に、〝黄・赤・青の三色の紅を差し〟という表現があって、そこから推察すると紅型は色型という意味でしょう」という話であった。鎌倉氏は前日、沖縄の旅から帰られたばかりで、上機嫌で和紙に毛筆で短歌を書いていらした。

今、私はその当時の話を思い出している。それによると、「琉球紅型」についての文献は、『新参琺瑯家譜』の康熙二十八年（元禄二年＝一六八九）の条に、「本年十二月、国場翁主将ㇾ有二御婚嫁一 御衣裳下絵書ㇾ之」とあるそうで、この下絵を書いた石嶺伝莫は王府の留学生として福州（閩《びん》）に渡り、五年間絵を習って帰国したという。

大模様鎖型付紅型

「おそらく伝莫は花鳥の大模様の図案を型紙に彫り、『びんがた』の技法で製作したのではないだろうか、と考えているんです」と、鎌倉氏は語っていらした。琉球ではこれ以前に中国伝のものがあり、型紙を使用したものでは、日本の室町時代（一三九二―一四七七）のころと推定されている衣裳が、旧家に伝わっているとのことであった。

ところで伝莫が福州に留学したころの日本は、加賀友禅や京友禅が発達し、その後、型友禅も発達するが、日本の型友禅の場合は、琉球のように一枚の型紙を使って色差しする方法ではなく、色彩の数だけ型紙を用いる版画方式であったから、私は、日本の技術が、琉球に伝わったとは考えにくいと考えている。日本から琉球への影響があったとすれば、江戸時代になってからではないだろうか。琉球には大正期（一九一二―二六）に「チョーガタ」という呼称があった。これは「京型」の琉球的発音によるものである。

紅型にこだわる

ビンガタに紅型の文字を当てたのは伊波普猷《いはふゆう》（一八七六―一九四七）が、『琉球更紗《さらさ》の発生　古琉球紅型解題』のなかで、紅入型付《ビンイリカタチキ》を「紅型」と文字で表わしたのが最初のようである。それまで型付、色彩《イロズミ》、色絵垣（描）、絵衫《えさん》、紅差型、紅入色型、色絵型など、さまざまな文字を使っていた。

紅型に使う色料を、古くはビンガラーといったようで、このことからインドのベンガルとの関係があるとする見方もある。東恩納寛惇《ひがしおんなかんじゅん》（一八八二―一九六三）は、「成化一六年（一四八〇＝文明一二）暹羅《しんら》国（新羅《しらぎ》）からの到来品の上水花布（更紗）はメナン上流の地を通ってきたインド更紗で、紅型の原型はベンガルに由来する」としている。

だが、米糊を用いる紅型とインド更紗とは異なる。その第一は、インド更紗は蠟を用いて防染し、茜などの染料を作るのに熱を使っていることである。

琉球紅型を、本土の技術が南下したものとする説があるが、これは元禄時代（一六八八―一七〇三）に発達した京友禅の影響によるもので、たしかに琉球では見ることのない雪持笹や、流水に紅葉など大和風の図柄があるが、これらは日本への輸出品であったようだ。

私が紅型の「紅」にこだわるのは、「紅」は多くの色彩を表わすとする従来の説ではなく、色彩のなかでもっとも重要な位置を占める色だからではないかと考えるからである。それは紅型の色差しの工程を見るとよくわかる。はじめに赤系統の色を差し、つぎに明るい色から順次に色を差していく。とくに赤系統の色を差すことを「ビンを差す」といい、青系統の色を差すときは「青ビン」であり、黒なら「黒ビン」である。つまりビン（紅）は全体の主調である。かつての王侯貴族の夫人が着用した紅型には、背に大きな牡丹の木に赤い花が派手やかに描かれているものがあった。臙脂の紅色からきた「紅《ビン》」だという説を地元の沖縄で聞いたことがあった。

私は紅型の人間国宝・城間栄喜氏（一九〇八―九二）に紅型の語源について聞いたことがある。

「紅型の『びん』は、私の父によると中国の閩から技術が伝わってきたのではないか、といっていましたよ、だから『閩《びん》型』なんでしょう。そのうち『紅』の文字を当てたのではないですか」と語っていた。栄喜氏は「詳しいことは調べてくださいよ」ということだったが、その重い責任を私は果たしていない。

たしかに琉球には閩とのつながりがある。前に記したように、王府の留学生として閩に渡り、五年間絵を習って帰国した石嶺伝莫は、大模様の図案を型紙に彫り、型付とし、色を差したらしい。これが「びんがた」であろうとする。

また、一三九二年に、明の太祖が航海、往復文書作成の指導のために派遣したとされる「閩人三十六姓」である。三十六姓というのは三十六人を意味するのではなく、また一度に来島したのではないようで、その職業も学識経験者のほかに舟工や航海士もいたという。この人たちが住んだ地は那覇の一角の唐営（のちに唐栄）で、久米村《クニンダ》（現那覇市久米《くめ》町）であった。琉球政府（当時は浦添に国都があった）では客分として礼遇し、男子が十五歳になると地扶持（倉米）と称する俸給を支給して、生活が保障されていた。こ

草花文様型紙

紅型

の閩人の子孫はのちに琉球王国に帰化し、多くは中国関係の通訳や漢字の講師に任用されたのである。このことから、中国からの移民の来島によってさまざまな文化が高められたと考えられるが、紅型はどうだったのか。

紅型への想いは熱く

私は紅型作家の藤村玲子さんの工房を訪ねたあと、夕食に知人の経営する沖縄料理店に行った。料理店の女主人は琉球舞踊の名手の山本琢《あや》子さんである。女三人は遅くまで話が弾んだ。

「近ごろの紅型を見ていると、ちょっとこわい感じがするの。それは内地的な感覚の紅型にするために樹脂顔料を使ったりしてるでしょう。わたしは、仕上がった物がどれほど綺麗に見えても、紅型の本質をつかんだ上で新しいものを摂取していくことが大事だとおもうんです」

藤村さんは城間栄喜氏に十四歳で弟子入りし、本格的に技法を修得した。私は『藍Ｉ』（法政大学出版局刊）で「藍型」について城間さんや藤村さんのことを書いているので、参考に読んでほしい。

紅型も藍型も「型付」なので型紙を使うことは同じ。渋を塗った和紙にシーグと呼ぶ、先が凹状の小刀で型を彫る。その型紙を布地の上に置き、もち米と糠《ぬか》を混ぜた糊を置いて、そのあと色差しをする。紅型の場合は色を差すことを「紅差す《ビンサスン》」という。筆で隈取りをし、ぼかしを加えて模様を立体的に仕上げ、水元で糊を洗い流すが、地染をするときは色差しをした模様の部分を伏せて染めることもある。色を差すことは、絵画に近いから、つくる側とすれば感情を込めることができ、個性が生まれる。

「それは当然ですよね。だれかの真似をしていては、その真似から抜けられません。図案についても、

紅型の色差しをする
藤村玲子さん

沖縄には花が多いですから難しくはないですよ。芭蕉だっていい図柄になります。風に揺れるあの大きな葉だって沖縄のものですもの。わたしは仕事の流れのなかで、図案が生まれるんですよ」

藤村さんは研究熱心で、古典的な紅型があると聞くと、京都でも東京でも出掛けていく。古典の復元も多く手掛けた。

食事が終わってもまだ話し続けているとき、山本さんがいった。

「藤村先生の紅型は素晴らしいのよ。舞台で踊りの衣裳として着ると、ものすごく映えるんです。ちょっと踊ってみましょうか」

山本さんは琉球絣の和服の上に、美しい紅型の衣裳を羽織って「綛《かせ》かけ」を舞ってくれたのである。私は工房で衣桁《いこう》にかかっている紅型を見たことはあったが、丹念に色を手差しで染めあげた作家の衣裳を、目の前で、しかも踊りの衣裳として見られたことは感激であった。紅型作家の藤村さん自身も、こうした形で自分の作品を見ることは少ないそうだ。ほの明るい電気の光の中に浮かびあがる衣裳の美しさは格別で、紅の色は生きもののように動いているようであった。踊りも素敵、衣裳も素敵で、私は拍手を惜しまなかった。

藤村さんによれば、紅色は現在「洋紅」を使っているそうだ。古典復元のときは貴重な臙脂を使う。

「琉装には帯がないんですね。紅型に使う顔料は摩擦に弱いといわれていますが、その昔はそれで良かったんです。王家や貴族の人たちの晴れの衣裳でしょう。今は擦れても色が落ちないようにしなければなりません」

紅型の色差し

「朝起きて、顔を洗って、ご飯を食べるという、平凡な一日の流れのなかに仕事があります。わたしの一日の最初の仕事は、豆汁《ごじる》をつくること」と、藤村さんはいう。豆汁《ごじる》は色料の定着をよくするための、固着剤の役目をもっており、紅型には欠かせない。この豆汁のカゼイン化を促進するために、明礬《みょうばん》を使う。

豆汁つくりは、大豆をひと晩水に浸けておいて、朝、すり鉢ですり、これを布で濾したのが豆汁。これが一番豆汁で、顔料を溶かすときや色差しに使う。一番豆汁を取った滓《かす》に水を加え、再びすり鉢ですり、布で濾《こ》して二番豆汁を得る。二番豆汁は、おもに地入れに使う。今はジューサーを使って豆汁を作る人も

琉球舞踊を舞う山本琢子さん

紅を差す藤村玲子さん

いるようだが、藤村さんは丹念に豆汁をつくる。こうした時間が、藤村さんの次の仕事への気持ちを徐々に高めていくのかもしれない。

「わたしは昔ながらの方法でやるのが好きなんです。わたしは十四歳のときに城間先生のところに行きましたが、城間先生は大阪に染料を買いに行ったまま徴用されて、昭和二十二年（一九四七）の秋に沖縄に戻って紅型を再開しましたけど、その当時は型紙用の紙も、染料も顔料も手に入りにくかったと聞きました。戦争ですべてが灰になってしまったときからの出発ですものね。生地はアメリカ軍の払い下げの落下傘の布とか、メリケン袋なんか使ってね。赤い色にはアメリカ軍の将校夫人の口紅を使ったと聞きました」

藤村さんは昔ながらの方法にこだわり、より本来的な紅型をめざしていたからで、そうした姿勢が、古紅型の復元を手がけさせ、すぐれた古紅型があると聞けばどこへでも出掛けていく行動力となってあらわれるのであった。

「でも、わたしの染める紅型は、身につけていただけることに喜びがあるのです。わたしが若いころ、染めた紅型を城間先生に見ていただいたとき、先生は、『自分でいいと思っても、商品として売れるかどうかでその良さが決まる』と、おっしゃいました。ですからわたしの紅型を手にしてくださる方がいることは、とても嬉しいことです」

沖縄の紅型作家は、藤村さんのように伝統的な染法を伝承している人が多い。

模様の色差しは、下塗り、上塗り、隈取り、と三回行なう。一回目の下塗りは不透明な顔料と筆で差す。上塗りは透明、不透明を問わず色を差す。三回目は隈取り（ぼかし）である。が、赤の色は隈取りはしない。紅型の色彩は赤、青、黄の三原色だが、色のポイントは赤である。この赤の色調によって、紅型全体の色調が左右されるそうだ。

これまで紅型に使用されてきた顔料は、銀朱（朱色）、鉛丹（朱より黄味をおびた鮮緋色）、石黄（鮮黄色）、黄土（くすんだ黄色）、弁柄（朱赤）、緑青（緑色）、紺青（鮮藍色）、群青（鮮青色）、胡粉（白色）、松煙（黒色）、油煙（黒色）、墨（黒色）、臙脂（鮮紅色）、藍蠟（藍色）などで、中国から輸入されるものが多かった。とくに臙脂は色調を鮮明にするばかりでなく、粘りや潤いを出し、さらに気品すら漂わせるそうである。そのため、王朝時代の工人たちは、王府から割り当てられて支給される貴重な臙脂を少しでも多く手に入れようと、いろいろと手をつくしたと伝えられている。

このような顔料は単独の色として使うこともあるが、各色を自由に混合して使用し、別の色彩を生み出すことができ、さらに顔料と染料とを併用することができて重宝されたのである。

次に紅型の植物染料としては、福木（黄色）、琉球藍（藍色）、揚梅《やまもも》（黄褐色）、鬱金《うこん》（黄色）、蘇枋《すおう》（赤色）、槐《えんじゅ》（黄色）などである。これらの染料は引染や浸染などによって紅型の地色に使われたが、模様色差しの顔料（上塗り）の上に重ね塗りにした。こうした重ね塗りによって、顔料の直截的な色彩をやわらげ、色彩に立体感を出したのである。このように染料液を顔料の上塗りに使うときは、濃い煎汁を使い、豆汁を注いで色差し用染液にして用いる。

「琉球王朝時代の紅型は上流夫人の晴れ着で、一年に数回しか手を通さないということもあって、それだけに『洗う』ということもなかったでしょう。本土のように帯を締めることもありませんでした。いま現存している年代を経た紅型のなかには、大切に扱われて、染めた人の心がわかる美しいものを見ることがあります。でも今は、帯を締める和装ですから摩擦に弱い紅型では困ります。わたしは摩擦に強く、色

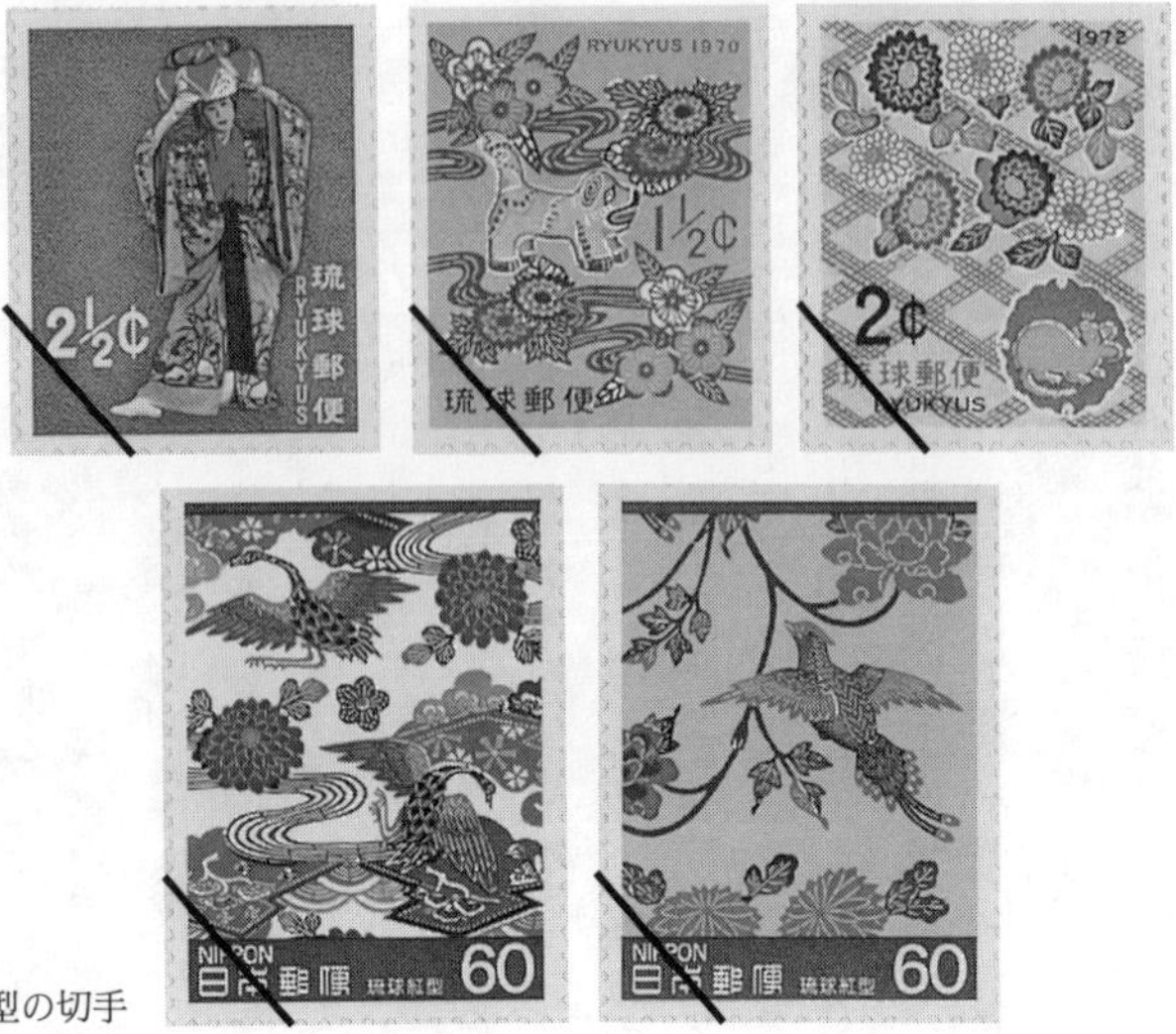

琉球舞踊と紅型の切手

が落ちない紅型を心掛けています。わたしは染め屋ですから、色落ちしては致命的ですもの」

藤村さんは大きな目を私に向けて、力強くそういうのだった。

琉球舞踊について

美しい紅型の衣裳を打ち掛けて舞う琉球舞踊を見たことに感動し、琉球舞踊について少しだけ書いてみたいとおもう。

琉球舞踊は、私には「舞《まい》」の系統のように思われる。その舞は能楽のように摺足で歩み、体を大きく動かさずに、現実の事物を象徴的にとらえながら、荘重に動くことで一つの形式美をつくっているようだ。これに対して「踊」がある。神楽舞のように、手や足が躍動的に動くものだ。

琉球の集団舞踊について『李朝実録』に次のようにみえる。『李朝実録』は成化十五年（文明十一年＝一四七九）に、済州島の金非衣・姜茂・李正の三人が与那国島に漂着したのを、島伝いに沖縄本島に送られ、その後、故国に送還された。この三人が書いた見聞記が『李朝実録』である。

七月十五日諸寺刹幢蓋（御涼傘《ウリヤンシヤン》のこと、黄染と赤染の絹張りの傘）、或は彩段（色糸を織り込んだ縞）を用い、或は彩絵（色染模様の布）を用い、其の上に人形及び鳥獣の形を作り、王宮に送る。居民男子少壮の者を選び、黄金の仮面を着け、笛を吹き、鼓を打ちて王宮に詣る。笛は我が国の小管の如く、鼓もまた我が国と同じ。其の夜雑戯を設け、国王臨観す。故に男女往きて観る者、街を塡め、巷に溢る。財物を駄載し、宮に詣る者も亦多し。

七月十五日とあることから、今でいう盆踊り《エイサー》であろうか。集団の踊りの様子である。

尚寧王の一六〇六年（慶長十一）に来島した冊封使《さっぽうし》の夏子陽は、そのときの接待の様子を次のように記している。

九月十五日　王親等館に至り、謝す。この日早くに彩亭に着し、ここを北上すれば円覚寺なり。右に亭あり。其の傍らに土山を為《な》し、石を載す。王人をして水を潟《そそ》ぎ、瀑布の景を為さしむ。時正午、亭中に一飯を具す。夷人（琉球人のことを指している）をして夷舞を為し、また夷戯を為さしむ。云フ、日本の曲調なり。

これは冊封使をもてなすために、円覚寺の右に建てた館の庭に人工の滝をつくり、食事をととのえて饗宴し、舞踊や演劇を披露した。冊封使というのは、琉球国王の即位に対して「爾を封じて琉球王にする」という中国皇帝の詔勅を奉じて渡来する使者のことで、この冊封使の乗ってくる船を御冠船といった。冊封使の一行は約五百名で、五月頃に中国を発ち、十月ごろの貿易風を利用して帰った。その間にさまざまな祝宴が催され、琉球舞踊が披露されたのである。そのため尚敬王（一七一三年即位—五二年退位）のときに御冠船奉行に玉城朝薫（一六八五—一七三四）が登用された。朝薫は芸能に特別の才能があり、貴族出身でもあったので、琉球舞踊や組踊が典雅な美しさをもつ踊りとして完成された。現在、古典舞踊といわれる七踊《ナナウドウィ》は朝薫によるものである。

女踊の場合は胴衣《ドギン》・カカン（下裳）の上に紅型の衣裳をはおる。衣裳は着流しのときもあり、中帯に挟んで壺折りのようにして着ることもある。これらの踊衣裳は「御冠船踊衣裳」といわれ、冊封使の一行を歓待するための衣裳であったので格が高く、本土の能装束にあたるといわれている。模様は「枝だれ桜《し》」や「枝だれ梅」などが背一面にひろがっており、一名「たれ型」と呼ばれていたのである。

遠い昔に思いをめぐらせながら、山本さんの舞踊と、藤村さんの衣裳に心を奪われていた。そして、琉球舞踊は後姿の美を見せる場面が多いことに気がついた。踊り手の所作が哀しみを肩から背面にただよわせる。と、そのとき、私は哀しみの深さをはかりながら、紅型の衣裳の美しさに心が救われるのを知ったのである。さらに紅型の中心の紅色が、かつては中国との貿易で手に入れた臙脂（紅）が使われていたことに、想いを馳せるのであった。

江戸の紅と化粧

『職人尽歌合』に、「べにとき」が描かれている。「べにとき」は「紅とき」である。こうした職人を描いたものでは『東北院歌合』、『鶴ケ岡放生会職人歌合』、『三十二番職人歌合』、『職人尽歌合』などがあり、これらは十四世紀から十七世紀はじめにかけて成立した。職人を左右に描き分け、歌によって競わせる歌合せの展開のなかで職人像を表現している。また、もっとも古い『東北院歌合』は五番（十人）だが、『鶴ケ岡放生会職人歌合』は十二番（二十四人）、『三十二番職人歌合』は三十二番（六十四人）、『職人尽歌合』は七十一番（一四二人）と、時代とともに職人の数が増加している。

『職人尽歌合』は、七十一番一四二人という多数の職人を収めており、ふつう「七十一番職人歌合」とよばれている。これほどさまざまな職種が収められているのは、室町時代の産業、生業の分化の実態を示すものといえる。構成は上・中・下の三巻からなり、『群書類従』（巻五〇三）に絵とともに収められている。その『群書類従』の奥書に、この歌合は土佐光信（生没年不詳）が描き、東坊城和長（一四六〇―一五二九）が歌詞を書したとある。原本は不明である。私が持っている歌合は東京国立博物館蔵・延享元年版の復刻のものである。これは絵巻と対校《たいきょう》した跡が墨書で書き込まれていて色名が記されている。また、図柄が一部異なっている場合は訂正したり、余白に模写してある。こうした対校は誰の手によったものか

「べにとき」の図（『職人尽歌合』）

「べにとき」の歌。

いくしほのべにさらよりもあきの月
あかあかとこそすみわたりけれ

「かが見とぎ」の歌。

水かねやざくろのすますかけ《(げ)》なれや
かゝ《(が)》みとみゆる月のおもては

「べにとき」の歌。

心さへひとのけはいに見ゆるかな
さにつらべにのうつりやすさは

明らかではない。「べにとき」（三十三番）によってみると、頭巾《ずきん》は黄色であったことがわかり、きわめて華麗なものであったと想像できる。

この歌合は絵の空白部分に職人の会話が記されており、その言葉のはしばしに当時の職人の心情がよくあらわれている。歌合とは、前にも書いたように左右の歌（職人）を番《つが》わせ、その優劣を競わせて判定する遊戯で、「べにとき」の右に対して「かが見とぎ」が左に描かれている。

「かがみとぎ」の歌。

うき人のかげだにみえぬかがみとぎ
わきもすかさでそひぶしもがな

〔絵に添えられた言葉〕

べにとき　――御べにとかせ給へ、かたべにも候ハ
かがみとぎ――しろミの御かゞみハ、とぎにくゝて

この鏡磨は、『守貞謾稿』によれば、「平日モ来レドモ、寒中ヲ専ラトス」とあり、農閑期の仕事だったのかもしれない。

さて、職人として「紅とき」があったのだが、では江戸時代の「紅」はどのようだったのだろう。

紅屋の歴史

八代将軍吉宗が殖産振興に力をそそいでから、諸藩も国産の保護奨励につとめ、とくに四木三草は重要資源として増産をはかったのである。

また吉宗は染色の研究に当たらせ、藍、櫨《はぜ》、紫、紅などを染めるため吹上の苑内に染殿を設けた。このころ出羽国ばかりでなく、各地の紅花の栽培も盛んになり、享保以後の産額も増加する。その反面、紅は京都といわれるように、京都の紅染の消長は紅花産地の紅の値段の上下にも影響を及ぼした。このころから染物屋は分業化して、藍染の紺屋、紫染を業とする紫屋、紅染を行なう紅染屋ができた。『京羽二重織

留』（元禄二年刊）に紅花問屋、紅花仲買問屋、紅花すあい（取引仲介者）が次のように記されている。

紅花問屋
柳馬場八まん町角　会津屋　與右衛門
堺町通竹屋町上ル角　近江屋　休源
蛸薬師東洞院東へ入　松任屋　徳兵衛
柳馬場六角上ル町　井筒屋　清右衛門
紅花仲買問屋
東洞院八まん町下ル丁　升　屋　太郎右衛門
東洞院誓願寺下ル　櫛　屋　五郎右衛門
さかい町三条下ル町　山形屋　八郎右衛門
東洞院六角下ル町　柊　屋　甚右衛門
新町通誓願寺下ル町　大坂屋　清兵衛
堺町二条下ル町　花　屋　七左衛門
紅花すあい
油小路二条上ル町　美濃屋　重兵衛
高倉通八まん町下ル丁　伊勢屋　浄祐
三条通油小路　紙　屋　勘兵衛
ふや町三条上ル町　花　屋　善左衛門

紅染屋

中立売室町西へ入町　松葉屋　宇右衛門
烏丸中立売下ル町　小紅屋　宗有
西洞院丸太町上ル町　笹　谷　又兵衛
烏丸八まん町上ル町　小紅屋　源兵衛
烏丸中立うり下ル町　小紅屋　和泉
新町長者町下ル町　升　屋　玄二
新町丸太町上ル町　十文字屋　次郎兵衛
烏丸四条下ル町　丸　屋　左兵衛
新町丸太町上ル町　大森屋　長左衛門

以上のような専門業者によって、大量の紅花の需給が整備され、効果的に行なわれるようになった。そのいっぽうで染物業者が分業化して染物請負業者が生まれ「悉皆屋《しっかいや》」となった。悉皆屋は全国からの需要を一手《ひとて》に受け、「京染」を行なったのである。

江戸で染色の高級品の需要が増すのは、参勤交代の制が定められ、諸大名が交代で参勤し、妻子は江戸に留まるようになってからである。しかし武家の経済力は次第に町人に移っていく。江戸の富豪・石川六兵衛の妻と、京都の富豪・難波屋十左衛門の妻とが、京の清水で衣裳くらべを行なったという話が残っている。このように庶民の社会が華美になることとは、幕府としても見逃すことができず、寛永年間（一六二四—四四）には「紅花染使用禁止令」を出し、庄屋から名主、百姓にいたるまで、衣類を紫や紅に染めることはできず、そのほかの色はゆるしたが、形なし染（無地または縞）に限るとした。これに似た禁止令はその後たびたび出している。

一番大きいのは天保の改革である。奢侈を禁止したので表地の華美は減ったが、かえって裏地や胴着に意匠をこらすようになったのである。

庶民階級に紅の使用を禁じて節約を強制しながら、各藩は高価な紅花の栽培を奨励して収入の増加をはかっている。江戸末期に支那（中国）から唐紅が入ってきても、明治初年ごろまで値の高い紅花は特殊な需要に支えられて、生産額は衰えなかった。

江戸時代に江戸では、紅花など物産の多くが下ってきた。それは関西から関東へ運ばれる商品は、米穀以外は完成品を主としていたからである。ところが奥州筋や関東から関西に向けた商品のうち、紅餅などは原料品として江戸を経由して京へ上ったのである。原料品は上方で加工されて、ふたたび江戸へ下ってきたのである。天明期（一七八一—一八九）のころ、武蔵国桶川で紅花を試植するようになり、やがてこれが下野・常陸・下総の国々でも栽培するようになるが、これらは「奥州の特産」として京に運ばれたのである。輸送は陸路を馬の背で運んだ。しかし寛政期（一七八九—一八〇一）になると、江戸常飛脚問屋の手によって関東の紅花として、陸路を京都に送られるようになったのである。

奥州、関東などが上方との連絡に海運を利用するようになったのは文化年間（一八〇四—一八）である。それは、紅花（花餅）の駄送は、宿駅の継ぎ立てに当たって貨物を損傷するだけでなく、運賃も海運に比べて高価だったからであった。江戸の常飛脚問屋の嶋田屋佐右衛門は「海上請負荷物」という一種の海上保険を考え出した。これは嶋田屋は回船問屋の井上屋重次郎に荷物を委託して上方に運ばせたが、このとき嶋田屋は荷主の貨物の出発前に前金として一部を渡し、到着後に残金を渡したので、荷主としては海難があっても貨物のすべてをまったく失うことがなかった。これによって、陸上の駄送はだんだんすたれていった。

ところでこのように奥州の紅花も関東の紅花も、江戸を通り越して京に運ばれることが多かったようだが、江戸の紅屋はどうなっていたのだろうか。また、「紅」はなぜ京に運ばれていったのだろうか。それは京都は「京紅」として名が通っていたからであり、そのことを育ててきたのは京の水が紅染、紅製造の紅屋に最適だったからであり、なにより「紅」は京のみやこの雅《みやび》な王朝文化にふさわしかったからであろう。その上に立って、紅花問屋から紅染業者までが、がっちりと組んで紅の業界を不動のものとしてきたからである。前に書いたように紅染屋九軒のなかの一軒の「小紅屋　和泉」は天正年間（一五七三―九二）の創業といわれている。その京都で元禄時代（一六八八―一七〇四）に九軒の紅染屋があり、明治初期にはその数が百二十軒だったという。

京都に対して江戸では何軒くらいの紅染屋があり、紅屋があったかは、はっきりしない。それは、そのころの江戸の紅染屋も紅屋も、京都の出店が多かったからであろう。とくに紅屋は、紅を自家で製造して売る店のほかに、紅を仕入れて売る店もあった。紅だけでなく櫛、白粉、簪《かんざし》など婦人の化粧用のこまごました品物を扱っていたので小間物屋といった。

江戸期の化粧

すこし話は溯るが、江戸期の化粧はどのようだったか考えてみたい。
出雲大社の巫女《みこ》であった阿国《おくに》歌舞伎が、十六世紀から十七世紀にかけて、享楽的風潮と一般民衆の高まりが能にかわるべき演劇として、受け入れられた。「出雲巫《みこ》、僧衣をきて鉦《かね》を打ち、仏号唱えて、始めは念仏踊といいしに、その後、男の装束し、刀を横へ歌舞す。俗にかぶきと名づく」（『徒然草抄野槌』）とあるように、かなり異色なものであったらしい。が、この歌舞伎が評判になると遊女たちも阿国にならって「四条河原に芝居を構え」興行するようになった。

歌舞伎の流行は、やがて遊女や若衆たちの舞台衣裳や化粧にも工夫がこらされ、その華やかさによって観客の化粧や衣裳に影響を及ぼすのであった。

顔を白く塗る「白粉《おしろい》」には京白粉と伊勢白粉があったが、伊勢白粉のほうが名高く、伊勢国多気《たけ》郡丹生《にう》村に産した水銀をもって、伊勢国飯南郡射和村で製造されていた。この白粉を顔に塗った上に頬紅を塗ることもあったが、白粉に紅を混ぜて頬紅とすることもあった。紅は唇にも塗るようになった。『嬉遊笑覧』（喜多村信節著、文政十三年の自序）に、

享保頃までも頬紅とて紅と白粉を交えてぬれり、白粉ばかり粧ふは遊女のことなりとかや

とみえる。この『嬉遊笑覧』と同じように江戸庶民の生活の考証をした『守貞謾稿』がある。後者は「天

保八年以来見聞ニ随ヒ、是ヲ散紙ニ筆シ」（喜田川守貞著）とあるので、『嬉遊笑覧』のほうが数年早いが、同時代の書である。内容的には『守貞謾稿』には挿図があって読みやすいが、『嬉遊笑覧』から相当部分を引用している。その点を承知の上で『守貞謾稿』の文章を次に引用する。

和名抄釋名云、經粉、和名、閉邇經赤也、染使赤所以著頰也。嬉笑曰、燕脂ニ四種アリ。時珍曰、一種以紅藍花汁染胡粉而成乃蘓鶚演義所謂燕脂云々。出西中因請之紅藍、以染粉為婦人面色者也。又、同条附方ニ、坯子燕脂トアル是也。經粉ハ、是ナルベシ。然バ、今云、カタベニニ胡粉ヲ交ヘタルモノ也。

胡粉トハ、粉錫ノ一名ニテ、京白粉也。画家ノ用フルトハ異也。画家ノマント云ハ蛤粉也。ベニ、ハ、和漢トモニ、古ヘ面ノ色ヲ粧フ具ニシテ、今ノ如ク、唇ニヌルコトハ、ナカリシト見ユ、サレバコソ粉ヲ加ヘタンメリ。

源氏物語、常夏巻近江君ノコトヲ云処ニ、ベニト云モノ、アカラカニ、カイツケテ、カシケヅリ、ツクロヒ玉ヘリ、トアルモ、顔ヲ粧シ也。

（中略）

享保頃迄モ、頰紅トテ、紅ト白粉トヲ和シテ、頰ニ塗リシ由、安斎随筆ニ云リ。

近来ハ、紅ヲ濃シテ、唇ヲ青ク光ラスルハ何事ゾ、青キ唇ハナキ物ヲ、本色ヲ失ヘリ。故ニ、時勢粧ヲ画ク者、女ノ唇ヲ草ノ汁ニテ塗リ、濃彩ニハ、緑青ヲシテ彩レリ。

（中略）

女重宝記、元禄九年刊本、白粉ニカギラズ、紅ナドモ、頰サキ、唇トモ、爪サキニ、スルコト、ウス

〳〵トアルベシ、コク赤キハ卑シ、茶屋ノカカニタトヘタリ。

濃ニ飽ヌ物、歯黒メ、寒ノ紅云々。

（中略）

守貞、文化七年ノ生也。幼稚ノ時、婦女ノ唇、紅濃クシテ、真鍮色ニス。江戸モ、文化十年バカリ迄ハ之ト同ジ。始ハ、紅ヲ濃クシテ、玉虫ノ如ク光ルヲ、良トセンガ、又、紅ノ多ク要《い》ルヲ厭ヒテ、下ニ墨ヲヌリ、其ノ上ニ紅ヲヌレバ、紅多ク用イズシテ、真鍮色ニ光ル也。

蓋、図ノ如ク、上下唇トモニ、墨ヲ左右ニハ塗ラズ、唇ノ半ニノミ塗ル也。両辺ハ、薄紅ニヌ

ル也。図ノ如ク、紅ヲ真鍮ノ如ク、又、玉虫ノ如ク、青クナルバカリニ濃ヌルヲ、俗ニ、サ、イロベニ、ト云、笹色紅也。青キヲ云也。
今世、唇紅ノ濃ヲ良トセズ、淡色ニヌル。江戸ハ特ニ、淡色ニ粧フ也。
頬紅ト云モノ、今モ、三都トモニ、劇場俳優ハ往々之ヲ用イルコト多シ。婦女ハ、更ニ之ヲ用イズ。
蓋、江戸ニテ、踊ト号シ、俳優ノ所作ヲ学ブコトアリ。之ヲ学ブ小女ヲ踊リ子ト云。此踊リ子ハ、今モ、往々頬紅ヲ用フル也。踊ノミニ非ズ。平日モ、化粧ヲナス也。（後略）

上方の文化や、俳優たちの衣裳や化粧が江戸へも流入する。『女重宝記』（苗村丈伯著、文政元年＝一八一八刊）に婦女の身嗜《みだしなみ》として、

白粉をぬること、女の定まれる法にして色とり飾る為ばかりにあらず、祝儀にたつなり。女と生まれては一日も白粉を塗らず、素顔にあるべからず

と、説いている。こうして化粧が広く普及していったので、白粉ばかりか、紅屋もおおいに繁盛したであろう。

紅屋の看板は『守貞謾稿』にみえる。

京坂之ヲ用イズ、江戸専ラ之ヲ用ウ。紅染、桃色木綿二幅、小旛《ばた》也。多ク竿ニ付テ之ヲ立テ、或ハ、竿ヲ用ヒズ。暖簾ト共ニ、庇ニ吊ルモアリ。

紅店の看板（『守貞謾稿』より）

浅草駒形堂前の紅屋百助の幟看板（歌川広重画「名所江戸百景　駒形堂吾嬬橋」）

『名所江戸百景　駒形堂吾嬬橋』（歌川広重画）に、高々と上がる紅染の布が風に翻っているのがある。

天人へ売る気か紅屋空に出し　（『柳樽』三六編）

紅屋の看板赤旗のずんど切り　（『新編柳樽』）

当時は赤いものは「紅」しかなく、衣料の染色も、化粧料も、食品の赤い色も紅であった。その紅は「紅一匁は金一匁」といわれるほどの高価なものであったから、紅屋の取引額は莫大な数字だったようである。

高松塚古墳の顔料

高松塚古墳が発掘されて極彩色の壁面が見つかったのは、昭和四十七年（一九七二）三月二十一日のことであった。この発見は「戦後最大の考古学的発見」と発表されて、日本国中を沸きたたせた。

高松塚古墳は、奈良県高市郡明日香村上平田に位置している。ここは飛鳥京、藤原京の南側に隣接した丘陵地で、飛鳥時代は皇族や律令官人の葬地であったといわれている。近くに天武・持統合葬陵があり、また中尾山古墳やマルコ山古墳が存在する。

高松塚古墳は、東西に細長い丘陵の南斜面につくられている。その古墳は丘陵地を削り、南の斜面に盛土をして平坦にし、その上に約二〇メートル、高さ約五メートルの円墳がつくられている。このように南傾斜地を整形して古墳を築くことは、他の古墳にもみられるようだ。高松塚古墳について古老の話によると、江戸時代までこの塚（古墳）の上に大きな松が生えていたといい、土地の人たちは「高松塚」といっていたという。かつて文武天皇陵ではないかといわれていて、古くから重要な古墳と考えられていたのである。明日香村・文化財保護委員会の話によると、「道路改修の事前発掘のため、村費で発掘計画を進めていたところ、昭和四十七年三月二十一日に、極彩色の壁画が発見されたのです」ということであった。

また、奈良県文化財保存課の人たちの話では、次のようであった。

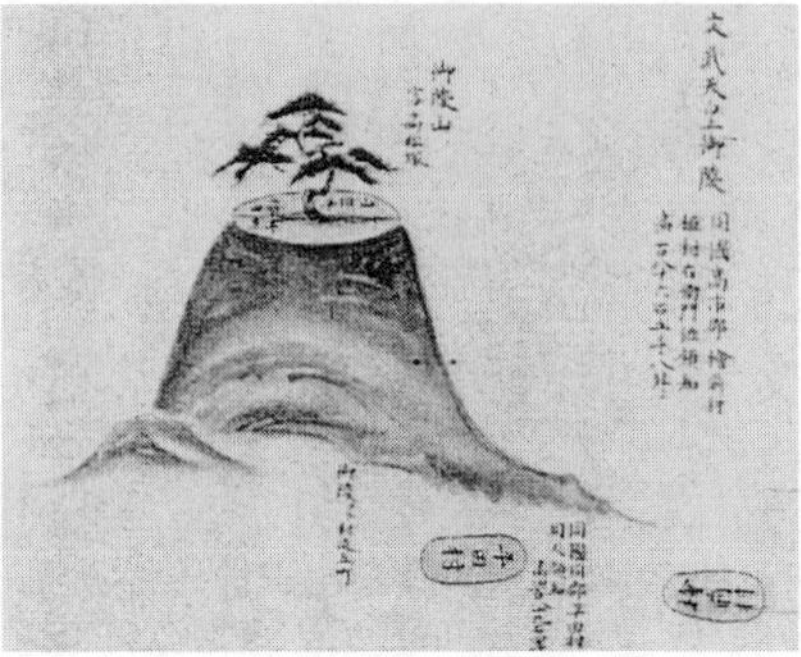

元禄年間に山陵吟味後，三郎右衛門（絵師）が描いた（当時，文武天皇陵の有力候補に考定されていた）

石室は、二上山の凝灰岩切石を組み合わせた横口式石槨で、床石三石、東西側壁各三石、奥壁一石、閉塞石一石、天井石四石の計一五石の直方体切石が使われている。石室の大きさは内法で長さ二・六五メートル、幅一・三メートル、高さ一・一三メートル。天井石は四枚で組み立てられ、石壁の表面に約五ミリ厚さの漆喰が塗られており、天井石の南端、閉塞石外面上端に面取り加工がみられ、石室の前面を意識した装飾と考えられる。

墓道の幅は約二・四メートル。これは石室にいたる通路（羨道）と考えられるが、おそらくここで葬送儀礼が行なわれたのではないだろうか。

石室の中に納められた棺は、木棺の内外に漆を塗った「漆塗木棺」である。長さ一九九・五センチ、幅五八センチ、板の厚さは一・六センチで杉板を使い、銅釘で止めてあった。木棺の内側は朱彩、外面は金箔が貼ってあった。この木棺の中から遺骨や「白銅製海獣葡萄鏡」、「帯とり金具」、「飾り玉」などがあって、約三〇個は重要文化財に指定されている。棺飾金具として「金銅製対葉華文飾金具」、「金銅製円形飾金具」、「金銅製六花形座金具」、「銅製対葉華文飾金具」などであった。これらは正倉院御物のなかにも類例を見ることができるというほどのものである。とくに「金銅製対葉華文飾金具」の文様は、韓国慶州雁鴨池出土の「塼《せん》」に同様の文様が見られる。遺骨から被葬者は、身長一六三センチの熟年男性と推定されている。

　この古墳の被葬者は皇族の皇統者のような、高貴な人と推定されているのは、前記の副葬品によるのであろう。

　高松塚古墳が発掘されたとき、石槨内壁全面が漆喰塗りであることが注目された。造墓の際の漆喰の技法について、武庫川女子大学薬学部の安田博幸教授によると、「この技術は、六世紀代に渡来してきたものでしょう。石灰岩か貝殻を原料として、それを強く熱してから水を加えて調整します。古墳では石室の石材間の防水・防湿のための充塡と、石材の固定のために使われました。そのうち、古墳の石材面の全面塗布へと移っていったようです。そして、もう一つ大事なことは、全面塗布による古代の『白に托した甦りの思想』の表現とみます」との話であった。

　漆喰の化学分析をした安田教授の研究によると、試料漆喰を九五〇℃に熱して、その際の熱灼減量から純度や混合物の種類を推定し、つづいて塩酸処理での酸不溶性成分量から、土砂・粘土等の混入量を求めた後、容量分析法による主成分の炭酸カルシウム量と、原子吸光分析法による微量成分量から、漆喰純度と原料材質の種類を求めるもので、現在、〇・五グラムの少量試料量から、それら一連の値を合理的に求める唯一の方法（『大和の考古学50年』より）を発見している。

　その結果、大和の古墳漆喰の多くは、石灰岩を原料とする百済の技法の影響があるが、高松塚古墳には、貝殻ないし貝灰を原料とする新羅の技法も加わっている可能性が大きいと、指摘されている。

高松塚古墳西壁の婦人像

聖徳太子墓より出土した『観鳥捕蟬』（唐代）樹に寄る図はこのころの流行

正倉院蔵の竹の尺八に彫刻されている女子遊楽の図。唐風に近い髪形と服装が見られる

高松塚古墳の壁画

私が高松塚古墳の壁画に注目するのは、壁画に「赤」や「緑」などが使われて華麗であることだが、この際、染料と顔料の違いを知りたかったからである。

壁画について、奈良県文化財保存課の話では、「壁画の四神図（青竜、白虎、玄武、朱雀《すざく》は破壊されていた）や、人物像の細部表現には、中国初唐様式の影響がみられ、法隆寺金堂壁画と同系の画工集団によって描かれた可能性が考えられています」と、いうことであった。

いずれにしても、これまでの古墳壁画とまったく系譜を異にするらしい。その後、考古学研究者によって、高松塚古墳を代表例として、共通した特徴をもつ古墳の一群を終末期古墳という名称で呼ばれるようになった。それは古墳の立地や築成工法、石室の形態などが、従来の古墳とは趣きを異にしており、出土品も古墳時代的な様相よりも、正倉院御物に代表される奈良時代的な様相を強くもっていたからであった。

また、高松塚古墳では石室に至る通路として、墳丘盛土をカットし、この材の搬入に使ったらしく、石材搬入のための「みち板」の痕跡を発見したという。

高松塚古墳は調査を終了して閉じられているが、その隣接地に「高松塚壁画館」が建っている。高松塚を訪れた人のための展示館だが、壁画は保存のため公開されていない。が、壁画の模写では現状に忠実な模写と復元模写がある。

文化と仏教が栄えた地

現在の明日香村は、昭和三十一年（一九五六）に飛鳥村、高市村、阪合《さかあい》村の三村が合併して生まれた。この明日香村を中心として橿原《かしはら》市、桜井市、高取町などの一部を含めた奈良盆地東南部を飛鳥地方とよぶことが多い。

古代の飛鳥の地は、飛鳥川の東、香具山の南、橘寺より北の、ほぼ旧飛鳥村であったようだ。

この大和の飛鳥の地には、五世紀に允恭《いんぎょう》天皇が飛鳥宮をおいたといわれ、その後、推古天皇が飛鳥豊《とゆ》浦宮《らのみや》で天皇位に就かれ、崇峻《すしゅん》天皇五年（五九二）から、和銅三年（七一〇）の元明天皇の平城京遷都までの百十余年間、孝徳、天智、弘文天皇の約十五年間を除いて、都はこの地にあった。ここで古代国家の体制が形成され、仏教文化を中心とする飛鳥文化が興隆し、多くの寺院が建立された。いま飛鳥川に沿って飛鳥寺、川原《かわら》寺、橘寺などがある。『続日本紀』宝亀三年（七七二）四月条に、

　倭漢氏の祖、阿智使主《あちのおみ》は応神天皇の時代に朝鮮の人を率いて帰化し、檜隈《ひのくま》に住み……

とみえる。古代の檜隈は、現在の明日香村の南部の大字檜前を中心に、数キロの範囲であったようだ。この檜隈（現檜前）の地は、『続日本紀』に見られるように、半島から渡来した人々が居住し、倭漢《やまとのあやうじ》氏の本拠地として文化の中心地で、仏教も栄えていた。

　近鉄吉野線で飛鳥の駅に降り立つと、そこはまぎれもなく古代日本の一大中心地であることをおもわせる。このあたり一帯は「檜隈の里」と呼ばれ、歴代天皇の宮跡も数多く存在し、この地にある三つの御陵墓石には檜隈の名がついている。

　緑濃い樹々におおわれるように見えるのが欽明天皇檜隈坂合陵《ひのくまのさかあいのみささぎ》である。周濠をめぐらす一四〇メートルの前方後円墳である。欽明天皇は二十二年四月に崩御され、九月にこの陵に葬られた。この陵には、同妃の堅塩姫《きたしひめ》（推古天皇二十年二月）を合葬している。全盛を誇る蘇我氏が娘の堅塩姫を合葬するとき、陵上にさざれ石（小さな石）を葺いたといわれ、今も御陵内にその葺石が残っているという。当時の民人が、石を運んできて封土の上に一つ一つ敷き並べた光景が目に浮かぶ。石段の端に立って見渡す檜隈の山

里は閑寂で、時の経つのを忘れるほどの佳境である。金剛山を背に、立派な家を散見する。欽明天皇の陵のすぐ近くに吉備女王の御墓を仰ぎ見ることができる。吉備女王は欽明天皇の曽孫・茅渟《ちぬの》王の妃で、皇極・孝徳両帝の御母である。この御墓域内に猿のような顔をした猿石がある。五体の猿石のうち四体はここの墓域内に、一体は高取城の近くにある。

吉備女王墓から東の方向にしばらく行くと、天武・持統天皇檜隈大内《おおうちの》陵《みささぎ》がある。まろやかな丘は飛鳥の花形をおもわせる。当時は一辺が一町余の八角形の石壇を五重にめぐらした上に、荘厳な内墳の御陵形を保っていたといわれる。ところが鎌倉時代に盗掘された。伝えられる陵内の模様について、

豪華な瑪瑙《めのう》の御石室、内陣は厚さ一寸五分（約五センチ）の金銅の妻戸、御棺は朱塗りの漆張り、台座は金銅の透彫、紅《くれない》の御衣も少々残り、御枕は金銀珠玉をもって飾れり。琥珀《こはく》の御念珠も一連あり

持統天皇は御遺詔によって飛鳥丘で御火葬とされ、天武天皇の御傍らに奉葬されたのである。天武・持統天皇陵から南の方向にしばらく歩くと、文武天皇檜隈安古岡上《あこのおかのえの》陵《みささぎ》がある。文武天皇の父君は草壁皇子。草壁皇子は皇太子のまま二十八歳で薨去されたが、文武天皇もあまり御健康でなかったのか二十五歳で崩御された。

御陵をめぐり、文武天皇陵のすぐ北にある高松塚古墳に出た。竹林にかこまれて、いまは静かに休息しているかに見え、なにも語らない。

高松塚古墳の被葬者は誰？

考古学者たちの発掘の試掘溝《トレンチ》がようやく石室に辿り着き、まさに石室の内部を調べようとしたその時、突然の荒天に襲われたそうだ。それは、全国を沸かせた壁画発見の発表の前日であった。突風が吹きつけ、豪雨が地を叩き、あたりに密生していた竹がすさまじい音を立てて、次々と折れたという。考古学者たち調査の人々も、巻き上げられた砂塵の目つぶしで、目を開けていられなかったそうだ。このため、まる一日調査は中断したのである。当時、発掘の現場にいた芦屋市文化財課の森岡秀人さんは、いまも鮮明にそのときのことを記憶していらした。

「前日まで鶯がのどかに鳴くよい天気でした。それがこの日は、にわかに天が曇り、砂嵐に襲われて目から涙がボロボロ流れて止まらなかったですよ。〝墓を発《あば》くな〟という被葬者の悲しみと、憤りが脳裏をよぎりましたね」

古墳に葬られていた人物は、壬申の乱で皇位を奪い取り、神と崇められた文武天皇の皇子・高市皇子《たけちのみこ》（六五四?—六九六）ではないかといわれていた。しかし高市皇子の墓陵の伝承地としては、高田市（奈良県）の北の新木山古墳が比定されている。

また、天武天皇の皇子の忍壁皇子《おさかべのみこ》ではないかといわれたこともあった。忍壁皇子は七〇〇年、藤原不比等らとともに大宝律令を撰定している。今回の調査で遺骨の年齢測定の結果、四十歳前後と発表され、二十八歳で薨去された忍壁皇子説は遠のいた。

元禄時代（一六八八—一七〇三）の御陵検討の際は、高松塚が文武天皇陵と考えられていたが、明治十四年（一八八一）に現陵に定められた。そうしたことから、今回の高松塚発掘の際に、研究者たちは墓誌の発見を期待したが、出てこなかった。そのため、いまでも高松塚古墳に葬られていた人物は誰なのか、わかっていない。

調査を終わって、高松塚古墳の石室はふたたび密封され、空調設備によって発掘以前の温度、湿度が保たれ、年に一度、文化庁の職員が点検している。

上代の顔料について

では、上代の顔料は何であったのか。

「あか」について

『播磨国風土記』逸文によると、神功皇后が新羅征討のとき、国神の教えに従って赤土をもって天逆桙《あまのさかほこ》を塗り、船の舳先《へさき》に立って、赤土をもって船、裳《も》および軍人の着衣を染め、赤土をもって海水を掻きまわして渡海されたところ、

底潜魚《そこくぐるいを》及高飛鳥等《またたかとぶとりども》、不二往来一《ゆきかよわず》、不レ遮レ前《みまえにさえぎらざりき》

と、記されているように、平穏に渡航されたと伝えている。これは「赤」のもつ呪術的な力を信じ、海中や上空に棲む悪霊の活動を封じ込めたのである。

『日本書紀』（神代紀下）の火酢芹命《ほのすせりのみこと》の条に、

以レ赭塗リレ掌ニ塗レ面ニ

とみえる。崇神天皇九年の条に「赤色の盾、矛」がみえ、清寧天皇紀の意富祁王《おおけのみこ》の歌に、「太刀の手上《たがみ》に丹書きつけ」とある。これは太刀の攔《にぎり》（柄）を丹色で装飾することである。赤土はもちろん、朱や丹も「赤色」で、金属化合物の一種。朱は硫化水銀であり、丹は酸化鉄（ベンガラ）である。

『魏志倭人伝』に、

朱や丹をもって身体に塗っているのは、中国で粉（白粉《おしろい》・紅）を用いるのと同じ（原漢文）

とある。また、

その山に丹有り（原漢文）

と、記されている。同書にあるように卑弥呼は正始元年（二四〇）に、生口《せいこう》、倭錦《わきん》、絳青縑《こうせいけん》、緜衣《めんい》、帛布《はくふ》、丹や弣《ゆづか》（弓の中央の握る部分、弓のこと）を献上している。

「其山有丹」の「丹」のある山は、どこを指しているか明らかではないが、耶馬台国を九州説とすると、九州での丹の産地は次のようである。

佐賀県藤津郡嬉野町
佐賀県藤津郡塩田町大草野
佐賀県藤津郡塩田町馬場下
佐賀県鹿島市森
大分県大分市坂ノ市
大分県大分市宮河内
大分県臼杵市
大分県大分郡野津原《のつはる》町
熊本県下益城《しもましき》郡城南町丹生宮《にうのみや》
鹿児島県姶良《あいら》郡溝辺町

卑弥呼の時代に、どのように顔に朱を塗ったのかわからないが、その解明の一つに人物埴輪を見ることにする。

人物埴輪には一体一体に表情があって、悲しみや喜び、驚きなどを感じとることができる。こうした表情は、ある意志を表現しているとみていい。武人の埴輪の多くは、一つの祭式に列席するためなのか、あまり表情は出していない。たとえば、亡き君主の功績を讃え、次の新しい君主に忠誠を表現するには、厳粛な表情はあっても、笑ったり泣いたりする表情はふさわしくないのだ。つまり「殯《もがり》」の儀礼であったからであろう。

『魏志倭人伝』に記されているように、身体に朱丹を塗るとあることについて埴輪を例に見ると、顔に赤く塗彩しているのがある。顔の両頬を赤く塗ったり、眼の上を塗ったり、また、眼の下に短冊形に赤く塗彩したものもある。これらは文身（入れ墨）を表現したものか、よくわかっていない。とくに赤彩について、日常の習俗ではなく、特別の儀礼の日の扮装——例えばハレの日の化粧だったのか、この赤彩に地域の特徴があるものなのか、集落による違いがあるのか、固有のしきたりによるものなのかはわかっていないので、今後の研究の課題であろうとおもっている。

このような赤色顔料は、すべて天然朱ではなく、酸化鉄を主とするものもある。この赤色は鉄分を多く含む「土」を熱して、酸化度を高めて得る。古墳の石室の赤色に、こうした酸化鉄を加熱して得た「赤」が多いという。これに対して天然朱は「まそほ（真赭）」とよんだ。「ま」は接頭語。赤色の土のことで、辰砂・円砂と称する天然産の硫化水銀のこと。『万葉集』（巻一六・三八四一）に

仏造る真朱《まそほ》足らずば水渟《たま》る
池田の朝臣《あそ》が鼻の上を穿《ほ》れ

とある。

「しろ」について

白色顔料として白土が利用されたことは、仁徳紀元年の条に、「宮垣室屋堊色《うわぬり》せず」と叙されている。この「うわぬり」の「堊」は白土のことである。室屋は白土で壁面を塗ったのである。

その他は、石灰や貝灰（胡粉）であった。

顔に紅彩を施した埴輪
(左：茨城県水戸市愛宕町出土，右：群馬県太田市塚廻り 4 号墳出土)

「くろ」について

『日本書紀』の崇神天皇九年三月の条に、「神人の誨《おしえ》によって大坂神に黒盾八枚、黒矛八竿を奉り、神を祀った」とある黒色の材料は何であったか。おそらく木炭の粉末か油煙であったろう。雄略紀十三年には工匠が墨縄を用いた記事がみえる。このころになると建築技術も進歩し、棟木《むなぎ》には丸太材が用いられたが、柱や桁《けた》、梁《はり》や戸口や窓などに角材が使われたようである。角材が使われていたとすれば、墨縄が用いられ、墨壺も使われていたのではないだろうか。応神天皇の時に朝廷の招きに応じて百済から王《わ》仁《に》が来朝し、『論語』十巻、『千字文』一巻を献じ、皇子・菟道稚郎子《うじのわきいらつこ》の師となったことからすると、文墨の具も伝えられたであろう。したがって墨の製法も心得ていて、伝えられたとおもわれる。

「あお」について

青は「青土《あおに》」で、青黒い土のこと。「あおに」は岩緑青の古名。染料にも用いたが、また、眉を描く

料にもした。『常陸国風土記』の久慈郡河内里に、

所《ノ》レ有土色如《シ》二青紺《ノ》一、用《ヒテ》レ畫《ニ》麗《ウルハシ》之。俗《ニ》云《フ》二阿《ア》乎《ヲ》爾《ニト》一

とある。

「青土」は奈良山から多く産したので、奈良にかかる枕詞として使われるようになった。奈良の青土は、応神紀にある「櫟津《いちひつ》の和邇《わに》佐の邇《に》」で、櫟津は「奈良県添上郡、今の櫟本《いちいもと》町の西、郡山市東端の櫟枝の聚落のあるあたり。允恭紀にある櫟井と同地と推定される」(『万葉集事典』)とみえる。

記紀共に仁徳天皇三十年九月の条に、皇后の御歌がある。

つぎねふ　山背川(木津川)を　さかのぼり　わたしがのぼってくると

青丹《あおに》よし　那羅《なら》を通り過ぎ　小楯《おだて》　倭《やまと》を通り過ぎ　わたしが見たい国は　葛城《かつらぎ》の高宮　わが家のあたり

これによれば、仁徳天皇の時代の四世紀には、すでに奈良の枕詞として「あおによし」が使われていたことが知られる。「あおによし」の「よ」は呼びかけであり、「し」は接尾語である。この後、隋、唐の影響によって絵画が発達し寺院が建てられ、その材料として青土や緑青を必要としたために、輸入もされたり、国内でも発見されるようになったと考えられる。しかし青土の実用性は時代とともに失われ、かわって緑青が普遍性を増していく。

飛鳥・奈良時代の顔料

飛鳥時代を六世紀末から七世紀中頃までとし、奈良時代を平城遷都の七一〇―七八四年として考えてみたい。

飛鳥時代の顔料についての一つの手がかりとして、法隆寺に伝存する「玉虫厨子《たまむしのずし》」（国宝）がある。周縁に玉虫の羽を並べ、透彫金具で押さえてあるのでこの名がある。上の宮殿の部分と下の須弥《しゅみ》座（台座）とから成る。宮殿と須弥座の四面に黒漆が塗られ、その上に黄、緑、赤の三色を使って典雅な画面を展開している。緑は緑青であり、赤は朱であり、黄は藤黄《とうおう》（後に雌黄《しこう》）で、白は白土（堊）か、胡粉であろうか。

顔料の色と成分

色	顔　料	成　分
白	白　土	不純なカオリン
白	胡　粉	炭酸石灰
緑	緑　青	塩基性炭酸銅
青	岩紺青	塩基性炭酸銅
黄	黄　土	不純な水酸化鉄
黄	密陀僧	酸化鉛
赤	辰　砂	硫化水銀
ベンガラ	赤褐色	酸化鉄
黒	墨（煤）	炭　素

『肥前国風土記』に、「高来郡峯湯泉」からの白土の産出が記されており、また『常陸国風土記』の久慈郡の条に「北山所ニ白堊有リ、画ニ塗ル可シ」とある。正倉院文書にも、絵画の素地に白土を塗ったことがみえる。当時、一般的に絵画の地塗として白土を用いたことが知られる。

聖徳太子像には墨、白、朱が、剣の装飾に臙脂、緑青、黄土、銀泥が使用されている。これによって和銅（七〇八―一五）前後の顔料としては朱、臙脂（紅花より得る）、岱赭《たいしゃ》（代赭石を粉末にしたもので、赤褐色の顔料）、緑青、鉛丹（金属の鉛を高温で熱して得る赤色粉末）、白土、密陀《みつだ》僧《そう》（一酸化鉛。これを高熱溶解して酸化させた黄色の粉末。密陀ともいう。

油に密陀僧を混ぜる。唐代に起こった。正倉院の御物にも見られる）、墨などがあったことがわかる。

「朱沙《しゅしゃ》」は正倉院文書にある。『倭名抄』の丹砂に、

（丹砂は）朱砂に似るが、（色は）鮮明ではない

とあるが、これは天然の硫化第二水銀であるため、成分の純否によって色や光沢は一定しないからであろう。

唐の地では広州（現広東省）に産するものを越砂といい、辰州（現湖南省）に産するものが有名だったので、後に朱砂《しゅしゃ》を辰砂《しんしゃ》と称するようになった。

「丹《たん》」の色相は、朱砂に比べて鮮やかな黄赤色。鉛の酸化物で空気に対して強く、被覆力に富むため、錆止めの塗料として、天平時代以来、建築や彫刻の塗料に使われた。

「臙脂《えんじ》」は、この時は用字がいろいろで、正倉院文書中に「烟子」、「烟紫」などが見られる。『倭名抄』には「燕支」とある。

燕支　西河舊事云焉支山出丹今案焉支烟支燕支燕脂皆通用

焉支山から出るとあり、焉支、烟子、燕支、燕脂など、「皆通用」とある。かつては紅花の色素を抽出して綿に吸収させたものをいった。奈良時代には、この綿燕脂は大・中・小の三種があったらしい。法隆寺資財帳によれば、「天平九年（七三七）二月烟子百四十八枚、大安寺二十枚」の保有が記録されている。

鮮麗な「あか」が目につく高松塚古墳の壁画の「あか」が、天然産出の「朱」であれば、貴重な顔料である。奈良県茶臼山古墳の石室内部全面に天然朱が塗られていたというが、これほど朱が使えるのは、朱の産地が近くにあるか、よほどの豪族であったといえる。奈良県下の朱の産地は次のようである。

奈良県奈良市丹生町
奈良県吉野郡東吉野村小村《おむら》
奈良県吉野郡西吉野村大日川《おびがわ》
奈良県吉野郡下市町長谷《ながたに》
奈良県宇陀郡榛原《はいばら》町雨師《あめし》
奈良県宇陀郡菟田野《うたの》町入谷《にゅうだに》
奈良県宇陀郡大宇陀町

奈良県の宇陀地方は、古の菟田《うた》縣の地。『万葉集』に、

大和の宇陀の真赤土《まはに》のさ丹着かば　（巻七―一三七六）

と詠まれていて、宇陀地方はよく知られる朱の産地であった。このような色土は地下に層をなしてあるが、条件のよい色土が手軽にあるものではない。条件のよい、必要な色土のある地点がその産地になる。奈良時代には奈良の北郊にある佐保山が赤土と白土の産地であった。

「雌黄《しおう》」は南方産のオトギリソウ科の常緑高木の樹脂を乾燥したもの。水に溶かすと、やわらかい鮮黄色となる。漢名は藤黄《とうおう》。大仏殿造営に関する文書に、板面の地塗について「塗白土、緑青、藤黄画師」と

いう記録があることから、地塗に白土、緑青、藤黄（雌黄）を使ったのであろう。『大字典』によれば「師」の「自は堆の本字にて、積み重ねるの意」とある。したがって、地塗に白土を使い、緑青や雌黄を描き重ねたものか。

「白青《びゃくしょう》」は『倭名抄』に、「魚の目の青」からとするが、おそらく色の濃淡による名称とおもわれ、紺青のごく微細な粉末による色彩であろう。粒子の大きさによる色の濃淡の名称と理解する。

「青黛《せいたい》」は藍を建て、液面に浮かぶ泡を集めて乾燥したもの。青い顔料として眉墨にも使った。

「黄土」は、正倉院文書の天平宝字六年（七五四）十二月二十八日に「卅人、中塗料黄土」とある。主として壁の中塗の料であったようである。法隆寺金堂の壁画に使われたとするが、確かなことはわからない。

「白土」の成分は硅酸アルミニウムを主成分としている。東大寺の文書に天平宝字二年（七五八）三月十九日に「塗二白土一須理板四百枚」とみえ、また、正倉院文書の天平宝字六年（七六二）十二月二十九日に「四人、白土舂《つき》篩《ふるい》作《つくる》」とある。白土を細粉して、篩にかけて精選したのを使った。

「胡粉《ごふん》」は、古くは錫を焼いて作ったらしい。『倭名抄』に「張華博物志云焼錫成胡粉」とみえる。後に貝殻を焼いて粉砕したものをいった。

「白粉《はふに》」は白色の顔料として壁の上塗、彩色の地塗、絵の具、化粧につかわれた。壁の上塗と彩色の地塗には、白土が使われることが多く、化粧用には鉛白（白粉）を用いた。『倭名抄』に「開元式云白粉卅斤俗云波布迩」と、容飾具の項にある。

奈良時代（七一〇―八四）になると、染料と顔料の分化発達がいちじるしい。植物性色料は染料用に、鉱物性色料は顔料用として、おおよそ区別されるが、紅花と藍は、染料と顔料の両方の目的に使われることがあり、藤黄は植物でありながら、顔料に専用されていた。

「赤色系」を染める染料

推古天皇の十一年（六〇三）に、はじめて六色十二階の冠位を定め、十六年（六〇八）四月には前年隋に遣わした小野妹子が帰朝し、それと同時に来朝した隋使・裴世清《ひせいせい》を迎えている。『日本書紀』によれば、その国書捧呈の式に、諸臣ことごとく頭に金の髻華《うず》（髪飾り）を付け、衣服はみな、錦・繡など五色の綾・羅を用いたとある。冠に用いられた色は紫、白、黒、赤、青、黄の六色で、衣の色は冠と同じであったろうといわれている。

このように、古代の染織技術は、すでにある段階まで到達していたと考えられる。

今日、私たちが知ることのできる古代の染色品である中宮寺蔵の「天寿国繡帳」（国宝）は、当時の染織技術の集約と見ることができる。この「天寿国繡帳」は推古天皇二十九年（六二一）に、勅願をもって東漢末賢《あずまのあやのまかた》、高麗加世溢《こまのかせい》、漢奴加己利《あやのぬかごり》らに命じて作られたと伝えられている。当初は相当大幅であったものが、朽ち損じて、現存するのは、断片を寄せ集めて一メートル四方ほどに貼りつけたものである。しかし、そこに表わされている人物の服飾は、この時代の高貴な人々の姿を示すものとみていいのではないだろうか。ただ、人物の頭部の損傷がひどかったため、後世になって補修されたが、その技術が稚拙なため原型を失っていて詳細を知ることができない。

この「天寿国繡帳」の染色について、紫色の地の羅と紗、黄色地の綾に、白、黒、赤、鶸《ひわ》、茶、萌黄《もえぎ》の濃淡三色、藍色の濃淡四色、紫などの色系で二段暈繝《うんげん》（暈繝錦の略で、段層的に濃淡をつける方法）によって繡《ぬ》われているとのことである。染材について考察すると、

赤系統は茜《あかね》と紅花。

黄系統は梔子《くちなし》、苅安《かりやす》、黄蘗《きはだ》など。

紫系統は紫草。

青系統は藍。

緑と萌黄は藍と刈安、または藍と黄蘗の交染。

黒は櫟《くぬぎ》などの堅果。

などであったろう。

茜

「天寿国繡帳」以外に、古代の染織品については実物資料は少ないが、法隆寺に伝えられている宝物が、東京国立博物館の敷地内にある法隆寺宝物館に保管・展示されているので見ることができる。これを法隆寺裂《ぎれ》といい、法隆寺に正しく伝世されているもので、「法隆寺裂」は、法隆寺宝物館に保存されている古代裂を指す。つまり法隆寺裂は、法隆寺創建当時の日本の染織文化を代表するものと考えられている。法隆寺は聖徳太子と推古天皇が、用明天皇のご病気平癒を祈念して発願し、推古十五年（六〇七）に落慶（完成）したと伝えられているので、六〇〇年代前後の染織品が集まっている。

法隆寺宝物は、法隆寺献納御物で、明治十一年（一八七八）に法隆寺から皇室に献納され、現在は東京国立博物館に隣接する法隆寺宝物館に保管されている。ここでは修理作業を進めながら陳列をしている。植物学者の林孝三さんは、法隆寺裂のうち、とくに赤色について、八種の資料について調べ、その研究結果を『古文化財の科学』（第一号）に発表している。

植物染料の化学的同定法によると、八種のすべてが茜染であった。しかもその茜は日本固有の茜であった。その赤色の染色は、今日まで人の目を疑うほどに堅牢に残っていた。

さらに広東幡《かんとんばん》の、幡の総《ふさ》、幡本体の残欠、幡の中央部の残欠、幡足の残欠などを調べたところ西洋茜であったと報告されている。この広東幡について、次のように記している。

染織裂の試料について、各種の溶媒で溶出し、染料の化学反応を調べる溶媒転溶法と、濾紙クロマトグラフ法といって、濾紙上に色素液をスポットし、各種の混合溶剤によって色素スポットを移動させるときの移動度（Rf値）の差によって、色素の種類を判別する方法とを併用することによって、赤色染料を調べた。その結果、どの赤色裂も「西洋茜」であった。西洋茜の色素はプルプリンという色素であり、ペルシャ絨毯などは西洋茜で染めてある。したがって、それまで推測されていたような「蘇芳《すおう》染」や「紅花染」などの形跡は見られなかった。このことから、試料として用いた幡（広東幡）は、舶来品ということになった。

林孝三さんは、さらに中尊寺の藤原三代をおさめた金棺の中から発見された染織物の残欠を調べ、『古文化財の科学』（第三号）に発表している。

中尊寺は長治二年（一一〇五）に、藤原清衡によって建立され、その後は、基衡・秀衡によって造営が受け継がれた。

金棺の中の染織品の大部分は変色や損壊が激しく、なんとか色をとどめていた錦の絹糸には、藍の濃淡、黄色、緋色、薄茶、薄紫が残っており、それらについて調べた結果を次のように記している。

藍色の濃淡は藍の単一染。
黄色は黄蘗の単一染。
紫色は紫根の単一染。

錦の地色が金茶色になっていたが、元の色はまったく残っておらず、判別不可能であった。しかし、多分、紅染であったと想像している。この地色が紅染であるか、他の色かによって錦の色彩感は全く違ってくる。こうした謎が解ければ、当時の人たちの色彩感覚がわかり、文化史的には大きな貢献になるが、目下のところ、退紅色の科学的な鑑定は不可能である。

今回の調査の対象は限られたごく少数なので、このことから藤原時代の染織文化を語ることはできないが、しかし、当時の植物染料がいずれも飛鳥・天平の時代から慣用されてきたものを主にしていたことを知ることができた。とくに、京都ではすでに用いられていた蘇芳による赤染が、東北のこの地で発見されなかったことは、平泉の文化は僻遠の北地だけに、中央の文化に較べてかなり時代のずれを思わせる。

赤色を染めるには、日本各地の山野に自生している茜《あかね》が使われていたことがよくわかる。飛鳥・天平時代の「赤」を染める染材は、茜であった。茜は根が赤色であることからこの名が付いたが、染めた色が、太陽の出る前の東の空に似ていることから、古くから東の枕詞として「茜さす」が使われた。茜で染めた色を緋（あけ）といい、真緋の文字も当てている。纁（そひ）は、茜で染めた黄色味のある薄い赤色である。『続日本紀』神護景雲元年（七六七）に、「諸王四世の者には正六位上。五世の者には従六位以下を授く。其朝服は纁《そびき》色を用しむ」とみえる。

紅

紅《くれない》は紅花から染めた代表的な赤色。『万葉集』にも多く詠まれている。

紅に深く染みにし心かも　寧楽《なら》の京都《みやこ》に年の経ぬべき　（巻六・一〇四四）

紅の深染《ふかぞめ》の衣色《きぬ》深く　染《し》みにしかばか忘れかねつる　（巻十一・二六二三）

紅の薄染衣《うすぞめころも》浅らかに　相見し人に恋ふる頃かも　（巻十二・二九六六）

桃花褐《あらぞめ》の浅等《あさら》の衣浅らかに　思ひて妹に逢はむものかも　（巻十二・二九七〇）

『延喜式』には、韓紅花《からくれない》、中紅花《なかのくれない》、退紅《あらぞめ》がある。韓紅花は、綾一疋、紅花大十斤、酢一斗、藁三囲、薪一百八十斤を用いるとある。中紅花は、貲布《さよみ》一端に紅花大一斤四両とあり、また退紅《あらぞめ》は、帛《はく》一疋に紅花小八両を用いた極く淡い紅染である。

退紅について、『貞丈雑記』に、

　退紅とは桃色に染めたる布の狩衣《かりぎぬ》也。それを着る故退紅と云也。又色赤く少し黒味あるもあり。それは真の退紅にあらず。退紅も履傘《くつかさ》などを持つ役なり。

とある。白丁の狩衣と共に傘持、沓持らの下級の狩衣の色に使われた。麻や楮などを紅花で染めた色で、桃色である。

桃染《つきぞめ》は『日本書紀』天智天皇六年（六六七）条に「桃染布《つきぞめのぬの》」と見える。「布」とあることから、麻布であることがわかる。

朱華《はねず》は、桃染より淡い紅色か？『日本書紀』の天武天皇十四年（六八五）の条に、

　庚午に、勅して明位より已下、進位より已上の朝服の色を定む。浄位より已上は、並に朱華を着る。

とある。紅花染の薄紅色は、朱華のほか「翼酢」、「庚棣」、「波瀰受」などという文字が当てられ、美しい色だったようだ。『万葉集』に朱華を詠んだ歌が四首あり、そのうち三首は「移ろいやすい色」として詠まれている。

思はじと言ひてしものをはねず色の　移ろひやすきわが心かも　（巻四・六五七）

紅絹《もみ》は紅花で染めた濃い赤の絹布をいうが、この呼称のもとはわからない。一説に、紅花を採んで色を出し、染色することからきた言葉とされている。また、『後撰和歌集』に、

鹿鳴きて寒きあしたの露ならむ　立田の山をもみ出すものは

とあり、楓《かえで》の紅葉が山々を紅《あか》くもみ出すように色づくことからともいう。

以上のほかに、色名ではないが、染め方によって得ることができる色に「一斤染《いっこんぞめ》」がある。綾一疋に紅花大一斤で染めた淡紅色。退紅より濃い。

中尊寺（岩手県平泉町。十二世紀に奥羽地方に栄えた藤原氏によって寺塔が整えられた寺院）の染織品を調査した林孝三氏の、前項の調査報告書によると、「錦の地色が金茶色になっていて、色の判別は不可能だったが、紅染であったと想像している」と記されている。紅染が退色していたとすると残念だが、その反面、紅染だから退色してしまったのだと私は考えている。

蘇芳

赤色を染めるには茜と紅花のほかに、南方植物の蘇芳《すおう》（蘇芳、朱芳、蘇木）がある。『続日本紀』養老四年（七二〇）に、「三位已上の妻子及四位五位の妻は、並に蘇芳色を服することを聴《ゆる》す」とみえる。

先島蘇芳
沖縄県の石垣島や西表島には，先島蘇芳の巨木が見られる

蘇芳はインドシナ、マレー半島、インドなどの南方植物で、重要な貿易品である。マメ科の樹木で、その心材を煎じて染色に使う。正倉院に宝蔵されていた蘇芳の材を見たことがあるが、濃い赤紫色であった。染め出した色も赤紫色である。染色用に使うほか、渋味のある赤紫の材は、工芸品の材としても使われた。

南方の国々ではありふれた樹木だが、貿易品となって他国に動くと莫大な利益をもたらした。七四八年に、日本をめざして五回目の航海に出た唐僧・鑑真は、難船して海南島に漂着し、そこの豪族の馮若芳《ふうじゃくほう》のもとに滞在するが、その屋敷で見たのは雨ざらしのまま積み上げられていた蘇芳の原木だったという。馮はこれを広州あたりに売って巨利を得ていたようである。蘇芳は中国でも完全に輸入に頼っていた品であった。

日本でも蘇芳を手にするには、相当の代価を払わなければ手に入れることができなかった。また、この赤紫の色自身も高貴なものとされ、和銅五年（七一二）の禁令では、五位以上の位のあるものだけに許されている。『延喜式』によると、親王を中心とする一部皇族と、三位以上の位か、参議以上の官にある貴族のみが用いることができたのである。

聖徳太子は、法隆寺や四天王寺などの大伽藍を建立したが、そのときの儀式や建物を飾った絹や錦は、たいへんな量であったろう。これらの錦の大部分は国産であったとされているが、特別上等のものは外国から輸入されたものであるようだ。現在、法隆寺に伝えられている錦は、すべて蜀江錦とよんでいる。蜀江錦は中国四川省成都でできた錦である。三国時代の蜀のときに、諸葛孔明が蜀の軍兵をととのえるために開いた、錦院の系統の織物という意味である。蘇芳は中国でも完全に輸入に頼った品であった。そこで蜀の政府は蘇芳の栽培を試み、成功する。以来、長いあいだ、蜀の織物が「蜀江錦」として天下の名品として君臨するのである。

法隆寺に伝えられている蜀江錦は、このような三〜四世紀の染織の技術を伝える世界的な逸品といってもよいものである。

媒染剤について

媒染とは、染料が繊維によく染着するように施すことで、その役目をもつのが媒染剤である。草木染の場合、黄蘗《きはだ》や梔子《くちなし》などのように直接染まるもののほかは、ほとんど媒染剤を必要とする。媒染剤の性質によっては、染色の結果の色が異なる。とくに鉄が作用すれば、どのような色でも黒味を呈するので、染色には鉄分含有の水をきらうのである。

現在ではさまざまな媒染剤が用いられているが、古代の媒染には、鉄と灰汁が用いられた。

鉄漿

『日本書紀』持統天皇七年（六九三）の条に、

詔して天下の百姓をして、黄色《きそめ》の衣を服しむ。奴は皁《くろ》の衣を着しむ

とみえる。黒を染める染材は多く、柏《かしわ》、楢《なら》、椎《しい》、樫《かし》、櫨《はぜのき》などがある。

『和名抄』に、

銕精　陶隠居曰銕精　一名銕漿和名加禰乃佐比

とある。穀類から醸造した酢の液中に鉄片を入れ、蓋をして一、二週間放置すれば、黄褐色の液になる。これが鉄漿である。大島紬（鹿児島県）や八丈紬（東京都）の織物は、現在でも鉄分を含む泥田に浸けて、自然作用の鉄媒染を行なっている。

灰汁

灰汁《あく》は布帛の精練漂白と、媒染剤の役目に用いられる。主成分はアルカリである。灰汁を得るには稲藁、椿、藜《あかざ》、槙（真木）、柃《ひさかき》などが使われ、『延喜式』にも椿灰、真木灰、などがある。『倭名抄』に、

灰汁　弁色立成云灰汁阿久　淋阿久太流音林

紅花染には早稲藁《わせわら》が良いとされ、それも青味の残っているものがよいとされる。紫染には椿灰か柃灰がよく、茜染には藜灰を良とする。また紅花染には梅酢を使うことが行なわれているが、『倭名抄』には記されていない。

黄　灰

『倭名抄』に、

　本草云冬灰一名藜灰和名阿加佐乃波比

とあり、黄灰は藜《あかざ》灰のことである。これを冬灰というのは、冬季中に燃料とした物の混合した灰のこと。藜灰の藜とは、住居に近く繁茂する草なので、手近に得られる冬の燃料だったからのようである。

柃《ひさかき》　灰《ばい》

『倭名抄』に、

　蘇敬曰又有柃灰柃音霊焼柃木葉作之並入染用今案俗所謂椿灰等是也

（柃灰は、柃の木葉を焼いて作る。染（色）用にする。今、一般に云う所の椿灰これ也）

とあり、柃灰と椿灰を混同している。そのため「椿灰」の項が『倭名抄』にないのであろう。椿も柃もツバキ科であり、柃は山地に多く、常緑である。椿の灰と柃の灰とを比較実験していないのでわからないが、両者を混同してもやむをえないのではないか。柃（れい）は漢名である。

「紅花の里」河北町の紅と雛と酒

河北町《かほく》（山形県西村山郡）の紅花資料館を訪ねようと、町役場に連絡をとった。事務的な打ち合わせのあと、商工観光課長の小野幸雄さんは、電話のむこうで、「七月十日だったら、ちょうど紅花が咲いていますよ」といった。私は河北町を何回か訪ねているが、たいていは紅花の盛りだった。濃い緑の葉から、分枝した枝を伸ばし、花芯をほのかに赤く染めた鮮黄色の紅花畑を想像し、今回もまた紅花に逢えると嬉しくなった。そして紅花の美しさに酔い痴れたいとおもった。

河北町は山形県の中央部に位置し、東はさくらんぼやりんごの産地の東根《ひがしね》市と、将棋の駒で知られる天童市に、南西部は寒河江《さがえ》市に、北は村山市に接している。町の南東は村山平野がひらけているが、北西部は出羽山地の山岳地帯である。最上川は町の南端を流れる寒河江川と合流して、町の東部を北流する。町の中心地は谷地《やち》で、平安時代初期に白鳥十郎長久の城下町として発展した。江戸時代になると、最上川の河港として米、紅花、青苧《あおそ》などの集散地として栄えた。

紅花の需要が上昇し、有利な換金性によって栽培地は平野部から、山間の畑地まで広がっていく。畑谷村（山辺町）の例だが、ここは白鷹山麓で良質の青苧の産地として知られていた。青苧畑として登録（賦課の基準）した面積は三町三反七畝二六歩だったが、後に一町一反七畝歩となり、残りの二町二反二六歩は紅花と麦に転用された。畑谷村の書上帳に次のようにみえる。

小物成御尋ニ付書上帳　　畑谷村

一拾貫七百八拾九文　　青苧畑役

此反別三町三反七畝廿六歩

年々青苧枯くさり等出来、当時ニ而ハ壱町壱反七畝歩ならでは無之

此訳

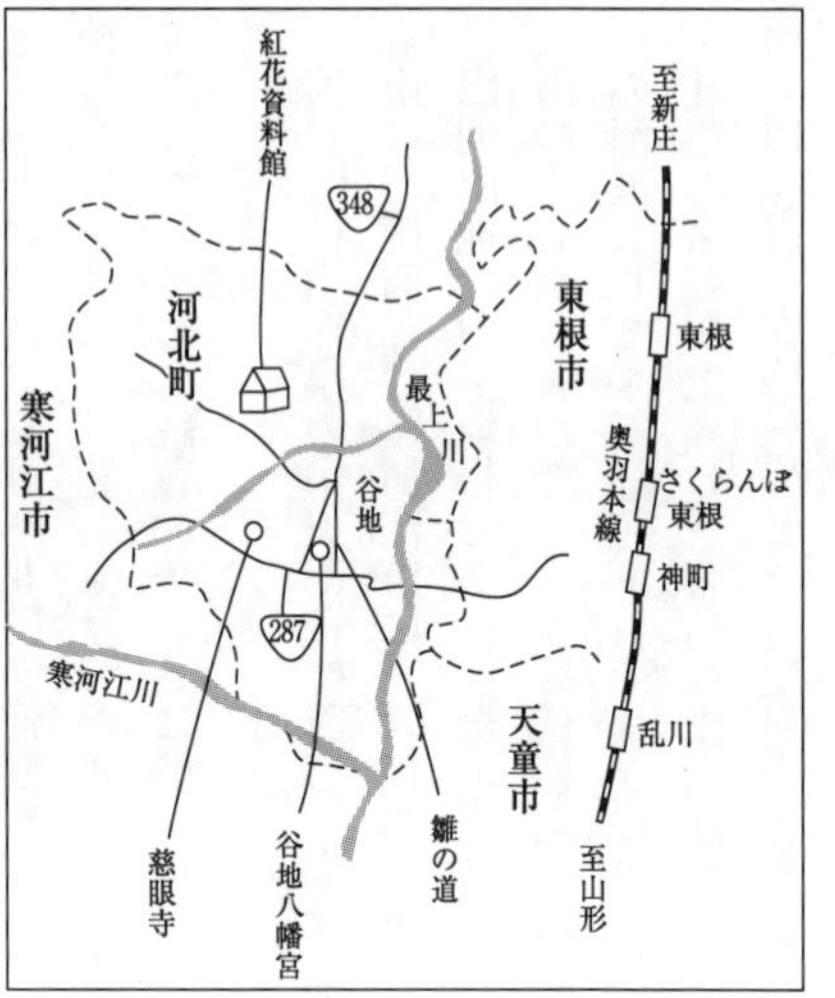

壱町壱反七畝歩　　当時年々青苧仕申候

弐町弐反廿六歩　　当時紅花麦作仕付申候

青苧から紅花、麦への転作は、天明八年（一七八八）のときのもので、課税対象の青苧畑の約三分の二に相当する。また当時、畑谷村の所有する畑地は一一町八畝一歩であったから、二町二反の転作は全畑地の約二割になる。山間部の畑作は雑穀類を必要とするので、この転用面積は大きいといえる。

また、最上川の支流である乱川の扇状地帯の東根から、関山の山間部は、酸性の強いノバク地帯で、寛永頃（一六二四—四四）から煙草を栽培し、関山煙草として知られてきたところである。土性からみれば

最上川

紅花の栽培地としては決して適応しているとは言い難いが、煙草栽培に割り込む形で紅花の栽培がはじまる。それは、煙草の完全収納は十二月なので、現金の欲しい七月頃にできる紅花は、農家にとって魅力のある作物だったからであった。

さきの扇状地上の山口村（現天童市）の伊藤家では、主要畑作物の作付率を、

三分通程麦作
三分通程紅花作
四分通程たばこ作

と、代官所に報告している。が、その原案となったのは、

三分五厘程麦作、二分通程紅花作、二分通程雑穀作、五厘程度屋敷地、壱反壱畝二七分青苧畑

という計算であった。寛政頃（一七八九―一八〇二）の山口村の本新畑合計は八六町九反八畝余であったから、紅花の作付比率でみると、紅花畑は一七町三反七畝ほどになる。

ところが、同じ扇状地帯でも野川の沿岸は、多少、生産機構を異にしている。文化五年（一八〇八）の小山田家文書によれば、猪野村、沼沢村、関山村、観音寺村、野川（以上東根市）などは、「たばこを重作、紅花少々宛」とし、その比率は次のようであった。

たばこ　六分通

紅花　一分

その他　荏《え》、大小豆、雑穀、野菜などの自給用の作物

煙草の反当りの収入は二両二分で、紅花反当たりの収入は六両あり、煙草の反当たりの収入より良かったが、紅花の最適地でなかったことから、紅花の収量も品質も劣っていたので、煙草の収入を安定的に得ながら、その一方で紅花を補助作物として栽培したのであった。

最上紅花について

現在、山形県内で栽培されている紅花は、ほとんどが出羽在来種の中生種の中から、山形県立農業試験場で系統分離した「もがみべにばな」で、学名は *Carthamus Tinctorius L.* である。

また、在来種の中から系統選抜したものに「とげなしべにばな」がある。街の花屋の店頭で見るのは、多くこの「とげなしべにばな」である。

そのほか、紅花には紅色素を持たない「黄色種」や「白色種」などがあり、さらに早生種、晩生種、アメリカ種、岡山種、中国種、カシュガル種、イスラエル種、ブラジル種などがある。

もがみ紅花ととげなし紅花の特徴の比較

	もがみ紅花	とげなし紅花

とげ	葉や苞に鋭いとげがある	とげが無い
葉の形	広皮針形で先がとがり，縁に鋭いとげ状の鋸歯がある	丸みを持っている
草丈	約１～1.2m	約70～80cm
分枝	多い	少ない
開花期	７月上旬～中旬	６月下旬ごろ

山形県の山形盆地は最上地方といわれ、約四〇〇年前から紅花が栽培されるようになったと伝えられる。紅花についての山形県最古の史料は、天正五年（一五七七）に、谷地《やち》（河北町）の城主・白鳥十郎が織田信長に名馬を献上し、返礼として紅が送られたことが記されている。また、天正七年（一五七九）に山形城主・最上義光《もがみよしあき》が湯殿山権現へ病気平癒を立願した際、神馬とともに「上紅花壹貫仁百匁」を納めることを誓約した次のような文書がある。

敬白湯殿権現へ立願之事
此度煩気就然重而福泉坊為代官来年四月八日二斗帳神馬上紅花壹貫仁百匁差添可奉相候如存平癒之所謹而奉拝　々々
天正七年己卯八月廿八日
源　義　光　花押

「来年四月八日」とあるのは、湯殿山の開山の日で、義光も紅花を貴重品としていたことがわかる。

紅花についての古い資料としては、織田信長や白鳥十郎と同じ頃、河北町（西村山郡）から真宗の本山に紅花を志納したことを示す「志納金品受取書」が昭和五十三年（一九七八）に安楽寺から発見された。そのなかに、

花一きん　彦衛門
花一きん　新　介
同一きん　藤衛門ない《(家内)》
わた十六文め　藤衛門
同三十二文め　甚ない
同十九文め　九郎と
わた十九文め　同ない
代三十二文　彦衛門ない
同五拾文　せうけん《(将藍)》
花一きん　さいもん《(左衛門)》五郎
代五拾文　彦衛門

とあり、宛名は「新門様」となっていた。新門様というのは、真宗本願寺の教如上人のことで、永禄九年（一五六六）の九歳のときから文禄元年（一五九二）に門跡を継ぐまで、二十七年間「新門」と称していたことによる。志納品の中に紅花があることは、この頃すでにこの地方で紅花が栽培されていたことを示す

ものである。

最上川沿岸で生産された紅花は、やがて「最上千駄」といわれるほどになり、出羽国の特産となるが、そのうちの約四百駄の取引が谷地で行なわれ、紅花の集散地として栄えたのであった。

また紅花生産地として、文禄四年（一五九五）の「邑鑑《むらかがみ》」に上長井村、下長井村（現長井市）で紅花を生産していた記述がある。その後、最上紅花は驚異的に発展する。だいたい近世農業社会の仕組みは、米などの穀物生産が経済の中核を担っていたために、藩主の支配領域の石高制による評価で富の大きさをも意味していた。そのため米価が安くなると領主の経済は悪化する。そうしたなかで農民の生活水準の上昇をもたらしたのが「四木三草」であった。四木とは茶、桑、漆《うるし》、楮《こうぞ》であり、三草は麻、紅花、藍である。一般に農家の地目は田と畑と家屋敷の構成で、田地からは米を収穫して次年度の種籾《たねもみ》を除いて年貢米とし、畑地からは自家用食料の大麦、小麦、粟、稗、大豆、野菜などを得ていたが、その畑地で収益性の高い換金作物が栽培できるとなれば、だれもがその栽培に励む。しかし四木三草は適地適作が原則であったため、最終生産物としての商品化はほとんどなく、原材料として他国に搬出されていくことが多かった。最上紅花もその例にもれず、加工品のための原材料の供給を前提として三都に移出されてその名声が高くなった。

寛永十五年（一六三八）の序があり、正保二年（一六四五）に京都で刊行された『毛吹草』の巻四に、

従二諸国一出ル古ノ今名物聞触見及類載レ之但シ庭訓ニ用分ハ除クレ之

とあり、次のように国別の名物が列記されている。陸奥国には最上紅花がみられ、そのほかの国にも紅花

がある。

陸奥　最上紅花
伊賀　紅花
相模　紅花
筑後　紅花
薩摩　紅花

特産とよばれるには品質がすぐれ、生産量が高く、全国的に名声を獲得していなければならない。『毛吹草』は貞徳門下の松江重頼の編集した貞門俳諧の方式の書で、当時盛んに利用された。その『毛吹草』を手にしてぱらぱらとページを繰っていたら、

紅粉《べに》そむる家に行きて
音《ね》いろもや　紅花の園生《そのう》　時鳥《ほととぎす》

という句が目に入った。

最上紅花の生産は年を追うごとに多くなり、他国の紅花産地とともに多くの書物に紹介されている。

『日本鹿子』（元禄四年＝一六九一版）
相模　伊賀　上総長南紅花　出羽最上紅花　筑後　薩摩

『買物調方三合集覧』（元禄五年＝一六九二版）
伊賀　相模　出羽最上　薩摩
『日本国花萬葉記』（元禄十年＝一六九七版）
出羽山形最上地方　奥州福島　三春　仙台　肥後　尾張　遠州　相模かまくらより出る　筑後　薩摩
『和漢三才図会』（正徳二年＝一七一二版）
相模鎌倉　出羽最上　上総長南　筑後　薩摩
羽州最上及山形之産為良　伊賀筑後次之　予州今治　摂播二州又次之
『重訂本草綱目啓蒙』（弘化四年＝一八四七版）
奥州仙台より出るを上品とす　出羽の山形これに次ぐ　同州谷智（谷地）奥州三春これに次ぐ

天保十一年（一八四〇）の「諸国産物大数望（相撲）」による諸国の特産物は次のようである。ちなみに当時の相撲番付は大関が最高位であった。

東の方			西の方		
大関	陸奥	松前昆布	大関	西国	白米
関脇	出羽	最上紅花	関脇	阿波	藍玉
小結	山城	京羽二重《きょうはぶたえ》	小結	丹後	縮緬《ちりめん》
前頭	摂津	伊丹酒	前頭	備後	畳表
同	伊豆	八丈縞	同	大和	奈良晒《ならさらし》
同	尾張	瀬戸焼	同	薩摩	黒砂糖
同	伊勢	くじら	同	紀伊	くじら

同　越後　縮布《ちぢみ》　　同　山城　宇治茶
同　越前　奉書　　同　薩摩　上布《じょうふ》
同　近江　伊吹艾《もぐさ》　　同　周防《すおう》　岩国半紙
同　加賀　撰糸絹《よりいときぬ》　　同　日向　椎茸

江戸時代後期の紅花の生産地はおよそ全国に及んでいたようで、取引の便宜上それを東国紅花と西国紅花に分けていた。東国は奥州、羽州、近江近国、尾州、信州、遠州であり、西国は紀州、筑州、石州、伯州、大和、伊勢、美濃である。生産量の多寡を問わなければ全国的に栽培されていたといえる。そのなかで出羽国を含む東国の生産量は多く、天明四年（一七八四）の東国紅花はおおよそ一二〇〇駄から一三〇〇駄あり、西国紅花は東国の約半分のおおよそ五〇〇駄から六〇〇駄であった。一駄は一頭の駄馬に二荷を一対として一駄といった。江戸時代の初めは一駄三六貫と決められていたが、地方や品物によって異なり、そのうち三二貫を一駄とするようになった。ちなみに一貫は三・七五キログラムである。

花餅つくり

江戸時代に農業の指南書として書かれたものは多いが、紅花栽培について書かれたものは意外に少ない。その一つに宮崎安貞が書いた『農業全書』がある。安貞は福岡藩の儒者としても名高い。この本の序文を元禄九年二月一日に貝原益軒が書き、翌年の元禄十年（一六九七）に京都で出版された。安貞は農耕の傍ら、三十五歳のころから各地を巡遊し、その地の農家の話を聞いている。最上紅花についても最上地方の農家の人々に聞いて記したものであろう。その著に、又出羽《でわ》の最上にて花を作る法あり。異なる事なし。是は摘み取って清水に漬け、やがて取りあげて絞り、莚《むしろ》に広げてその上に物で覆って少し発酵させた後、餅には作らずにそのまま干し、乱れ花（乱花）にして干して、箱に入れておく。

とある。中国の紅花産地は新疆省や河南省、四川省などで、日本にも「乱花」として輸入されている。二、三年前だったとおもうが、米沢市内の土産物店で袋に入った四川省産の乱花を見かけて買い求めたことがあった。日本に中国産の紅花が輸入されたのは天保年間（一八三〇—四四）だが、つづいてインド紅花が輸入される。明治期を迎えると輸入量は増大する。それらは最上紅花の三分の一の値で輸入されたので、京都では最上紅花の使用が減少し、最上紅花の衰退の一因になった。「本県の経済界に大いなる異変を呈すると共に、紅花栽培者の影を絶った」（『出羽文化史料』）とある。

ところで宮崎安貞が最上紅花について記している中に「餅には作らずにそのまま干し、箱に入れておく」とあるのは、一般的には花餅にしなかったのだろうか。

もう一冊『名物紅の袖』がある。享保十五年（一七三〇）に後藤小平次によって書かれたものとされる。当初は書かれた年代がはっきりしなかった。末尾に「戌《いぬ》六月」とあるのみで年号の記述がなかったからである。しかし先学の研究によって、文中に「去年中照り年ニて紅花不出来」の記述から、享保十四年（一七二九）の村山地方の大旱魃の翌年と確認された。筆者の小平次は山形の紅花問屋であり、旅籠町で旅館を経営していた。この旅館は由緒があり、津軽侯の本陣を勤めていたといわれる。『名物紅の袖』には、紅花問屋らしい細かな記述がある。

……良質とされる雨花でなく、照花であっても（品質に定評のある産地のもの）雨花と同様に扱われる。……もちを干すとき天気がよいと、ひときわ見事に干しあがり、雨花本来の上出来の品質となる。たとえ照花であっても、餅を干しているときの天気によって、見た目だけは見事にできあがる。

と。これによると花餅にしていたことがわかる。雨花は夜間に雨や霧に当たった紅花で、黄色素が自然に流れるため、紅の出が良いとされている。また照花は、夜間に雨や霧に当たらないので、黄色素を流し去るのに手間がかかるといわれている。

紅花の生花から干花の生産量をみる

文化三年（一八〇六）の書写本「古代諸用聞書集」（槙久右衛門家文書）によると、村山地方の一般として、一反歩につき干花は三貫目から五貫目、平均して四貫目の収穫があったらしい。明治五年（一八七二）に発行された「べに一覧」によると、「反当生花三〇貫目、干花はその十分の一」、つまり三貫目と記している。これは紅花栽培の奨励のために「べに一覧」が発行された趣旨からすると、全国的な平均値であったろうと考えられる。というのは、柴橋村（寒河江市）では、生花から干花にするのに平均七分止まりであったといい、沢畑村（河北町）の場合は平均九分止まりであったという。この柴橋村と沢畑村は、盆地といっても山寄りの地帯である。もし上畑地帯なら一割の干しあがり率であったはずである。ちなみに上山藩《かみのやま》では、享保二年（一七一七）に小物成を更改して、「干花百目に、生花一貫目」の割で課税計算の基礎にしている。

「べに一覧」(明治 5 年＝1872発行)

村山地方の紅花栽培面積（概算）

一反歩の生花量	干し上り率	一反歩干花量	作付反別
30貫	0.07	2貫200匁	1,523町8反
30	0.10	3　000	1,066　7

以上のことから、近年後期の総作付面積をほぼ計算することができる。つまり、一反歩の生花生産量を三〇貫目から四〇貫目とし、そこから得る干花の率を七～一〇パーセントと仮定する。年間の生産高を三二貫目を一駄として、一千駄を算出の基準として作付総反数を推計すると、別表のようになる。このことから、おおよその総作付反数は一二〇〇町歩前後であったと考えられる。『村山郡大昔石高調』（柏倉家文書）に、「畑地一万五千町歩と見込ミ……」とあることから、紅花の栽培地は畑地の約一割弱であることがわかる。畑地は、雑穀、野菜、青苧、煙草、漆樹などの特用作物の作付地を含むので、紅花栽培地の利用率は相当高いといえる。

松橋村の干花の生産

松橋村は現在、河北町である。慶応二年（一八六六）の松橋村には、干花生産者は三十二軒であった。その当時、生花一五貫目余りが最高の収穫で、干花にして一貫目を越したのは三十二軒のうち二軒にすぎない。慶応二年の干花一貫目の値段は三両余であった。また干花五〇〇匁以下の農家は三十二軒のうち二十五軒で、その一軒当たりの平均は二二七・九匁であったから、いかに小農の紅花収入が零細であったかがわかる。

それは松橋村は紅花の主産地とはいえない地域でもあったからで、主産地の西里村（河北町）では、弘化四年（一八四七）の紅花栽培農家は二十八軒あり、干花の販売代金は一一両が一軒、九両以上が二軒、五両以上が八軒、三両以上が七軒であった。ちなみに弘化四年の穀類の相場は、町米一俵一分六〇〇文、大豆一俵六〇〇文、小豆一俵一分に一〇〇文返りであったから、これと対比すれば紅花収入の農家経済に占める位置が、いかに高かったかがわかる。

しかし、紅花の相場は不安定で、その変動が激しかったから、年によって年収に大きく差が生じた。『谷地町志』（大正五年＝一九一六刊）に天明元年（一七八一）から慶応二年（一八六六）までの八六年間にわたる相場価格がある。これによると一駄価格の最高は慶応二年の九七両。最低は文政七年（一八二四）の二四両であった。その八六年間の平均は四七両余である。近世後期の年平均生産高を「最上《もがみ》千駄」（宝暦・明和期＝一七五一―七二）といわれる千駄とすると、収入の平均額は四万七千両となり、最高は九万七千両、最低は二万四千両であった。

紅花の種の移出禁止

紅花栽培は、天候など自然的条件に左右される。もう一つは、播種用の種の良否も大きくかかわる。種の性の悪いものや、不熟なものは、どれほど適地に播種しても、また適正に栽培管理しても品質の勝れた干花（花餅）を生産することはできない。

最上紅花の名が全国的に知られるようになると、諸国、諸藩のなかには、この紅花の栽培をしようとする動きがはじまる。その種の入手先は当然、最上紅花の生産地の農村であった。

武州の紅花も、その種は、村山郡内に紅花を直買いにきた商人によるものといわれている。

紅花研究家の矢作春樹さんによると、「水戸紅花」も出羽国から作り方を学んで発展したものであるという。種はどこから手に入れたかわかっていないが、出羽国に出かけて花餅の作り方を聞いていることからすると、紅花の種は最上紅花のものであったろうとおもわれる。

常陸国太田村（現太田市）の羽部庄左衛門は、明和五年（一七六八）頃から少しずつ紅花を栽培していたらしい。庄左衛門としては「土地相応にできた」ので、奥州の花餅の作り方を学びたいと、「奥州の（ような）餅花にしたく、明和七年（一七七〇）に好《よしみ》を求めて」出羽国に出向くがよくわからず、安永六年（一七七七）に供の者を一人連れて、ふたたび出羽国に行き、各地に一、二泊しながら作り方を学ぶ。そのうち最上上町《うわまち》の河口屋弥太郎から詳しく伝授されたらしい。翌年になって弥太郎の弟の久兵衛を太田村に呼び寄せて、さらに伝授を得ている。その結果、安永八年（一七七九）には二反ほど紅花を栽培して、花餅を役所に差出している。安永九年（一七八〇）には紅花三駄を京都へ持参しているが、研究熱心な庄左衛門は、このとき諸国の紅花少々を貰い受けている。このときの紅花一駄は五〇〜六〇両から一〇〇両であった。天明元年（一七八一）は六、七駄で、一駄六四両である。天明二年（一七八二）には七、八駄であったらしい。この間のことを羽部庄左衛門は天明二年六月に郡役所に届けている。

紅花栽培を思いたってから、十数年を経ていたのである。

それでも藩としては、紅花の生産が他国、他藩に広く伝播していくことは、やがて村山郡内の藩財政の安定を欠くことになる。そのため種を無制限に移出しないように対策は考えられていた。とくに山形藩などでは松平忠雅が元禄年間（一六八八—一七〇四）に紅花種の移出を取り締まっている。

他所より参り候ハヾ、其所之役人ゟ通手形参不申候ハヾ遣申間敷候、荷口方ニ而書替遣上申候、御領分ゟの花種は、何方にも出不申と、領内からの紅花種の荷口通過を規制し、自藩の次年度の播種用の確保に当たった。藩としての基本的態度はその後も変わらなかったが、闇取引や密売はなかなか跡を絶たなかった。

安永六年（一七七七）は最上紅花ばかりか、仙台の紅花も不作であった。不作になると種を得ることができない。「仙台花種悪ク、今年出来悪ク候故、種最上《もがみ》にも無御座……」という状況で、翌年の春の播種期には、「紅花種不足ニ付、何年ニモ覚無之高値」という実状であった。

ところが種の流出によって、寛政から文化にかけて、関東地方に紅花の新産地が形成されていった。これによって最上紅花の需要の減退を心配した藩は、しばしば種の移出の禁令を出している。柴崎代官所（寒河江市）では文政十二年（一八二九）に、次のような警告を出している。

当郡紅花種之義、先年モ取締方申渡候得共、近年猥リニ相成候故、既ニ売荷等ニまきら（ぎ）し、多分他国ニ持運ヒ（び）致売候趣相聞へ、右ハ国産第一之品ニテ、御年貢筋ニモ相響キ、追〻他国ニ作付候而ハ、当郡衰微之基ニ付、相心得可申事

このような警告が出ても、一時の収益に惑わされる一部の農民などによって種の密売、流出は止まなかった。

文政三年（一八二〇）は、紅花の開花期にかけて雨が多く、雨腐りのため紅花は半作となり、種の実入りが悪かった。この雨天による不作は武州地方の生産地でも同じで、翌年の種を求める人が最上地方に入り込んでくるのだった。そのため最上地方では密売防止に努めるのであった。「乍恐書付ヲ以テ奉願上候」として、

……当年五月下旬ゟふり《（降）》出し、六月中旬まで降続、一日モ快晴成儀無之、其後追〻快晴罷成申候処、間もなく日〻之雨天ニテ、根菜共ニ枯ニ相成候故か咲立無甲斐、例年之半作と申程之儀ニ候……関東辺ニテモ、是亦雨天勝ニテ悉ク、雨腐ニ相成、同国ヨリ商人共大勢罷越、当郡商人共と馴合、蒔種ニ相成候性合相撰セリ買ニ仕、夥敷買入駄送仕候由風聞有之候間、段〻相糺し候所相違無之……

と、みえる。しかしこうした禁止令もほとんど無力で、しかも永続性もなかった。

こうした紅花の流出は播種用とは限らず、油原であった。油原としては荏油のほかに菜種油があった。菜種は収益性が高かったので、米作を減らしても菜種を作ったため、天明二年（一七八二）に菜種の作付を禁止し、罰則まで課したが、菜種油が食用や灯油として生活化するにつれて、その作付けが増加する。天保元年（一八三〇）には再び作付停止を厳達する。そのため油類の価格が暴騰して消費生活を苦しめるのであった。この菜種油にかわるものとして、紅花の種が利用され、密売の対象になったのである。

紅花資料館へ

河北町の中心の谷地で待ち合わせ、矢作春樹さんと一緒に町役場の小野課長の車で紅花資料館に向かった。矢作《やはぎ》さんは河北中学校の校長を退いたあと、現在は河北町文化財保護審議会委員や、河北町誌編纂委員などを務めていらっしゃる。小野課長は、「矢作さんは河北町のべに花ガイドもされてますよ」と、私に紹介してくれた。

谷地の町役場から紅花資料館まで約二キロだそうである。この資料館は、江戸時代は近郷きっての富

上：紅花資料館（旧堀米邸）．堀を隔て，格子片番所付長屋門が見える．門の左手の蔵は武者蔵．土塀の淡紅色が美しい（山形県河北町紅花資料館提供）
下：資料館内にある「紅の館」

豪・堀米四郎兵衛の屋敷だったが、堀米家が町に寄付したのである。その屋敷の総面積は約八〇アール（約三一〇〇坪）あり、土蔵が六棟、板倉が七棟あったそうだ。矢作さんの話によると、「町では老朽化した建物を整備しましてね、部屋数が十五もあったという茅葺きの母屋も小さく建て替えました」とのことだった。江戸末期に建てられた格子片番所付長屋門。塀の上壁は京より求めた紅殻《べんがら》を使っていたので、修理復元のときも同じ工法によったそうである。紅花の里にふさわしい紅色の壁が美しい。

整備された日本庭園をそぞろ歩いた。この庭園の一隅に紅花が今を盛りと咲いていた。この花を眺めているうちに、ふと数年前のことが、やわらかく想い出された。それは座敷蔵で堀米家のご隠居さんにお会いしたことである。

ご隠居さんは、「ここに来られる人のために、お座布団を用意してきました」と、おっしゃった。傍らに綸子《りんず》の座布団が積まれていた。寄付した家屋敷なのに、ここを訪ねてくる人を思いやっているご隠居さんの優しさに、私は胸を打たれた。

この座敷蔵は江戸中期のもので、六棟あった土蔵のうちの一番蔵と呼ばれていたといわれる。町内でも最も古い蔵の一つだそうである。そのときご隠居さんは、私のほうに向き直って静かな声で、「この出羽路を、古川古松軒が歩いたのです。長谷堂で見た紅花を美しいと書いています」と、おっしゃった。

地理学者の古川古松軒（一七二六―一八〇七）は、幕府の巡見使に随行して、旧暦の六月十六日（太陽暦

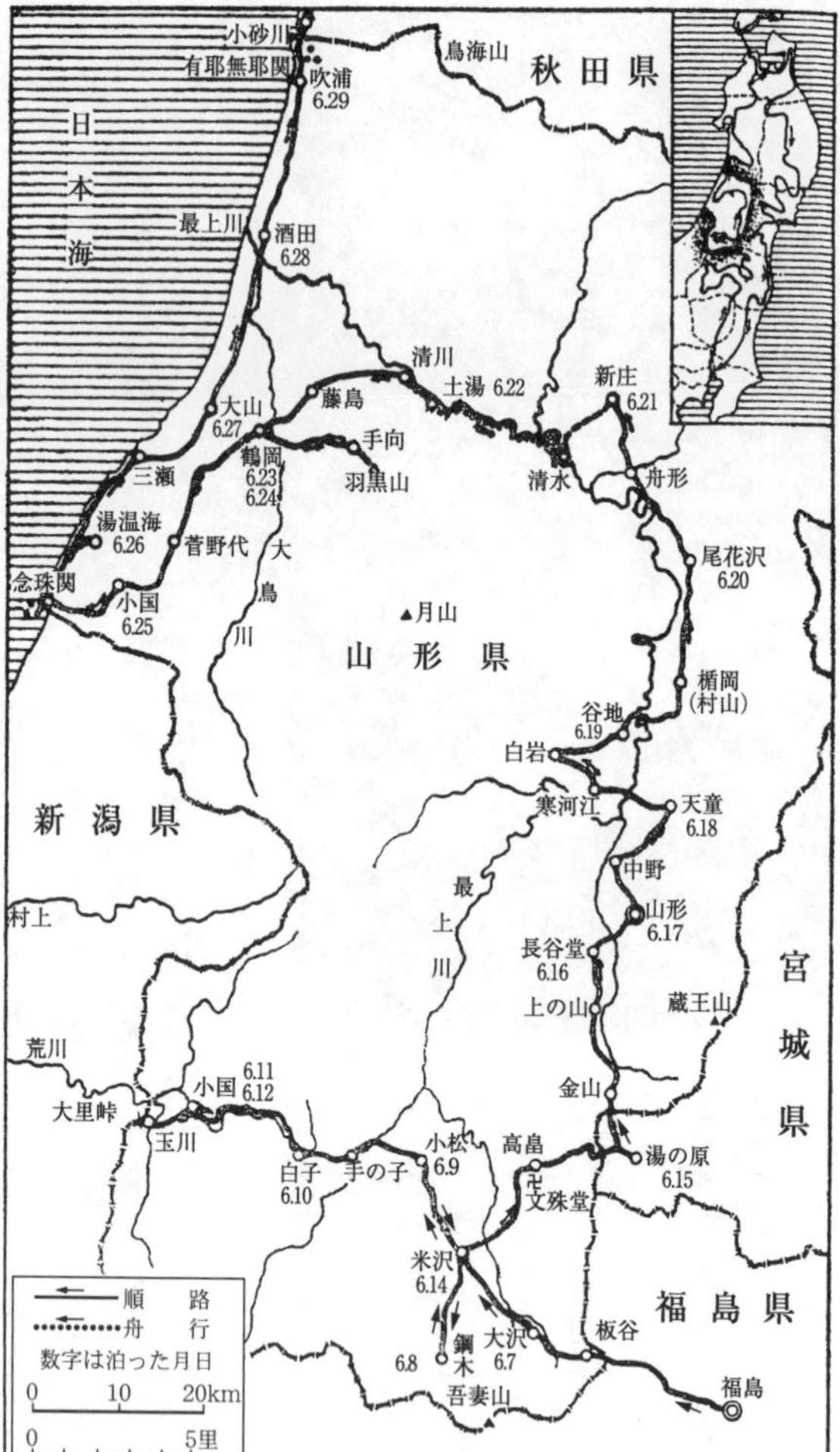

古川古松軒が歩いた道

河北町の紅花畑

七月十九日）に上山から長谷堂村に出る途中、赤羽毛峠から村山盆地を見おろした時の紅花畑の美しさを絶賛し、『東遊雑記』に次のように記している。

この頂きより山形の郷中眼下に見ゆ。原野大いに開け、およそ十万石もあらんと覚しき所、畳を敷きたる如き田所《たどころ》なり。この節紅花盛りにて、満地朱をそそぎたる如く、うつくしきこと何にたとえん方《かた》なし。かようの土地は上方《かみがた》・中国・西国にいまだ見当たらず。誠に勝れたる風土なり。

今、この紅花資料館の庭園の一隅に咲いている鮮黄色の紅花と、数年前に、座敷蔵でお目にかかったご隠居さんのことが幻想のように重なって、懐かしくおもい出された。私は、傍らの矢作さんに唐突にたずねた。

「古松軒は紅花を見て『満地朱をそそぎたる』と記していますが、紅花を朱というのは、おかしいですね。ひょっとして前日に大雨に逢って、黄色の色素が流れたのでしょうか」紅花は鮮黄色である。「朱」をそそいだほど「赤」ではない。

矢作さんは紅花を見つめながら、「あれは、一面に咲き揃った紅花を見た古松軒が、強い印象を与えられて書いたからでしょう」といった。「黄」は、やがて紅となる紅花の宿命に対する、古松軒の印象記であったのだ。

古松軒が出羽路を歩いた当時の紅花の主産地は、南は上山あたり、北は山形、天童、谷地であり、西は寒河江、東は東根付近であった。こうした地域は最上川の沿岸域にあり、洪水で上流から肥沃な土砂を運んでくるこれらの土地は、連作を嫌う紅花にとって好都合であった。その上、早朝に朝霧が立つので、刺のある紅花の花摘みにも最適であった。しかし、紅花は湿度に弱く、湿地での栽培は適さないのだ。また開花中に豪雨に遭うと、上質の花餅は得られない。私は今朝（平成十五年七月十日）のテレビで見た天気予報が気になっていた。それは山形地方に大雨注意報が出ていたからである。豪雨に見舞われた紅花は、ひとたまりもないであろう。私は美しく咲いている紅花を前にして、雨雲が逸《そ》れてくれることを祈らずにはいられなかった。

堀米家のこと

堀米家は元禄の頃から農地の集積を行ない、文政年間（一八一八―三〇）から明治期まで名主や戸長を勤め、その間、米、青苧、紅花の集荷、出荷などによって財をなした。とくに紅花は文化年間（一八〇四―一八）から精力的に取り扱い、豪商に成長した。蓄積された財貨は、農地の開拓や金融に当てられた。大名貸しも行なっていたと考えられるのは、伊達藩白石城主や庄内藩酒井公からの拝領品から推察できる。幕末期の資産の概要は、

農　地　六〇町歩（六〇ヘクタール）

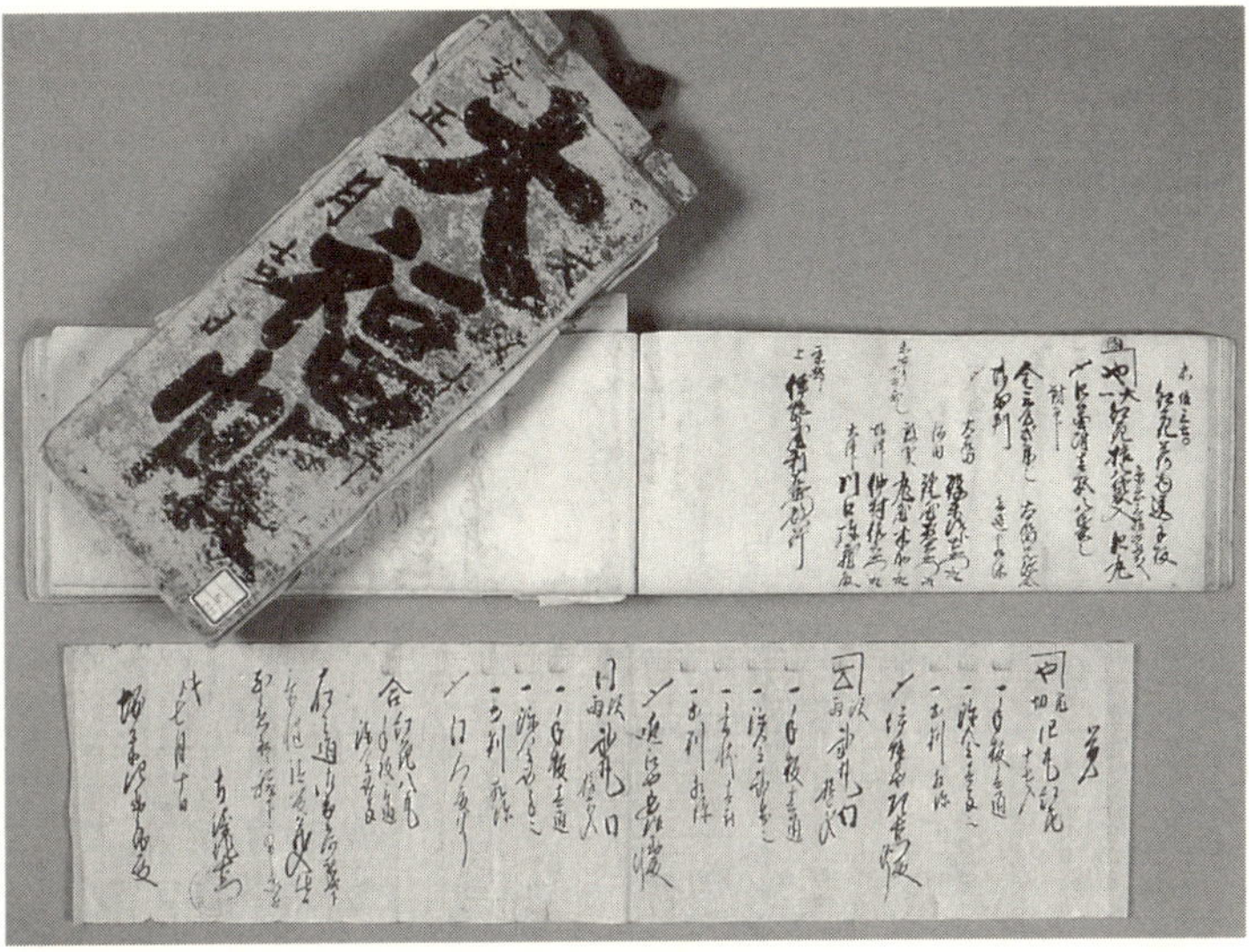

堀米家に残る大福帳（山形県河北町紅花資料館提供）

山　林　一〇〇町歩（二〇〇ヘクタール）
貸付金　八五〇〇〇両
奉公人　二〇名
小作人　二〇〇名

であったという。

　堀米家の資産はともかく、大きな業績の一つに、幕末の農兵組織への支援と実践活動がある。世相が混沌としてきた文久三年（一八六三）、幕府は治安維持を目的に、幕領・私領に対して農兵取り立てを命じた。この命令を受けた六代目・堀米四郎兵衛は、率先して農兵の組織を立て、東北で最高の水準にまで高めたのである。そのうえで四郎兵衛は西川町吉川の新山神社から由緒譲りになった朱印状を奉安するため、御朱印蔵を建立する。朱印状を保有することは、将軍の庇護を意味する。農兵の取り立てにも好都合で、親類や小作人で一六七名を編成している。これによって、この地域では百姓一揆や打壊しが一件もなかったといわれている。農兵隊の武器弾薬を収めていたのが武者蔵である。

紅花資料館を一巡したあと河北町観光協会の石垣謹一さんと矢作さん、私の三人で、谷地名物の「冷たい肉そば」をいただいた。冷たい肉そばとは、酒の肴としてそばを味わうとき、そばが延びにくいように考え出されたものだそうで、古くから谷地で食されてきたといわれる。地鶏のスープは脂が固まっておらず、あっさりしていてそばとの合性もぴったりだ。店の名も「一寸亭《ちょっとてい》」といってユニークで忘れられない。店内が混んでいたのは昼食時だったからだろうとおもったが、売り切れ次第閉店とのことであった。

食事をしながら墨の話になった。矢作さんは「奈良まで行って『紅花墨』を求めてきた」と、おっしゃった。

「もう十数年ほど前のことですが、山形県で『紅花国体（平成四年）』が開催されたんですね。そのとき『紅花墨が欲しいのだが……』と、紅花資料館にずいぶん電話があったのです。けれど、その時は手に入りませんでした。その後、わたしは奈良の墨の老舗の古梅園に行きまして、『紅花墨』を二本求めてきました。たしか一本一万二千円だったですね。その包装紙に、夏目漱石の『墨の香や　奈良の都の　古梅園』という句が印刷されていました」

そういえば、私が学生だったころ、「お花墨」と呼んでいた墨があった。当時「花」が何を意味していたかわからなかったが、花は紅花であったらしい。「紅花墨」が銘柄品で、お花墨が普及品だったのだろうか、そんなことも知らなかった。

矢作さんの話によると、墨には「紅入」と刻印されているので「紅」が入っているのでしょうということであった。墨の銘は「天下魁《さきがけ》」、明治十三年（一八八〇）製だそうである。

「摺ってしまうには惜しいですね」と、私はいった。紅を練り込んで作った墨色はどのような色なのか、想像できないが、百年以上も前に作られた墨を大切にしている矢作さんの心は想像できる。

少々余談になるが、私は以前、奈良の古梅園で墨作りの取材をしたことがあった。その方法は、下の土器に油を入れて灯芯を燃やし、そのときに出る油煙を上の土器で受け、油煙を集めて膠《にかわ》と香料を加えて練り合わせ、型に入れてから約三カ月から半年をかけて徐々に乾燥する。この墨の作り方は、興福寺二諦坊で灯明の煤《すす》を掻き集めて墨を作ったという伝統を踏まえたものである。

墨の場合は、煤を受ける皿が焔から遠いほど粒子の細かい煤が採れるので上質の墨ができる。が、その墨の色は一率ではない。青みがかった色もある。書家の注文によって特別に作る墨の色もあると聞いていたが、紅入については知らなかった。私は不覚にも、紅花の種から得た油に、灯芯を燃やして油煙を取っていたのが「紅花墨」だとおもっていたのである。

墨を見ることなく矢作さんと別れてしまったが、河北町の旅から帰宅した私を待っていたのは、墨についての矢作さんからのコピーであった。それによると、「天下魁」の天の部分に「紅入」とあり、左脇に「明治十三年　庚辰」、右脇下「古梅園監製」とある。親切な矢作さんの教示によって、「紅入」の墨が心の底から納得できたのである。

ひな市通りの「雛の家」

山里の町にようやく春の気配を感ずる四月の二日と三日、河北町はひと月遅れの雛祭りである。普段は人口三〇〇〇人の町が、この日は一挙に十万人近い人々で賑わうのだ。私も何年か前に雛祭りに来たことがあり、公開されている個人のお宅のお雛さまを拝見するために、順番を待って並んだことがあった。

紅商家　古き京雛　飾りけり　名和三幹竹
雛祭る　出羽には多き　蔵座敷　細谷鳩舎

今回は紅花の盛りの季節だったので、雛市通りは静かであった。その通りの近くの國井髙一さんの家にお邪魔した。河北町の谷地は、紅花との交流を通してとりわけ京都と密接なつながりを持ってきた。

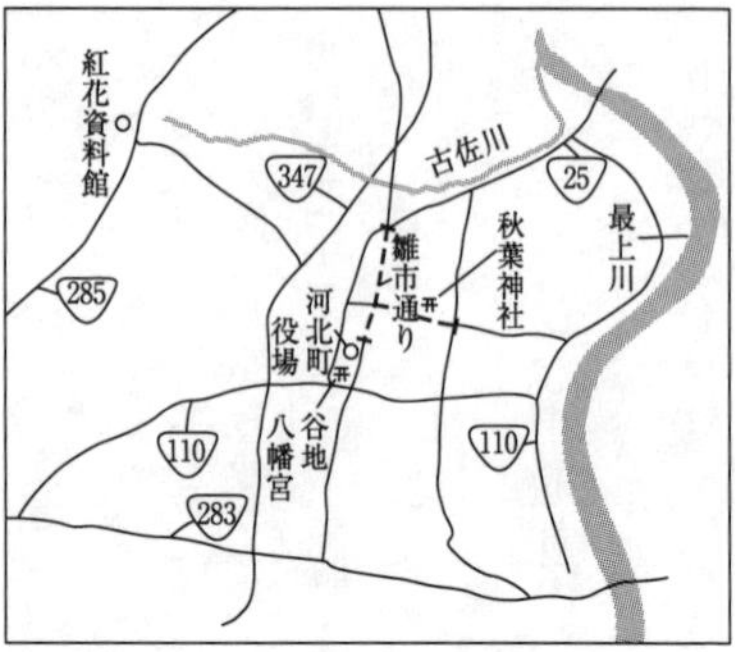

河北町の雛市通りと紅花資料館

京の文化が今も息づき、「京言葉」が日常の暮らしのなかに残っているのだそうだ。國井さんの家業も「京染・京呉服」の商社である。

広い玄関に一瞬とまどってしまう。「こちらです」という声が聞こえても、どこをどのように行けばよいのか、しばらく立ちつくしてしまった。が、お雛祭りの日には、これだけ広くないと、雛人形を拝見に来た人たちを受け入れられないのであろう。

私は広い客間に招じ入れてもらい、國井さんの言葉に耳を傾けた。市の始まりは、天正の頃（一五七三—九二）、谷地城主の白鳥十郎長久が城下の北口に市を設けたことによる。これが中店になって毎月二日と六日に市が立ち、これが北口六斎市であること。とくに三月二日（旧暦）の市は「雛市」といって、格別の賑わいがあったこと、などである。

「うちで雛人形を飾って公開しようと考えたきっかけは、それまで公開を続けていた家の奥さんが亡くなって、以後、公開を止めるという話があってからです。折角、ここまで雛人形を見に来てくださる人に、一軒でも減っては寂しくなるとおもって、雛人形を買い求めたいと、京都の人形店に問い合わせたところ、時代毎に全部揃っているのがあると知らせてくれたんです。すぐ京都に行って、全部買いました。運がよかったんです。こんなこと滅多にありませんよ」

國井さんの顔が、嬉しそうにほころぶ。それでも、「なぜ、男性が、雛人形を？」と、私は國井さんの雛人形に寄せる想いを計りかねていた。すると、私の心を察したように國井さんはいった。「ここに能面がありますね」と、床の間に飾られている面《おもて》を指したのである。私が見上げると、面は静かに微笑しているように見える。美しい面であった。

「この面も、わたしとの不思議な縁で、わたしの家にきたのです。もうずいぶん前のことですが、中学校の修学旅行で奈良に行ったときに、新薬師寺の近くで面を見たんです。心を打たれたけれど中学生の身では、買うことができません。店に入って聞くこともできません。そのまま年月が過ぎて、ある時、新聞にその面の写真が出ていたのです。それは、私が中学生の頃に見たのと同じだとおもわれたので、早速奈良に行きました」

國井さんは床の間にかかる面を振り仰いだ。私も、謎のようにほほえむ面を見つめた。モナリザの微笑よりも、ずっと床しく、親しみやすいほほえみであるように思われる。

「奈良まで行って、新聞紙上で見た面の作者は、わたしが中学生のときに見た面の作者のお子さんだったのです。父と子の作品ですから、面の持つ雰囲気や美はどこか似ています。父上の作は手離せないとのことで、新聞に紹介されていた面をいただいてきました。作者の名は石津玉仙さんです。話題が尽きなくて、三、四時間も話しました。玉仙さんも、『こんなに話が合う人は珍しい』といっていましたね。帰ってきてから、この面に合わせて神代杉や、飾り紐に古色をつけて、こうして大事にしています」

面を見つめて、私と國井さんの間にしばしの沈黙があってから、國井さんが口を開いた。

「お雛さまも面と同じです。お顔の表情が美しいのです。毎年三月二十六日か二十七日にお雛さまを箱から出しますね。そのときは楽しいです。けれどそのときのお雛さまの顔は、人に見せられないほどの厳しいお顔をしています。わたしは一体一体に声を掛けながらお出しして、お飾りを済ませると、お雛さまの前で友人たちとお祭りをします」

「そうしてお雛さまと共にいると、一日ずつお雛さまの顔が穏やかになってくるんですね。お雛さまも一年に一回、箱から出してもらって喜んでいるのでしょう」

國井さんの言葉を聞きながら、私が子どもの頃、母が語っていた言葉を想い出していた。「お雛さまは一年一回箱から出してあげないと、箱の中で泣いて過ごすのよ。可哀そうでしょう」と。

國井さんは雛祭りの翌日には、お雛さまを蔵《しま》う。

「四日から箱に蔵います。出すのに三日、蔵うのに三日かかりますが、人手を頼むことはありません。全部わたしが丁寧に扱って箱に収めます。出したときと同じで、一体一体に『また来年ね』なんて話しかけながら。そういえば、よく顔に綿を当て、和紙で包みますけど、そのようにすると傷みますよ」とのこと。とくに髪の毛が傷むのだそうだ。

谷地の雛祭りが現在のように、ひと月遅れ（旧暦の三月三日）の四月二日、三日と正式に定まったのは

左：お雛様を拝見
右：雛市通りの賑わい
(山形県河北町紅花資料館提供)

左：雛塚へのお供え．この前でお焚上げが行なわれる
右：お焚上げの神事
(山形県河北町紅花資料館提供)

昭和三十六（一九六一）年であった。それまでも、ここでは江戸時代から旧暦の三月三日が雛祭りであった。春とは名ばかりでまだ日陰には残雪が見られたこともあったらしい。

残雪に　ほのさす庭や　雛飾る　三幹竹
雪あかり　まぶしい雛の　細目かな　鳩舎

國井畾一さん

という句でもうかがい知ることができる。みちのくの人々の春を待つ心は、雛祭りに代表されたのであった。

「お雛さまのご馳走は、旬の物を真先にお供えします。鰊《かど》（にしん）は春告魚と呼ばれていますね。この時期に北海道から河北町にきたのです。わたしたちが待ちわびる春を代表する魚です。お雛さまにお供えしてから、そのあと下げて家族でいただきます」

お供え物は次のようであった。

菱餅　白餅と蓬餅の重ね（天と地を意味する）
白酒　甘酒
魚　春告魚である鰊《かど》
煮染め　鰊の昆布巻と慈姑《くわい》（芽が出る）
和物《あえもの》　田螺《つぶ》（たにし）と浅葱《あさつき》の酢味噌和え
皿物　ところ（山芋の一種）

平　　とろろ昆布に鶏卵（または鶉《うずら》の卵）
小皿　えご（海草）に酢味噌を添える
寿司　岩海苔の巻ずし
菓子　五色（赤、青、黄、白、緑）の餡餅
雛あられ　炒豆《いりまめ》に黒砂糖をまぶしたもの。最近は市販のものが多くなった。

みちのくの　雛は鰊の　節句かな　　三幹竹
雛壇に　ところ供ふる　山家かな　　三幹竹

河北町の俳人ならではの句が見られる。

「今、わたしが心に止めていることは、雛たちの保存です。年毎に衣裳などが傷んできます。それをなんとかくい止め、記念館のような所で保存できないかと考えているんです」國井さんの声が、心なしか沈んで聞こえる。

私は國井家を辞し、秋葉神社にいった。雛まつりの日に境内で「雛のお焚上げ神事」が行なわれるのである。永年大切にしてきた雛や古い人形を懇《ねんご》ろに供養をする行事である。この行事について國井さんは、「お焚上げは、お雛さまを無事に天国に届けることなんですね。人間と同じです。あの世できっと元の持主と逢っているかも知れませんね」。お焚上げは秋葉神社の雛塚の前で行なわれる。

夕暮れが迫っていたが、地酒と呼ぶのにふさわしい地酒をつくっている和田酒造を紹介されて訪ねた。和田酒造の創業は古く、寛政九年（一七九七）に西里村（現河北町）の大地主・和田兵左衛門から分家して独立し、現在地で酒造業を創業してから当代で八代目。先代の七代目までは幸右衛門を襲名しているが、現在、和田酒造の八代目の社長は和田多聞さん（昭和二十一年生）。幸右衛門を襲名しないのは、親が付けた「多聞」という名が好きだからだそうだ。

最上川の舟運がはなやかな頃、河北町は米や紅花の集積地として発展していた。とくに河北町は米作には熱心な土地柄で、反収日本一を何回となく記録している。ことに酒造好適米の「改良信交」の栽培地として知られているのだ。多聞さんの話である。

「わたしのところでは、改良信交の栽培農家と契約栽培していまして、『あら玉大吟醸』の掛け米に用いるほか、吟醸米にも使っています。また、完全無農薬の地元産の『ササニシキ』も使ってます。水は、万年雪をいただく月山の伏流水で軟水ですから、やわらかい酒に仕上がります」

「最近はこの町の降雪量も少なくなりましたが、それでも十二月になると雪がしんしんと降り積もって、空気を浄化してくれます。また冷気は蔵内を清潔に保ってくれるのです。ここは酒造りには絶好の条件が整っています。わたしは、こうした米、水、空気の三拍子揃った酒造地で酒づくりができることを誇りにおもっています」

傍らの奥さんが、ほど良いタイミングですすめてくださるのに甘えて、何回もお茶のお代わりをした。お茶がおいしかったのは、「水」がおいしかったからであった。

「お酒造りといえば、杜氏《とうじ》さんはどこからですか」と、私はたずねた。たいていどこの醸造業でも、杜氏は季節労働者として雇っていたからである。

「いいえ、うちでは蔵人は土地の人です。全員社員です」。杜氏を勤める庄司長太郎さんは、河北町の人である。和田酒造に勤めて三十年以上になるのだそうだ。

紅花の里・河北町は想像していた通りの紅花の盛りであった。旅に出る前に河北町の紅花を想って、〝紅花に酔い痴《し》れたい〟とおもっていたが、紅花畑を目の前にすると、紅花はそれほど甘くはなかった。濃い緑の葉と、枝の頭頂に咲く鮮やかな鮮黄色の花はおのずから孤高であり、凜として気品があった。

私はひと抱えもある大きな紅花の束を大切にかかえて帰宅した。

紅花に結ばれた出羽国と薩摩国

鹿児島市の百貨店・山形屋は、出羽国出身の「目早《めはや》」が、新天地を求めて鹿児島に移住した――と聞いたのは、以前、紅花を訪ねて山形県下を旅しているとき、偶然、紅花栽培農家の人に聞いた話であった。

「山形って山の中の地味な県だけど、ここから他県に出て名をなした人は多いですよ。けれど、ふるさと山形を忘れないために、店の名に〝山形屋〟って付けたのは珍しいと思いますよ。屋号に三河屋とか伊勢屋、近江屋なんてよく知られてるけど……」と、紅花の花弁を摘み取りながら、「鹿児島まで行って山形屋っていう屋号を使ってるのは珍しい」と、もう一度つぶやくように言った。

東北の山形から遙かに遠い南国に想いをはせるようにその人は言う。その声には〝山形〟を誇らしくもっているような、明るい響きがあった。しかし私は、ずっと以前に聞いたこの話を、この『紅花』を書くことになった今日まで、迂闊にも忘れていたのである。このことを思い出すと、急に山形と鹿児島が近く感じられてきた。そこで、山形と鹿児島を結んだ糸は何かを考えてみた。

鹿児島で「紅」を必要としたのだろうか。そのために鹿児島に紅販売の店を出したのだろうか。百貨店・山形屋は、沖縄県那覇市にも出店している。那覇市の山形屋のほうは、私なりに推測すれば「紅型《びんがた》」に使う紅色の顔料の「臙脂《えんじ》」を供給するためではなかったか？　という点であった。臙脂は、かつて琉球王国が中国との交易によって手に入れていたものだからである。それが薩摩藩による対琉球政策によって臙脂が手に入りにくくなり、日本から臙脂を供給したのではないだろうか。とすると、鹿児島の山形屋は、山形の紅（臙脂）を鹿児島を中継地として、沖縄へ移出したのであろうか。

紅花の盛衰を見てきた山形屋の創業者

山形屋の創業者の初代・源右衛門が出羽国に生まれたのは元文三年（一七三八）である。この源右衛門については、山形屋の社史に負うところが多い。

源右衛門は十四歳の宝暦元年（一七五一）に、出羽国の特産品である紅花にかかわる。といっても紅花の栽培農家になったのではなく、サンベ（小仲買）となり、先輩について商いを覚えていったのである。やがて相場や商況、農家との約束ごと、品質の吟味などに精通して、「目早」となった。

目早とは、山形地方の特別な呼称で、一般的には「牙僧《すあい》」のことである。『日本経済史辞典』によれば、

牙僧とは、依頼者の名儀で契約し、小量の取引を仲介する者のこと

と、ある。つまり、問屋と小売商人、または生産者と問屋との間にあって、自分の名で取引するのである。目早と同じように使われていたのが、これもこの地方の特殊な呼称の「サンベ」である。目早とサンベにはほとんど区別がなかったが、天明期頃（一七八一―一八九）になって明確な区別が生まれた。その区別は、目早とは、商品の相場を見定めて、問屋や買継商人に売買を斡旋することであり、サンベとは、商人

の手先となって生産物の集荷取次ぎを業とする者であった。天明のころの山形領内にはサンべ百人余、目早が五十人ほどいたといわれる。サンべや目早が扱う商品は紅花に限らず、蠟、漆、油、青苧などであったが、荷問屋や取継問屋が徐々に確立してくると、上方の紅花商人が山形までやって来て、問屋と直接取引きを行なうようになり、仲介業者としての目早やサンべの業務が失われていった。

さて、山形屋初代の源右衛門がサンべになったのは、宝暦元年（一七五一）の十四歳のときというから、紅花を扱うにはまだ早い年齢であったとおもわれる。長ずると商売の基本の品質の吟味から農家との約束ごとなどに精通するようになり、やがて紅花のほかに青苧や漆を扱い、上方からの戻りに古手や太物、呉服などを仕入れて売った。源右衛門の上方の取引き先は、紅花問屋の大手の山形屋八郎右衛門など十四軒であった。このうちの山形屋八郎右衛門と源右衛門の間柄についてはわかっていない。しかし八郎右衛門が山形屋という屋号であったから、出羽国出身者かその関係者ではないだろうか。

山形屋八郎右衛門の創業についてもわかっていないが、享保二十年（一七三五）の紅屋仲間の職能が公認した十四軒の中に入っている。

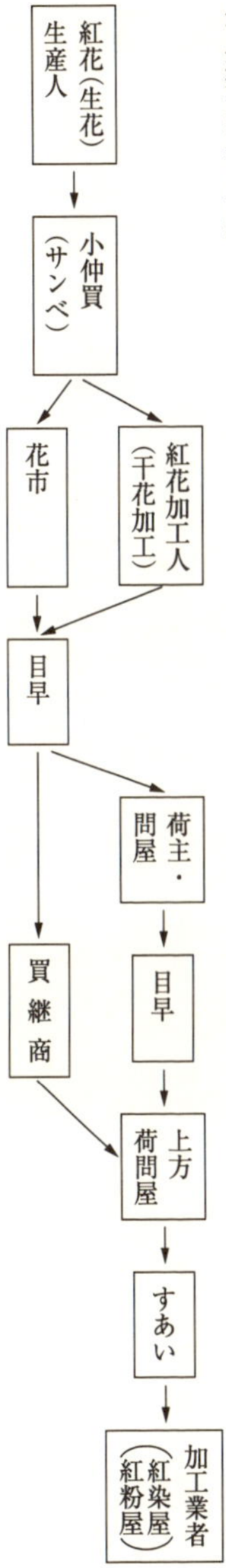

最上紅花流通の仕組

源右衛門の薩摩国移住のチャンス

宝暦五年（一七五五）、出羽地方は大凶作に見舞われる。晩霜、長雨と冷害などで農作物が全滅し、大飢饉になって死者四万九五九四人という惨状であった。米沢藩の損耗高は三万七七八〇石であった。当然のことだが、紅花も青苧も不作であった。この惨憺たる状況を目のあたりにした源右衛門は、天候に左右される商品を業とする不安定さに不安が生じたのではないだろうか。そうした時期に、近江商人の活気のある働きぶりが源右衛門を刺激したのである。そこで、今まで扱った経験のある呉服・太物を主に商う道への転向を模索しはじめる。しかし紅花の生産地山形への呉服・太物の供給には、ある程度の限度があることは、これまでの経験から承知していた。しかし他国への移住は大きな冒険であった。以下は『山形屋社史』からの引用である。

江戸時代の諸国の庶民の、がんじがらめな縛られかたを知れば、想像に絶するはずである。東北人特有のねばり、初代・源右衛門の卓見と決断が、この大冒険をのり越える大きなエネルギーになったことは、いうまでもないが、もちろんそれがすべてではなかった。むしろ彼に故郷を捨てさせ、僻南の地薩摩に移住させる時代の動きが、たまたま源右衛門自身の転換期とかち合って、出そろった——というべきであろう。

薩摩藩が安永二年（一七七三）に出した触れに、

他国からの居付《いつき》（移住）、縁組みは以後勝手次第……

とあり、これが藩の商人誘致政策の一環であった。また、これが源右衛門が薩摩入りする直接の動機であった。当時の源右衛門は三十五歳の働きざかりで、五歳の一子を連れての移住である。山形屋の岩元家に伝わる最古の位牌は、延宝二年（一六七四）に没した「一屋宗連居士」で、源右衛門の曾祖父にあたる。とすると、源右衛門は先祖の位牌を胸に、妻を伴ない、幼な子の手をひいて生まれ故郷を離れたのだが、おそらく感傷はなかったろう。むしろ新天地への期待が大きかったのではなかったろうか。

紅花の流通と北前船

出羽国から移出される紅花や青苧、その他の商品の輸送には、陸路と海路があった。

陸路の代表的な一つは羽州街道である。この街道の成立は寛永年間（一六二四―四四）で、現在の山形県をほぼ縦断している。桑折《こおり》（宮城県三本木町）で奥州街道から分かれ、金山峠（標高六二九メートル）を越えて出羽国に入り、七ヶ宿町（宮城県刈田郡）を経て上山、山形、新庄を通り、雄勝峠（標高四二七メートル）を越えて院内（雄勝町）へ出て青森に達するもので、奥州街道の脇街道とよばれているが、この地にとっては唯一の基幹道路であった。街道整備の目的は、諸大名の参勤交代を円滑にするためだが、山並にはさまれた街道は、物資の輸送には困難な道であった。そのため、山形、米沢、新庄の各地と、日本海沿岸の庄内地方との交通は、おもに最上川の舟運が利用されていた。最上川は置賜に発して村山、最上を流れ、庄内平野をとおって日本海にそそぐ、まさに山形県を縦断する一大動脈であったので、この川を利用する舟運は近世以前からあったが、村山と酒田のあいだを一貫して舟運が利用されるようになったのは、寛文年間（一六六一—七三）になってからで、国内の天領からあがる官米を江戸に運ぶために、酒田と内陸を最上川舟運が行き来して活況を呈した。最上川沿岸の大石田は、酒田と内陸盆地とを結ぶ中継地として発展した町で、享保年間（一七一六—三六）には二八〇艘余りの船をもち、さらに寛政三年（一七九一）には幕府の川船役所も置かれ、最上川沿岸最大の川港として賑わったのである。それまで酒田港から海路を敦賀へ、ここから陸路をとって塩津（滋賀県）へ出て、さらに琵琶湖を渡って大津に着き、これからは陸送で京都に送られていたのだが、これでは荷の積み替えが頻繁で、荷痛みがひどかった。そのために河村瑞軒によって開発されたのが東回りと西回りである。東回りは酒田港を出た船は北進して津軽海峡を通り、太平洋岸を南下して、房総半島を回って江戸湾に入った。西回りの場合は、酒田港を出た船は進路を西南にくだり、下関で海峡を抜け、瀬戸内海、遠州灘を経て江戸湾に入ったのである。

薩摩では、やがてこの西回り航路へ進出する。薩摩から日本海を航海するわけで、この航路を薩摩では「北前船《きたまえぶね》」と呼んだ。北前船は毎年、四月ごろ黒糖や鰹節《かつおぶし》、芋（サツマイモ）などを積んで新潟などで売り、酒田で米や材木を買い入れ、北海道でそれを売り、返り荷に昆布や肥料、数の子を仕入れて薩摩に戻ったのである。

西回りと東回りによって本州一周の航路が完成したが、日本海沿岸と大坂—江戸間の運輸はだいたい酒田までが西回り航路により、秋田以北は東回り航路によった。北前船の語源について『船』（法政大学出版局刊）に、次のように記されている。

……北前船の語源について、北へ進む船とか、北回り船のなまったもの、北米船《きたまい》・北国松前の略などいろいろと考えられている。しかし決定的なことは、その言葉が日本海沿岸の北陸地方では「べざい」・「べんざい」とか「ばいせん」または単に「千石船」とのみ呼ばれ、「北前船」とは呼ばれていなかったことであり、むしろ瀬戸内・上方や北海道・鹿児島あたりで「北前船」と呼ばれていた点は注目しなければならない。……「北前船」という言葉のもつニュアンスからいって、けっして近世初頭よりあったものではなく、幕末・明治期に広く瀬戸内などで使いならされていたものと思われる。

北前船は一本帆柱の二十反帆前後の帆前船で、「いさば船」とも称されていた。宝暦年間（一七五一―六四）のころ、薩摩の船が東北地方の港に入港すると、東北地方の鰹節の相場が下がる――といわれるほどであったという。こうした薩摩の海商たちは、おもな寄港地に支店を設けていたので、源右衛門も薩摩商人が東北地方の経済に与える影響力を知っていたであろう。
また源右衛門は、紅花の取引きで京都や大坂を往復するうちに、上方での薩摩の商況も把握していたはずである。

そのいっぽうで、藩主の島津重豪《しげひで》の上方好みと、商業の発展を政策の一つにすることを察すると、薩摩での商品販売が将来有望と源右衛門には映ったのではないだろうか。こうしたさまざまな状況が、源右衛門を薩摩に移住させる決心の後押しとなった。

北前船の海運

船は帆をつけた帆前船で、古くは莚《ござ》帆であったが、やがて木綿帆へと発展していく。木綿布は十七世紀の初頭、慶長期にすでに使用されていたが、「さし帆」といって木綿三幅を一端とし、これを二枚重ねて太い木綿糸で横に刺した。そのため「さし帆」といった。木綿の一幅は江戸前期で一尺一寸（三三センチ）、後期には七寸五分から八寸（約二四センチ）であった。したがって一端の幅は江戸前期で約三尺（約九〇センチ）、後期は二尺二寸（約六六センチ）ぐらいであった。天明期（一七八一―八九）になると播州の工楽松右衛門によって、織帆が考案される。これを「松右衛門帆」と呼んだ。厚い布地に織り上げた帆は、強度もよく、「刺し帆」の場合より縫い合わせる手間がはぶけたのである。

西回り航路は航行距離が長いので、従来のように船は陸地近くを航行する「地乗り」の必要がなくなり、「沖乗り」といって順風に帆を張って、一気に航海する航法へと変わっていった。これはどこまでも順風のときで、逆風のときはなかなか船を進めることができないばかりか、逆行する。また風が止んで凪になれば船は進まない。荒天では岩に打ちつけられて難破する。そのため「風待ち」「潮待ち」という航法が生まれ、一種の避難港としてそれにふさわしい港に停泊した。

荒天のときは船乗りたちは髻を切り、次の歌を唱えて神仏に祈った。

長き夜の　とをの眠りの　皆目覚め
　浪のり船の　音のよきかな

こうして無事に航海を終えると、絵馬と髻を港近くの神社に奉納したのである。

私は幼少のころ、大晦日の夜の眠りに入る前に、七福神の乗った宝船の絵を枕の下に敷き、「長き夜のとをの眠りの……」と口ずさんだ。こうして寝ると、良い初夢を見ることができるといわれ、そのようにして寝たものだった。始めから読んでも、終わりから読んでも同じという回文だが、この回文は、船乗りたちにとって、出航してもまた無事に戻ってくることを表わしているのであった。

多くの物資が運ばれた各地の港町は、北前船によって繁栄したのである。私は酒田港の近くの日和山《ひよりやま》に登って港を見おろした。港には船の姿はほとんどない。土地の人の話では、ロシアからの木材輸入船が時折り入ってくるだけ、といっていた。日本海は、むかし、白い大きな帆の北前船と呼ばれる商船が往来する海だった。春から秋にかけて、酒田港に数千の船が出入りして賑わっていたのだ。多くの品々と、多くの船乗りたちが港を賑やかにし、多くの文化が出入りした。が、やがて国内に鉄道が敷設されて、この港の賑わいはなく、今では漁船が停泊するだけである。

南国・薩摩での新天地

源右衛門が薩摩の地に移り住んだのは安永元年（一七七二）である。一家が居を定めたのは、金生町《かなふ》の現在の山形屋の社屋の位置。当時は木屋《きや》町といった。木屋町の町名の起源は、指物《さしもの》屋が多かったからで、文政十一年（一八二八）に金生町となり、明治二十二年に城下の四十七町が合併して鹿児島市となった。山形屋の裏を南北に通ずる道路があるが、その昔はこれがメインストリートであったという。この道路に並行して西側に六日町通り、東に加治木通りがあり、この三本の道路と交差して東西に走っていたのが、現在の店舗の南側に沿っている野菜町通りと、納屋《なや》通りである。さらにその南側が石燈籠《いづろ》通り。この通りの角から少し南寄りに下町会所がある。現在でも「会所《けしょ》の筋」の名が残っている。加治木町通りは現在市電が走っている。源右衛門が住居を定めた当時は狭い道で、このあたりに漆を扱う塗師たちが住んでいたという。

薩摩藩の城下町としての町制は、藩主・島津家久のころに定められていて、呉服・太物商は呉服町に集まっていたのである。源右衛門は、本来ならこの呉服町に住むはずだったが、藩の政策によって多くの商人を誘致したため、入り込む余地が無かったのかもしれない。理由はわからないが、呉服町に隣接する木屋町に店舗を構え、呉服太物、古手類を主にした商いを始めている。しかし城下は武士が多く町人が少ないため、消費経済の基盤が浅く、商売は順調とはいえなかったらしい。明和元年（一七六四）の資料によって武士と町人の人数を調べると、武士一万六七九四人、町人は四九四一人で、武士の数は町人の約三倍であった。

出羽の「紅」のゆかりから、その行く末を訪ねて鹿児島市まで来た私だが、実際のところ、山形屋ではどのような方法で、どれほどの紅を扱っていたかわからなかった。

が、その私を救ってくれたのは、山形屋で社史の編纂に携わっていたという人の話であった。

「山形の紅は京染の華麗な染料となり、江戸に送られて浮世絵の美人画に見られる艶麗な口紅に使われました。もちろん一般の人の口紅にも頬紅にもなりましたし、薬用としても珍重されました。明治時代まで、山形屋の売り場の一角に薬品の小売りの棚があって『紅』も並んでいたそうです。紅は薬用にも使用された差し紅で、肩こり、痛み止めに使われました。紅型用として琉球へも運ばれたといいます」

紅が晴れやかに染めあげられて呉服売り場に陳列されているのとは別に、紅が多くの人に愛され、使われていたころを彷彿とさせてくれる話であった。そのことに私は、末裔の人々が創業者の源右衛門を偲び、

「紅」にふるさとへの想いを託したのではなかったかと、胸を打たれた。

山形屋から天文館通りに出た。二十五代の名君・重豪は、生活の上方化などの政策を打ち出す一方、蘭学を学び、農業全集約百冊の著作を完成させた。また、医学館や明時館を設けて医学や天文学を研究させた。明時館はその後天文館と名称を改め、現在の繁華街の「天文館通り」に名を残している。私は南国の明るい太陽の光を浴びながら、繁華街を歩き、戻っていづろ通りを行き鹿児島港に出た。ちょうどフェリーが停船していた。桜島は活火山島で、北岳（標高一一一七メートル）、中岳（標高一〇六〇メートル）、南岳（標高一〇四〇メートル）が、南北に連なって複雑な山容を見せている。南岳から白い噴煙が上がっている。静かにさざ波を立てている鹿児島湾から、桜島が立ちあがり、浮かんでいるように見える。この美しく、静寂な風景に見とれて佇んでいた。

山と川の出羽国から、源右衛門はよくぞこの薩摩国を選び、移住したものだと、羨ましくさえ思われる。紅花に導かれて、独自の紅の道を辿りながら、さらに独自の道を切り拓いた源右衛門に思いを馳せていると、突然のことだが、斉藤茂吉の歌が想い出された。

あかあかと一本の道とほりたり　たまきはる我が命なりけり

茂吉の第二歌集『あらたま』の中の一首である。茂吉は一八八二年、山形県上山《かみのやま》（現上山市）に生まれた。この上山は幕府巡見使の古川古松軒が、天明七年（一七八七）六月十六日（旧暦）に長谷堂に止宿して、「この節紅花盛りにして……美しきこと何にたとえん方なし」と書き記したところである。紅花の

城山から鹿児島市街と，錦江湾を隔てて桜島を望む

栽培地がひらけていたのであった。
茂吉の第一歌集『赤光』が出た当時、「紅《くれない》の茂吉」と呼ばれたそうだ。茂吉は紅のほかに、朱、赤などのイメージの歌が多いが、こうした赤系統のほかに色彩を多彩に表現していて、黒も白もある。しかしやはり「紅」はふるさと山形に通じ、個性的である。

ちから無く鉛筆きればほろほろと　紅の粉が落ちてたまれり

赤鉛筆の芯の削り粉から、ふるさとのイメージを鮮烈につくり出している。茂吉の数々の歌から、火の玉のように驀進する個性とエネルギーの強さを感じとる。私は茂吉の強い個性と源右衛門とを重ねてみる。源右衛門も多分、個性の強い人で、しかも人柄が温かく、純朴な東北を感じさせる人であったろう――と。
夕暮れどきになって、鹿児島湾（錦江湾）に夕日が降りそそぎ、さざ波が金色に光っていた。

薩摩国の紅花

延喜式当時、紅花は貢納用の輸作物として全国六八カ国中二四カ国から貢納されていたが、薩摩国からの紅花の貢納は無かった。延喜式では「飛騨・陸奥・出羽・壱岐・対馬等国島不輸」と規定されており、輸送路の関係や地理的な事情によって除外されていたのである。

紅花の需要が増大する室町時代から江戸時代初期にかけて、紅花の新興生産地があらわれたことは、先に述べた。近世になって生産国となった国は、出羽・筑後・伊予・播磨・陸奥・薩摩・肥後などであった。

薩摩国で紅花を栽培した記録としては、藩の薬園がある。本草学に詳しい曾占春の編纂した『成形図説』には菌類から香木、灌木など数百種にも及んでおり、このなかに「呉藍・紅花」が記されている。占春は江戸に生まれ、寛政四年（一七九二）三十五歳のときに島津重豪の記室（記録を司る属官）となり、多くの著書を残した。『成形図説』については、占春が七十二歳の文政十二年（一八二九）に火災で草稿を焼失するが、天保二年（一八三一）に菌部以下十三冊を編纂して藩主に呈している。その翌年の天保三年（一八三二）には藩主の重豪一代の偉業、盛徳を記述した『仰望節録』を刊行する。藩主の重豪は天保四年（一八三三）に薨ずるが、占春も翌年の天保五年に七十七歳で没した。

薩摩藩の薬園は三カ所あって、もっとも古いのは山川《やまがわ》薬園である。藩の薬園施設趣旨によれば、

往昔人智未だ開けざる時代に於て、人身疾病治療の用に供せしものは、一に山野に自生する草根・木

江戸期に開設された全国の薬園

名称	開設年次
江戸南北の薬園（幕府）	寛永15年（1638）
京都薬園（幕府）	寛永17年（1640）
尾張藩薬園	慶安元年（1648）
薩摩藩山川薬園	万治２年（1659）
長崎薬園（幕府）	延宝８年（1680）
小石川薬園（幕府）	貞享元年（1684）
薩摩藩佐多薬園	貞享４年（1687）
南部藩薬園	正徳５年（1715）
下野人参植場	享保４年（1719）
駒場薬園（幕府）	享保５年（1720）
山形県塩山町甘草屋敷	享保５年（1720）
会津藩薬園	享保年間？
駿府薬園（幕府）	享保11年（1726）
神田紺屋町薬園	享保13年（1728）
大和国森野薬園	享保14年（1729）
佐渡奉行所薬園	享保20年（1735）
熊本藩薬園	宝暦６年（1756）
萩藩薬園	明和３年（1766）
薩摩藩吉野薬園	安永８年（1779）
久留米藩薬園	天明６年（1786）
福岡藩薬園	寛政２年（1790）
米沢藩薬園	寛政５年（1793）
九段坂薬園	寛政７年（1795）
徳島藩薬園	寛政７年（1795）
甲府薬園	寛政９年？
躋壽館薬園	寛政11年（1799）
広島日渉園	寛政・享和？
福井藩薬園	文化２年（1805）
巣鴨薬園	文化年間？
松代藩薬園	文政元年（1818）
富坂薬園	文政３年（1820）
秋田藩薬園	文政３年（1820）
松江藩人参畑	文政４年（1821）
水戸藩薬園	天保14年（1843）
島原藩薬園	弘化元年再興？
加賀藩人参畑	弘化４年（1847）
宇和島藩薬園	嘉永２年（1849）
仙台藩薬園	嘉永年間？
函館薬園	安政３年（1856）

皮の類にして、現時、なお山間離島の住民の生活に屢〻実見するところなり。而して人文更に進みては、薬草類を栽培繁殖せしめ、以て日常の用意となすに及び、茲に所謂薬園の施設を見るに至れり。

とみえる。薩摩藩では比較的早く薬園を創設している。その薬園には、この地方特有の温暖な気候と多湿によく適合する熱帯性の植物を植栽した。

山川薬園は山川郷福元（現揖宿《いぶすき》郡山川町福元）に竜眼山を造り、竜眼《りゅうがん》・茘枝《れいし》・巴豆《はず》・枳殻《たちばな》・橄欖《かんらん》などを植えた。

薩摩藩としては、

本藩の地位南方にして、気候温暖多湿なるにより、よく各種の生育に適し、その薬園には、特に熱帯性植物の繁茂を見るは、他に比類なき最も特異なる点なりとす。（『薩藩の文化』）

とあるように、風土に適した草木を植えた。これらの草木は高木であるため薬園の周囲に植えて防風の役目とし、その内側に小さな草木を植えていた。

山川薬園のほか、薩摩藩には肝属《きもつき》郡佐多村伊坐敷（現肝属郡佐多町伊座敷）と、吉野薬園が府城の北の台地（現鹿児島市吉野町）にあった。佐多薬園を里の人は「竜眼山」とよんでいた。が、この佐多薬園に付属する堀切薬園には、薄荷《はっか》、紅花、波布草《はぶそう》（マメ科）が栽培されていたという。（『薩藩の文化』）

山川薬草園の竜眼樹（『薩藩の文化』より）

江戸時代に『日本鹿子』や『買物調方三合集覧』、『和漢三才図会』に薩摩の紅花が産出されていたことを知り、その栽培の痕跡を知りたいと、鹿児島県下を調べたが、紅花にめぐり合うことはなかった。しかし、わずかに薬園で栽培されていたことを知り、ようやく「紅花」にめぐり合えた気がした。

住吉大社の石灯籠に名を残す紅商人

住吉大社へは、難波から南海本線で住吉大社駅、また阪堺電気軌道なら住吉鳥居前駅であり、同じ上町線では住吉公園前駅の三本のルートがある。こうしたことは、住吉大社が関西の人々の幅広い信仰の対象であることを物語っている。

古代、このあたりは「墨江」と書き、「すみのえ」と訓《よ》まれた。その「江《え》」は、湖や海が陸地に入り込んでいる地形を語っている。むかしは神苑のすぐ近くまで波の寄せる海辺の神社であったのだ。この社《やしろ》の近くに細井川が流れている。仁徳天皇の時に、河口付近に津（港）が開かれ「墨江之津《すみのえのつ》」と定めたと、『古事記』に記されている。

また『播磨国風土記』に、住吉大神が稲作の方法を教えたとの記事があることから、農耕の神と仰がれている。現在も六月十四日に豊作祈願の御田植神事が行なわれており、昭和五十四年（一九七九）に重要無形民俗文化財の指定を受けている。

近世には俳諧、連歌《れんが》、狂歌など、広く庶民文芸の神としても信仰を集めるようになる。井原西鶴は貞享《じょうきょう》元年（一六八四）六月五日、一日で二万三五〇〇句を独吟するという大矢数《おおやかず》俳諧を行なっている。大矢数とは、俳諧の句をたてつづけに一定時間内に詠み、句数の多さで優劣を決めることで、西鶴は延宝九年（一六八一）に同名の俳諧集五冊を刊行している。

松尾芭蕉は元禄七年（一六九四）九月十三日の「宝《たから》の市神事」に詣でて、

升買《ますこう》て　分別かわる　月見かな

の句を詠んでいる。宝の市神事は現在十月十七日に行なわれている。

住吉大社のこと

住吉大社は、神功皇后摂政十一年辛卯《かのとう》年に創立されたという古社である。祭神は住江大神《すみのえのおおかみ》、墨江御峡《すみのえみをの》大神《おおかみ》と称され、

第一本宮　底筒男命《そこつつのおのみこと》
第二本宮　中筒男命《なかつつのおのみこと》
第三本宮　表筒男命《うわつつのおのみこと》

の筒男三神の総称であるが、第四本宮の神功皇后（息長足姫命《おきながたらしひめのみこと》）とあわせて「住吉坐神社四座《すみよしにます》」として知られている。

『古事記』や『日本書紀』によれば、伊弉諾尊《いざなぎのみこと》が、亡くなられた女神を追って黄泉国《よみのくに》に行かれたが望みを達せず、かえって穢《けが》れを受けたので、それを洗い清めるために「筑紫の日向の橘《たちばな》の小門《おど》の檍原《あわぎはら》」で海に入って禊祓《みそぎ》をされたときに、海中から三神がお生まれになったという。

後に神功皇后が新羅《しらぎ》遠征に際して、三神の加護を得て軍船を導き、船を守ったと伝えられる。凱旋した皇后は後に「われ御大神と共に相住まむ」（『住吉大社神代記』）といって祀られた。

このような説話は、朝鮮半島との交通が頻繁になった四世紀から五世紀頃、この地に海上安全の守護神として住吉の神が祀られたことを示している。

奈良時代には遣唐使の派遣にあたって住吉社に奉幣して、航海の無事を祈った。

豊臣秀吉は文禄三年（一五九四）に二〇六〇石を安堵して以後、近世まで朱印地となった。

住吉大社と南海本線などの線路を隔てて隣接する住吉公園は社地であったが、明治四年（一八七一）の「社寺領上知令」によって、境内地から削減された土地である。海辺に近い住吉大社の前浜は、かつて三月三日（旧暦）になると潮干狩の人々で賑わったという。

この日は浦一円の干潟となるゆえ、遠近の貴賤、社頭に群詣し、浜辺に出て老若小児らまでも沖の方《かた》遠く出て、真砂《まさご》のはまぐりを拾う

と、『摂津名所図会大成』にみえる。

紅花豪商のすがたと石灯籠

江戸時代中期から後期にかけて、石灯籠は大型化するが、これらは講仲間や各種商人仲間によって奉納されたものである。

天保七年（1836）の紅花灯籠
（山形県河北町紅花資料館提供）

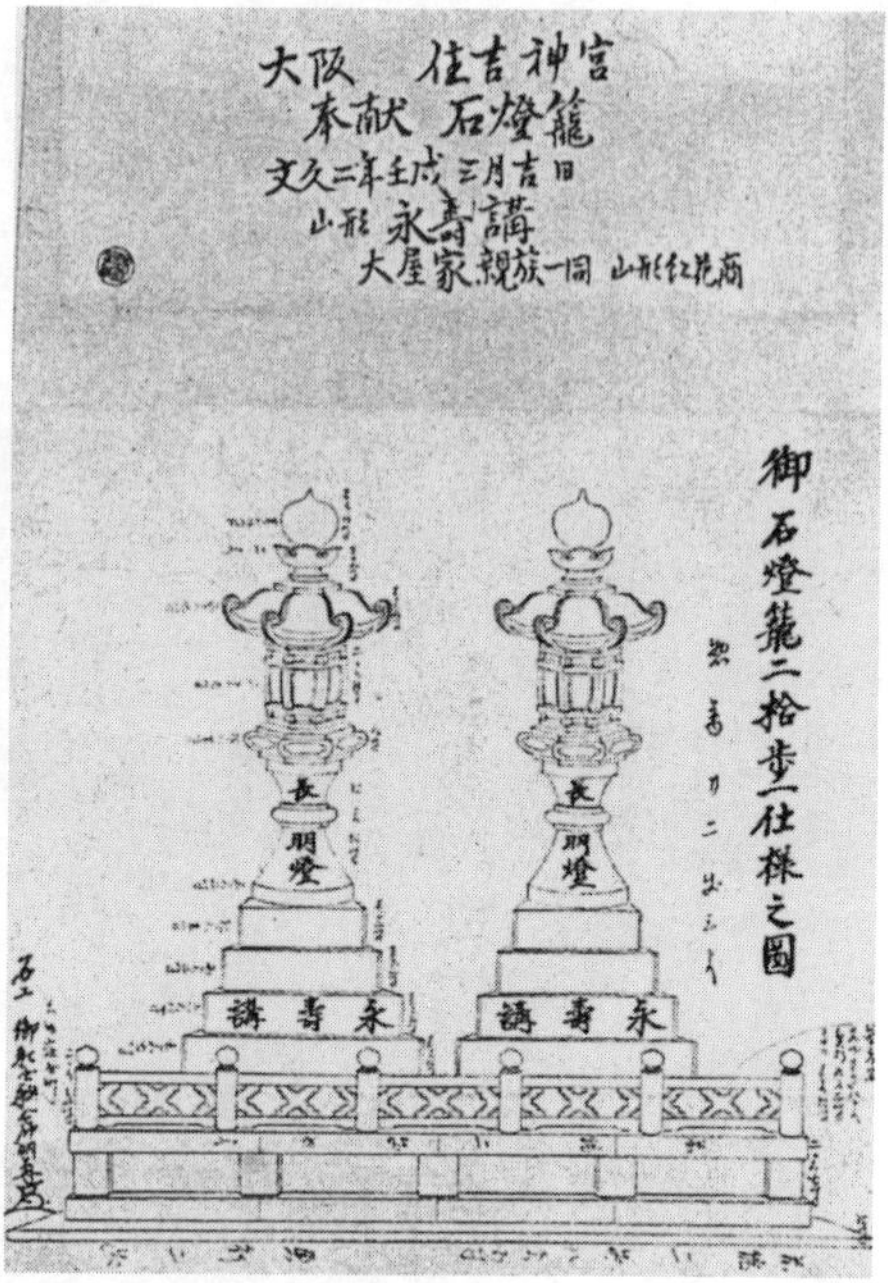

文久二年（一八六二）紅花問屋による住吉大社への献灯の仕様書

永寿講の灯籠（山形県河北町紅花資料館提供）

文久二年（一八六二）三月に、羽州の「永寿講」が住吉大社に奉納した灯籠は、高さ二尺四寸五分（約一・三メートル）の上に、高さ二〇尺五寸（約六メートル）に及ぶ花崗岩造りである。さきにも書いたが、大坂の住吉大社は航海安全と商売繁盛の神として、北海道から九州まで日本各地の人たちが石灯籠を奉納しているが、そのなかで、ひときわ高い「永寿講」による長明灯二基一対が、羽州紅花関係者による灯籠なのである。竿柱正面に「長明灯」と縦書き、台座正面に「永寿講」と横書きされた勇渾な大文字は、当代有数の書家である京都の貫名苞敬（松翁）が書いた。これを奉納するのに当たっては、竿柱刻名に見られるように、住吉神社の神官・田中和佐太夫が執事となっている。代表者は佐藤利兵衛、佐藤利右衛門、佐藤卯兵衛の佐藤一族である。寄進者を見ると、大坂が二十四軒、京都五軒、尾州と濃州でそれぞれ一軒ずつである。

この石灯籠の寄進者名による醵出総額は銀およそ七十四貫で、そのうち住吉大社の長明灯でおよそ四十一貫を要し、残額およそ三十三貫で河内国・道明寺と、大坂・天満宮にそれぞれ金灯籠一基ずつを奉納している。

永寿講の講員は、佐藤家を中心に紅花を扱っているものの、季節商品的な要素の強い紅花の単一ではなく、繰綿商、木綿商、古手商、太物商、砂糖商、蠟商などの顔をもって手広く商いをしていた。しかも講員が確実に商業手腕を発揮できるように協力しあい、資金面では佐藤家が当たっていたようである。

佐藤家と江州商人

佐藤家の祖は、最上家の家臣であった。長谷堂戦にも出陣した九良右衛門で、寛永七年（一六三〇）に没している。商人としての基礎は、七代目の利兵衛によって固まったといわれる。その後十代目までの間に羽州山形屈指の豪商になった。伝えられるところによると文化八年（一八一一）の頃の佐藤家は、十日町の一角に屋敷四軒分を所有する富豪ではあったが、若い当主と子女三人、それに雇いの下男、下女を加えても七人ほどであったので、江州八幡から出てきた西屋伊兵衛と西屋清兵衛に店を貸し、両西屋ではその店で上方との物資を交流していたのである。これは佐藤家の場合であるが、羽州の町方商人が活躍するようになったのは、最上藩主の最上義光が領内を商工業の町として経営するようになったからで、その基礎の一端を担ったのが、江州の近江商人といわれた人たちであった。

ひとくちに近江商人といっても、その系統には二つあり、一つは日野商人であり、もう一つは八幡商人である。

日野商人の代表は村居（旧村井）家と浜村家である。はじめは行商人として羽州に進出し、山形に定着して経済の基礎を固めた。村居家は元禄頃には十日町（山形市）に豪壮な店を構えた。このころ、日野から行商の形をもって山形に出てくる者が多くなったが、享保頃から行商による掛け売り商法の弊害が出るようになって、山形藩主によって享保六年（一七二一）に、

日野商人方より、古手買掛致候族有之候様相聞候、畢竟宿致候者有之故之義ニ候、向後一夜之宿、暫之腰ヲモ掛申間敷候

と、一夜の宿も貸してはならないと禁止令を出したので、間接的に日野商人を締め出した結果となった。

この掛け売りは、商品作物の換金期を代金の仕払い期としたもので、農民は上方からの古手などを買うた

めに、旧七月の支払い額は嵩《かさ》んだが、紅花の生産地の商人には重宝だった。その一方で藩にとっては税の滞納者が増加し、藩財政に影響するようになったのである。しかし、それだけの理由ではなかった。他郷からの行商人の力が増すことによって、旧来からの地元商人の商圏が荒らされることを恐れたのである。

近江商人が山形に進出した際に、上方からの古手や木綿、繰綿、蚊帳《かや》など、当時としては文化的な日用品を扱い、その返り荷に紅花や青苧を仕入れたのである。寛文八年（一六六八）の記録によれば、

紅花（年間）	四百五、六拾駄
青苧	四百三、四拾駄
真綿	拾六、七駄
蠟	五拾二、三駄
漆	五、六駄

と、ある。こうして村居家や浜村家は、山形での立場を固めていくが、それには地元の豪商と提携することが必要であった。この地元の豪商は稲村家で、その後、村居家と稲村家とは縁戚関係となり、より緊密さを加え、文化年間（一八〇四―一八）には万福丸と万代丸という五百石積みの船を所有するようになって、山形有数の荷問屋に成長し、藩の御用商人の地位を獲得するまでになった。

浜村家は紅花の買い付けのほか、砂糖、繰綿、藍玉、干鰯《ほしか》などを扱う卸問屋として、雑貨を手広く扱って成長するが、自家としては味噌醸造が主力であったので、原料の大豆を仕入れることが大きかった。いずれにしても、浜村家は、村居家とともに、山形の繁栄に力があったのである。

八幡系の商人の数は多かったが、代表的な豪商としては西谷家と中村家である。この二軒は近江に本店を持ち、十日町（山形市）の店を出店（支店）とした特殊な経営であった。この西谷家の番頭格だったのが、独立して中村家を立てた。八幡系は西谷家と中村家のほかに数が多かったが団結心が強く、お互いに連絡を取り合って商圏を拡大していったのである。しかも江戸末期の紅花産地は羽州最上のほか、仙台や福島あたりでも生産されていたので、地域別にも団結し、出店同士の団結というより、本店同士が団結して「最上仲間」とか、「仙台最上福島仲間」と称して商売上の連絡をとり合った。こうした仲間は、明和元年（一七六四）に規約をつくり「恵比須講」として年三回の会合を持って、商売上の情報を交換し合ったのである。扱う移入商品は上方からの古手、繰綿、畳表、蚊帳などであり、見返りが紅花や青苧であった。

天童市にも日野（江州）から進出し、日野屋という屋号をもって出店をした人がいた。この日野屋は土地の富商の植村家と組み、土地の紅花や漆などの特産品と、古手や繰綿の上方物資を相互に移出入していたのである。しかし、どちらかといえば天童は土地の商人の力がつよく、日野商人の割り込む余地が少なかったため、江州商人として大きく発展することはなかった。

寒河江《さがえ》市の中村家は、江州ではなく伊勢に本店を持つ茶商人であった。そのうち茶の販売のために寒河江に出店を持ち、茶の販売のかたわら、紅花と青苧を集荷して京都に送るようになる。中村家が本格的に紅花を扱うようになったのは享保年間で、折よく享保二十年（一七三五）四月に、京都で紅花問屋制度が公認になってからのようである。それは、

向後本人者勿論之儀、手代ニ而も紅花出所之国々江罷下り、直買致間敷候

と、このように、京都からの商人が産地に出向いて、直接買うことを禁止したので、これを機に産地の紅花商人に転身した者も多かった。さきの中村家もそうした機運に乗ったのであろう。中村家の商圏は、地元となった寒河江のほか谷地（河北町）や山形市方面にも及んだ。寒河江や山形では生花を集め、熟練者に委託して紅餅にしたが、谷地では干花にして集荷した。

江州や勢州から羽州に出て紅花の商いをする者は多かったらしいが、在地の山形商人と並ぶほどの豪商になったのは少ない。

在地の紅花商は、集荷と販売を商売の中心にして成長するが、明和二年（一七六五）の紅花問屋仲間制度廃止後の自由取引制になっても、生産者と取引者の層の厚みや保有する流通資本の運用などの大きさから、江州や勢州の商人は、山形の在地商人にはかなわなかった。そのうえ、山形藩としては城下町としての商業政策を重視して商人を保護し、資本力の豊かな豪商には特権を与えた。とくに貧困財政の小藩の山形藩としては、①領内の財政基盤を強めて徴税を強化するか、②商人の経済力に依存するか、によるのだが、これがかえって商人の特権的成長を強めることになった。その商人たちが、経済的発展の基礎を築いたのは「紅花」であった。紅花による商業の発展は寛政期頃からで、文化・文政から天保期（一八三〇—四四）にかけて最高潮になる。紅花は経済の発展の基礎ではあるが、その紅花を上方に運ぶことによって、上方からの物資の古手、繰綿、木綿、太物、砂糖、塩、小間物、また、北海道からの五十集《いそば》（魚類）物など、衣料や食品、雑貨などを扱う卸売問屋業なのであった。その方法は、資本力のある商人は換金性の高い紅花や青苧を現金で買い、加工地（京都などの染色業地）に出荷し、その代金で上方の物資を買って地元で売ったので利益はおおきかった。

私は改めて「長明灯」を見上げた。そこに刻まれている講員の氏名が誇らしげに見える。竿石に刻まれている佐藤利兵衛が宗家で、宗家を主軸として「永寿講」が結成され、組織も整っており、規模も大きかったようである。詳しい実態はわからないが、残された資料によって、一定の定法をもって多額の融資を行ない、お互いの経営の拡大を図っていたことがうかがい知れる。

金主の佐藤利兵衛は繰綿太物卸商、分家の佐藤利右衛門は呉服太物古着卸商、親戚の高田為次郎は小間物卸商、高田金兵衛は和漢薬種商、山口惣蔵は小間物卸商であったといわれるが、いずれも紅花商を手広く行なっていた傍ら、上方から仕入れた品を売っていたのである。

紅花が明治初期に衰退しはじめると、佐藤利右衛門は醸造業に転向した。現在の当主は、「わたしの父でしたらまだ紅花について知っていることもあったでしょうが、わたしはまったくわかりません。蔵には文書などもあるはずですが、今の仕事が多忙で、それらを出して見る暇もないのです」と、いっていた。

紅花は遠くなっていたのである。

淀君の「辻が花染小袖」復元に寄与した人たち

私が「辻が花染」を想うとき、きまって『瑞泉寺裂《ずいせんじぎれ》』の、哀切で、なまめかしく、潤《うる》んだような色合いが目の前いっぱいに広がる。そして、はじめてこの裂を見たときと同じ感動が、きまって胸の奥深くから湧き出てきてならない。

この感動は、辻が花染につきものの「幻」という文字——その名称や発生、展開などに、なお深い謎を秘めていることからくるある妖しさを消し去って、過ぎた歴史の日々をなまなましく蘇らせ、現実味を帯びて迫ってくる。

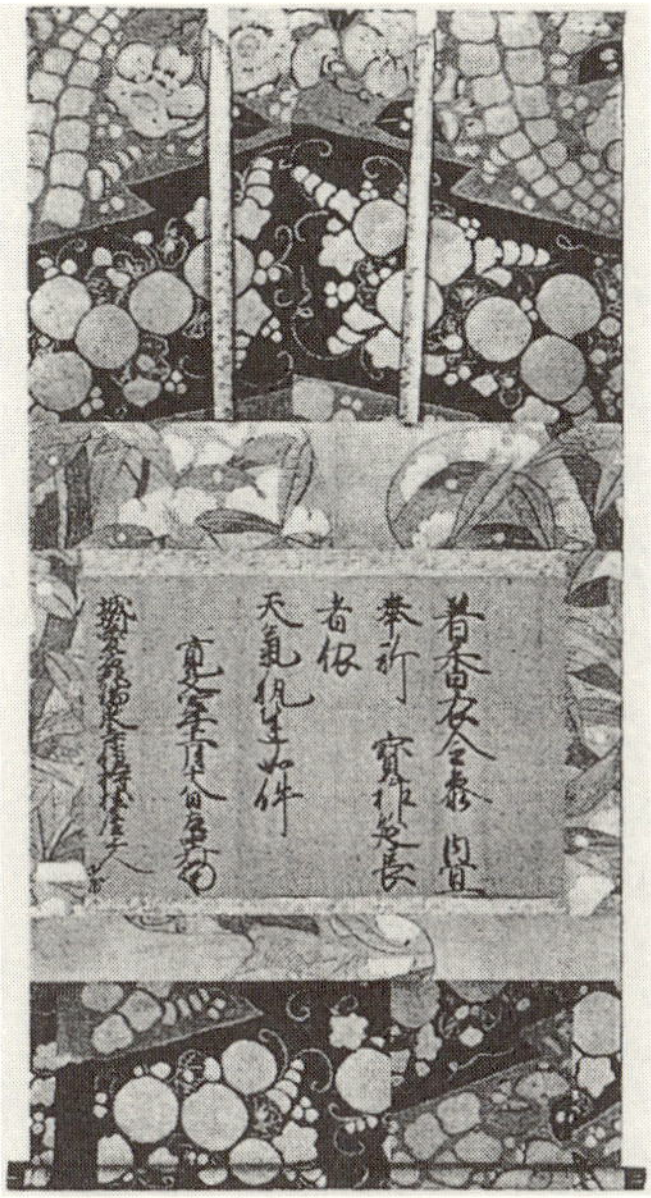

瑞泉寺裂.「椿藤桔梗文様辻が花染裂」が表装裂として，瑞泉寺に伝えられている

瑞泉寺裂をいまに伝えている瑞泉寺は、京都の三条大橋の近くにある。こぢんまりとした寺の庭の一隅を区切るように、重々しく石垣がめぐらされていて、この石垣のなかに関白秀次の塚があり、そのすぐ近くに秀次の処刑に殉じた妻妾《さいしょう》た

ちの石柱が建ち並ぶ。

秀次の母は農臣秀吉の姉にあたるが、秀次は秀吉に対して叛逆をくわだてているという風聞によって、養父であった秀吉の怒りを招いて切腹させられた。無惨にもその首は三条河原に懸《か》けられ、あろうことか妻妾たちもことごとく捕えられて処刑された。秀次の母はわが子の非業の死を悲しみ、また、彼女たちの亡骸《なきがら》をも収めて塚を造った。その塚のあったところに建ったのが瑞泉寺である。

瑞泉寺裂というのは、秀次の妻妾たちが処刑に際して詠んだ辞世の歌を集め、生前着ていた辻が花染の小袖で表装《ひょうそう》したと伝えられているのに由来している。

ひと群れの花のように咲いた辻が花染

辻が花染は室町末期に花開いて、信長・秀吉が権勢をほしいままにした桃山時代を頂点として、江戸時代の初期には消えていった。その命のはかなさは、おおよそ八十年間にすぎない。百年にも満たない短い時期のわりに、由緒ある遺品の多いのも辻が花染の特徴かもしれない。

もっとも古い辻が花染は、「藤花模様辻が花幡裂」である。もともとは小袖であったものを幡《ばん》（荘厳具《しょうごん》の旗）に仕立てて、寺院に奉納されたもので、幡の内部にあった紙片の墨書から、享禄元年（一五二八）から三年のあいだに幡に仕立てたことがわかった。藤の花と波頭には銀箔、その輪郭と蔓《つる》には金箔が摺《す》られていて、技巧はすでに辻が花染の完成した美しさをみせているといわれている。

岐阜県白山神社に伝わる「白地花鳥文辻が花染肩裾小袖」は、白絹に紅色で雲形に縫い絞って防染し、白地の部分に描絵、紅地の部分に墨絵と金銀箔の摺りがある。永禄九年（一五六六）奉納というが、室町末期の辻が花染のおおらかさと繊細さがよく調和し、幻想の世界を作りあげている。

桃山時代の天正十八年（一五九〇）、小田原城攻略に武勲のあった南部信直の家臣が秀吉から拝領した「矢襖《やぶすま》桐模様辻が花染胴服」がある。

そのほか徳川家康所用のものとして徳川家に伝わる小袖も数多い。その一つに葵《あおい》文を散らした「紺地檜梅文葵文散辻が花染綿入小袖」がある。葵文を絞って白抜きにし、わずかに墨で線を描き入れてあって、気品に満ちている。

遺品に見る辻が花染は凜として美しいが、瑞泉寺裂がことのほか哀しみに溢れて見えるのは、この裂が背負っている宿命にほかならないと、私は思うのである。

矢襖桐模様辻が花染胴服（桃山時代）

戦国の世の美しいもの

辻が花染が突然の吉祥のように出現し、やがて忽然とその姿を消したことは、まことに美人薄命の感慨がある。が、時代の流れを見るとき、生まれるべくして生まれた染色技法といえる。

平安時代から室町時代の前半期までの染織工芸は、織物が高い位置におかれ、染色技法は補助的な、むしろ庶民的な装飾方法であった。ところが応仁の乱（一四六七―七七）などの戦乱で、文化は安定を失い、技巧を駆使した複雑な文様を織り出す余裕がなくなった。それにかわる軽便な方法として、絞り染による文様表現が行なわれるようになったとみられる。

さらに服飾形式の変化もある。それまで下着の役割をもっていた小袖が表着になって、これが文様装飾にも及んだのである。自由な文様を表現できる絞りの技法が、ここで花開いたのであろう。

辻が花染の技法は、縫い締めによる絞り染であり、文様の輪郭に沿って縫い、大きく防染する部分は、今日の「帽子」とよばれる方法と同じで、竹の皮で包んで絞ったものである。絞りの手法を駆使し、色を染め、さらに墨や朱で線や絵模様を描き、隈《くま》取りや色挿しが施される。金銀の摺箔や刺繡など、手の技《わざ》が惜しみなく加えられて、幽遠の美を漂わすのだ。

見あきることのない辻が花染は、桃山時代の文化の粋である世阿弥《ぜあみ》の能、心敬《しんけい》の連歌、利休の侘び茶とのかかわりあいを心象風物の一つとして展開し、表現されたと見るのである。しかも、戦国乱世の悲しみを直接反映した、心の美学であったという側面も見落としてはならないだろう。

それにしても、これほど人の心を捉えてはなさない辻が花染が、どこで、どのように染められたのか、確かなことはいまだにわかっていない。しかも、辻が花というよび名の由来さえもわからないまま、辻が花染とされる美しい作品だけが残されているのである。

しかし、糊防染が発達する以前の絞り防染法は、やがて迎える慶長文様への道しるべ、母胎となったであろうことは考えられる。

絞りと刺繡と摺箔などで飾られた豪華な慶長文様は、気品に満ちた辻が花染が礎となって、華麗に花開いた姿とみるのである。これがやがて京友禅を生み、絞りの極致の京鹿の子の全盛期へと舞台を移していく。辻が花染は消滅したのではなく、絶えることなく分化したのであり、熟成して、いまも生き続けているとみることはできないだろうか。辻が花染の永遠の命の讃歌は、いつの時代もつねに人の心をとらえて離さない。

以上は私の辻が花染への讃歌なのだが――その辻が花染の「淀君の小袖」を復元したプロジェクトがあったと、友人の高松利江さんから聞いたのである。

それは、ちょうど企業の設立五十年を記念して計画されたということであった。私はその企業・丸紅株式会社に知人がいるので、「小袖復元」の経過を聞きにいった。

「会社の所蔵品の裂地の縫込みに『ふしみ殿御あつらへ』と墨書されていたのが見つかったんです。『ふしみ殿』は淀君のことですから、これをなんとか復元できないかと、企画を相談したのは東京国立博物館の元染織室長・北村哲郎先生です。先生がおっしゃるには『似て非なるものはできるでしょうが、〝復元〟となると可能な限り、現物に忠実な素材と技法を用いなければならないでしょう』と、おっしゃったんで

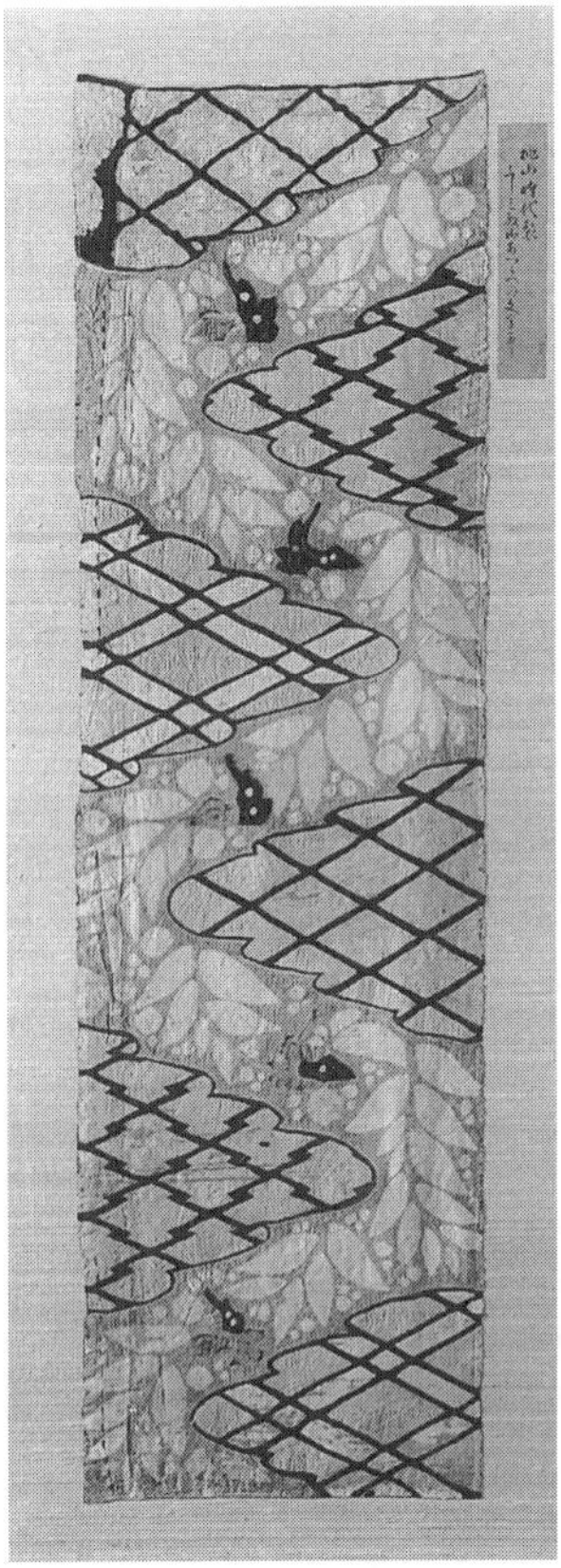

「辻が花染小袖」の一片．縫い込みの部分に「ふしみ殿御あつらへ」と墨書がある（丸紅株式会社蔵）

すよ。われわれはこのときになって、企画の重大さに気づかされました」

この復元プロジェクトがスタートしたのは平成八年の夏のことであった。

養蚕から白絹を織る

裂地は絹なので養蚕から始まった。糸づくりと手織りを担当したのは大津市(滋賀県)の山崎隆さんと京さん夫妻。私はこの山崎夫妻を知っていた。京さんの父上の松井浄蓮氏をお訪ねし、大自然の山懐にあるお宅に泊めていただいたことがあった。十年以上も前のことで、どのような用件で伺ったのか忘れてしまったが、そのときの印象は鮮明に覚えている。そのとき浄蓮さんは、「京は織物が好きなんですよ。天職とおもって織物をしているようですよ」と、いっていた。そのころすでに、日枝《ひえ》紬を創始していたのである。


浄蓮さんは客間に私を案内してくれた。目の前に琵琶湖がひらけていた。「先代の三津五郎さんは、ここから見える琵琶湖が素晴らしいと、とても気に入っていました」

浄蓮さんは目を細めた。その目差しの先で、湖面が輝いていた。浄蓮さんは理想を掲げ、自給自足の生活をするために、この地に居を定めたそうである。広い畑にさまざまな農作物が元気に栽培されている。その当時でもご高齢だったとおもうのだが、高めに造られていた縁側から、ひょいと降りて履物をはいたのには驚かされた。夜になって、お風呂に招《よ》ばれた。そのお風呂は五衛門風呂であった。私は五衛門風呂は初めてだった。

翌朝、山崎夫妻のお嬢さんの圭子ちゃんがタオルと洗面器を持って、家の脇を流れている谷川まで案内

手前は桑畑、麦の家と日枝紬の工房を望む

してくれた。比叡山から流れ出る清らかな谷川の水で口をすすぎ、顔を洗った。水は想像以上に冷たかったが、大自然のなかで、ゆったりした時の流れを感ずることができて幸せな気分であった。

帰京する日、京さんは私を仕事場に案内してくれた。藍小屋では藍甕の中で、藍が元気に発酵していた。蚕棚で蚕（小石丸）が桑を食《は》んでいた。その桑の木は隆さんが何年もかけて接ぎ木をして育てた山桑であった。

淀君の小袖を復元した絹は、この山崎さん夫妻が丹精したのだと聞いたとき、忘れかけていた十年以上も前の記憶が、俄かに私の頭の中によみがえってきたのであった。

私は早速、山崎さんに連絡をとった。山崎隆さんは、

「北村先生は、私どもの日枝紬をよくご存知でしたから、今回の復元になんとか力になってくれないかと、わざわざこの工房までいらしてくれたのです。それで私たちも、蚕から始まって、糸つくり、織りとすすむのですが、糸が出来上がったとき、その糸を先生にお目にかけましたら、先生は私の手をとって、『これだ、これだ、これが日本の糸だ。これで織ろう』とおっしゃいました。先生は、普段あまり愛想を振りまく方ではありませんが、あのと

きは、ほんとうににこにこされていました。小石丸の糸は細いけど、粘りがあり、光沢があります。復元の絹織物を織りあがるまでに二年かかりました。もっとも、普段でもこうした流れの中での仕事ですけど」

山崎さんの声は、明るく、張りがあった。

繭を自然の谷水を張った特製の鍋に入れ、炊きながら手で糸を引き出す。この方法によると、糸に余計な力が加わらず、絹の弾力がそのまま残った糸が得られるのだ。この糸を藁を燃やした灰で得た灰汁《あく》で灰汁練りをする。ここまでが糸の段階である。

次は手織り。糸の太さは一本の糸の太さが約一四デニールのものを二本撚った約二八デニールである。織りは子どものころから好きだったから、苦労はなかったらしいが、「復元」ということが頭から離れず、自分の作品ではないことで、気分的なプレッシャーはあったであろう。織りあがった白絹は美しく気品に満ちていた。隆さんは当時を振り返っていった。

「復元する古い布をルーペで覗いたら、四百年前の生地がピカッと光っていたんです。ほんとうに感動しましたね。絹って素晴らしいっておもいました」

湯のしから糸入れまで

織りあがった白絹は「湯のし」にまわる。湯のしは織物の仕上げ工程の一つである。いまはほとんど機械で行なうが、この場合はすべて「手のし」で丁寧に行なわれた。まず生地を二人で均一に張りながら蒸気を当て、しわや凹凸を伸ばして繊維を均一に揃えていくのだ。

小石丸の繭づくり．まぶしも昔ながらの藁

小石丸はふつうの蚕より小型だ

繭から糸を引く「手繰り」

小石丸は繭も小型で，従来の繭の形である

藍染の糸を干す山崎隆さん

草木染をする山崎京さん

湯のしが済むと、絵羽裁ちと絵羽縫い。今回は復元なので、図柄はあらかじめ紙に原寸大に描かれており、その紙の上に仮仕立した小袖の裂地をのせ、下からライトを当てて、図柄が見えるようにして、筆に青花液（下絵用の青い液で、水に流れて消える）をつけて描く。

この小袖の図柄は、丸紅株式会社が所蔵していた淀君の小袖の裂地が前身頃《みごろ》の片方だったので、全体を想像しなければならなかったが、直前になって偶然、北村哲郎先生の知人がこの小袖のもう片方の身頃を所有していることがわかり、全体の図案構成が判明したということであった。それによると、この小袖は片身替りであった。

下絵が描き終わったところで絵羽縫いの糸を解き、模様染の色に合わせて、その色と同じ糸で縫って糸入れをする。この作業も難事業で、細い絹糸で織った生地に、撚りをかけていない細い麻糸で、こまかい針目で縫う。どれほど苦労の多い仕事でも、染めが完成したときはこの糸は不要なのだ。つまり色模様のための案内役なのである。絞りは、きつく絞りすぎると生地を傷め、緩いと染料がしみ込む。その勘どころを心得て絞るには熟練を要する仕事である。

紅花染の華やかな小袖

染めは山崎青樹氏。

一回目の染めの色は緑色。この色合いを決めるのに、退色している小袖の裂から四百年前の色を推測することから始まった。その上で、まず藍染である。これは絞ってある地の部分に気を使いつつの染めであるため、手早く染め、流水で洗いながら酸化をうながすのだ。藍染をしたあと刈安《かりやす》の染液で黄色を染め、深みのある緑色を得た。

二回目は、この小袖の主体となる紅花染の赤。染料は山形産の花餅を使用した。花餅を灰汁水につけて三時間。この花餅をとり出して汁を絞り、梅酢を加えて染めあげる。紅花染は熱に弱いので、作業は温度を高くしないように心掛ける。

三回目は黒い部分の染めである。黒といっても墨の黒ではなく、檳榔子《びんろうじ》黒とよばれている蕉げ茶に近い色。檳榔子は南方産のもので、実を砕いて使う。そのほか石榴《ざくろ》の実の皮、楊梅《やまもも》、五倍子《ごばいし》、矢車附子《やしゃぶし》の実など五種類を使っている。以上の五種類を混ぜて使うことによって、色に深みが出るという。この五種類を煎じて、媒染は鉄漿（一種の酢酸鉄）である。

草木染について語る山崎青樹さん

四回目の黄色は梔子《くちなし》の実を使う。実は細かく刻み、煎じ、漉して染液を作る。このとき、黄色に染める以外の部分は、帽子（防染技法の一つ）によって防染しておく。梔子の黄の染液は熱して染めるのだが、すでに染めた紅花染の紅は熱によって変色するため、この黄色染めは温染である。染め色に近づけるため、この作業を数回くり返す。また、この黄色は日光堅牢度が弱いので、すべて陰干しにした。

五回目は藍染。藍甕に浸けるため、この段階で、今まで染めた部分はすべて防染している。藍甕から引き上げるとすぐ水洗して酸化を促す。これを五回くり返して、ようやく願っていた藍色に染まったという。

私は染めの工程をうかがうために、山崎青樹さんの高崎の工房をお訪ねした。

「わたしが自分の作品を創っているのと、今回の『小袖の復元』ではスタンスが違いますね。私がイメージした色が得られなくてがっかりしたり、思いもよらない良い色に染まったり、復元で一番問題だったのは、なんといっても色具合ですからね。いろいろ話し合いがありましたが、今回は復元ですから、当時の材料を使って色彩を再現し、当時の染め方にこだわりました。桃山時代の夢を追って、その当時の技術の粋を追求するわけですからね。紅が主体の華やかで珍しい小袖です」

山崎さんは、いつものような語り口で、静かに当時を振り返っていらした。

染めた生地は湯のしされて仕立へ

染め工程を終えた生地は、絞り特有の風合いを残しながら、手作業で湯のしをする。このあと彩色と補正がある。

彩色は辻が花染特有の白地の部分に、「花」の文様を描き入れる。さらに絞り染では避けられない隣り合った色と色の間に必ずできる隙間（白い部分）を筆で補正していく。これで彩色は完了して、仕立てにまわる。

仕立ては、この道五十年という村林益子さん。牛久市（茨城県）の村林流和裁学苑をおたずねした。この小袖は背縫や脇、衽《おくみ》など隣り合う文様がきちんと合うかどうかが大切なポイントで、着丈や袖丈、袖幅

絞り染の文様を合わせて仕立てる

村林益子さん

など、淀君着用の当時の寸法に仕上げるとのことである。この小袖には袘《ふき》が無く、裏を四ミリほど控えたとのこと。

「京都国立博物館で、参考のためにと総刺繡の小袖を見ました。衿肩明は現在は九センチがふつうですが、六・五センチとたいへん狭かったですね。真綿がうすく入っていましたから、今回の復元の小袖にも真綿を三十三枚入れました」と、村林さん。

私はこの小袖の仕上がり寸法に大きな関心をもっていた。しかし、村林さんは、「夢中で仕立てたので、寸法のことははっきりわかりません。なにしろ衿の寸法が足りなくて、文様を合わせて接いだりして仕上げましたから」

模様の色に合わせて縫い糸の色を変えるなど、細かな工夫をして仕立てたのである。

「柄を合わせるだけで、必死でしたね」と、さらりといって微笑む村林さん。それでも話を聞くにつれ、出来あがった復元小袖からは、うかがい知ることができない苦心があったのだ。それは絞りによるしわのため、どうしても模様が合わないところが多少は出るのだが、そんな箇所も一針一針目で確認して縫い進み、縫いあがってから、さらに確認して縫いあげたのだと

復元「淀君の小袖」(丸紅株式会社提供)

いう。

「この小袖を展示したとき、何万人の人が見にきてくださったでしょうか。わたしは復元を通じて、縫うことの大切さをより多くの方々に知っていただきたいと考えていました。そして、この復元プロジェクトに関係したスタッフの人たちが、天然の素材と手の技で挑戦したことで、お互いの『心』を感じ合うことができて感動しました」

牛久はのびやかな田園都市である。「田園があって、畑もありますよ。駅まで行きますが回り道をして牛久大仏にご案内しましょう」。村林さんの運転する車に乗って間もなく、空は暗くなり雨が降り出してきた。その雨がたちまち滝のように車の窓ガラスを打つ。道は川のようになって濁流が渦を巻く。私は「大仏さまは諦めましょう」といって窓外に目をやると、雨にけぶった木々のむこうに蜃気楼のように大仏さまのお姿が目に入った。高さ一二〇メートルの大仏さまの立ち姿を拝することができたのだった。

片身替りを着る下郎
（『春日権現験記絵巻』より）

扇面散鉄線花片身替縫箔（能衣裳，
桃山時代，東京国立博物館蔵）

片身替りの小袖

復元「淀君の辻が花染小袖」は、前にも書いたように片身替りである。

片身替りとは、左右半分の「地」を異にするか、「色柄」を異にしたもので、多く能装束の唐織《からおり》（金《きん》襴《らん》・緞子《どんす》・繻子《しゅす》・綾・錦などの総称）に見られる。簡明、大胆な意匠には胸打たれる美がある。これらには、まさに桃山時代のおおらかさを象徴しているようにおもわれるが、この片身替りは桃山時代にはじまったことではない。

『春日権現験記絵巻』に、身分の低い男が左右色柄のちがったものを着ている。この場合は、ことさら意匠をこらして片身替りにしたとは考えにくい。こうした下郎《げろう》の身分でも着ることができた片身替りは、贅沢なものではなく、むしろ、貧しいものの窮余の策として、片身を継ぎ合わせて一枚の衣服としたのである。それは、どこかの部分が汚損した場合に、残った部分

この小袖は，織田の家臣・山口盛政の夫人が天文年間に着用したと伝えられていることから「天文小袖」と呼ばれている

を生かすための策であったかもしれない。『春日権現験記絵巻』の下郎の衣服には、そうした実利性をうかがうことができる。しかし、これほどはっきりと衣服の意匠を二分したところに爽快な美が存在するため、実利本位からだけでなく、片身替りの意匠が発達したのだとみるべきかもしれない。

　衣服ではないが、古く奈良時代から平安時代にさかのぼると、詩歌の料紙に色紙を継ぎ合わせることが行なわれた。正倉院の『楽毅論《がっきろん》』（光明皇后が東大寺に奉献）があり、また平安時代には『古今和歌集』がある。これは異なる色の紙を継ぎ合わせることによって、多彩さを求めたのである。その継ぎ方も、切り継ぎ、破り継ぎ、重ね継ぎと料紙を縦横無尽に継ぎ合わせて、変化と美を追求したのである。これによって数枚の料紙が、組み合わせることで多彩な数十種の料紙になる。つまり変化の美を求めたうえに、さらに料紙が増加したのである。

　しかし衣裳の場合の片身替りは、贅を尽くすことのできる富裕な人たちが、美と贅を片身替りの意匠に求めた。意匠に複雑さと、その結果生まれる複合の美、しかも二着の衣裳美を一着の上に集約しようとしたのである。

こうした片身替りは、縦半分にしたものから、上下半分にしたものを生み、さらに段替りと称するようなものから、市松状になっていく。この市松状の衣裳は片身替りよりいっそう華やかで、能装束では盛んに用いられた。この市松状のものは異なった布地を継ぎ合わせるのだが、この方式はやがて天文小袖に見るように、大胆な斜線によって構成され、片身替りとは別の小袖が生まれた。

辻が花染の小袖

辻が花染は、絞り染に描き模様や摺箔を加えたもので、室町時代から桃山時代に盛んに着用された。しかも遺品に見る辻が花染は、室町時代になって、小袖型式の発達によってますます華麗さを加えていった。豊臣秀吉や徳川家康の胴服や、淀君の辻が花の小袖があるのは、当時いかに辻が花が高級品であったかを知ることができる。

絞りは奈良時代に纐結《こうけち》とよばれていたものだが、次第に絞りの技術が進み、多色絞りとなり、縫い締め絞りによって、かなり自由に希望する色や形に染め抜くことができるようになった。しかし防染した部分が広ければ、変化に乏しい。そこで防染した部分に描き模様をほどこして平板さを脱した。その美は絞り染のやわらかい感じと、細かい描き絵の線によって繊細さを表現し、この二つの対照と調和が、私たちに心地よさを与えてくれ、心をとらえるのである。

衣服に文様をつける場合、絞り染は織ったり縫ったりするのと異なり、もっとも手軽である。地方によってはは絞り染を「ゲンコツ染」といっていたが、それは大きく布地を絞った場合の状態の表現であろうとおもわれる。『一遍上人絵伝』や『法然上人絵伝』などに、庶民の男女の衣服に絞り染らしきものがみられる。こうした絞り染に、高度な手技が加えられ、富裕な人々に着られるようになって、いつからか「辻が花」と呼ばれるようになったのであろう。私はこの「辻」という言葉にこだわるのである。「辻」は十字街頭のこと、また路傍のことである。この辻を、「絞りの際に布を四角に折るから」とする説が従来からあるのだが、これは不自然である。というのは、辻が花染は、描き絵と一体となっているため、描き絵を施す部分を防染して広くとるので、鹿の子絞りや匹田《ひった》絞りとは技法が違うのだ。手軽に模様を表現できるとして、実利から発した庶民の技が、描き絵などが加わることで華麗に転用されたと考えるとき、私はこの時代の着想の豊かさと勇敢さをうかがわせて、喝采を惜しまないのである。

さらに辻が花染について、ある一時期に存在し、「やがて夢、幻の如くに消えていった」とする表現によって、辻が花染はいやがうえにも哀切を深くするのだが、私は、辻が花のもつ技法のさまざまが、時の流れとともに発達し、辻が花の素朴な美しさはしだいに洗練され、優美さを加えて慶長・元禄へと受け継がれていったと考えている。

つまり辻が花染は、華やいだ次の世代の衣裳の序奏であったとみるのである。

和菓子に色どりを添える紅花

和菓子の着色に「紅」を使っている菓子店があると聞いて驚いた。それは正真正銘の、紅花から採った紅を使っているということだったからである。というのも、人工着色料が使われるようになって久しく、むしろそのことを当然のことのように感じていたからであった。たしかに化粧用の口紅でさえ、「本紅」は珍しいものとして珍重されているほどであるのに。

私は早速、その和菓子の工場「釜人《かまんど》 鉢の木」を訪ねることにした。電話で連絡を取り、場所もおおよそは聞いていたが、人通りの少ない住宅地のなかで、番地を頼っての訪問は、まったくお手上げの状態だった。というより私の認識の甘さであろう。和菓子工場というイメージから、大きな看板があり、車の出入りの多い工場を想像していたからである。歩きまわっていると、かすかに甘い香りがただよってくる。が、そこにも看板はない。運よく自転車に乗った若い女性が横の道から姿を見せた。聞くと先刻、前を通りかかったとき、甘い香りのただよってくる家であった。

自然の色あいを大切に、美しく

社長の豊吉《とよし》秀明さん（昭和八年生）に案内されて、和菓子を作っている、広くて明るい部屋を通り、事務室の一角でお話を伺った。「わたしどもでは、紅に限らず色素は三十年も前から天然のものを使って、自然の色合いを活かしています」

ちょうどそのとき、愛らしい「玉椿」の和菓子が運ばれてきた。

「これが『紅』を使っている菓子です」椿を型どった花の色は紅。白餡の練切りに、紅の色が美しく、いただいてしまうには惜しい。和菓子の楽しみは、こうした季節感が味わえることなのだ。

「現在は〝自然、自然〟となんでも自然のものがもてはやされていますが、さきほどもお話ししましたように、わたしのところでは三十年も前から天然自然の色素を使ってます。和菓子は食べるものですから素材にこだわって、見た目に美しく、姿よく、食べて美味しいものを提供しています。ですから社是も『和敬清寂』です。本来は茶道の言葉として使われていますが、それを社是にしたのは『心和《なご》やかに、人を敬《うやま》い、心強くして気持ちを穏やかに、人生と時とを受け入れる』という茶の湯の心を、社員全員でもち続けていたいと願ってのことです。和菓子は一瞬にして、姿、彩り、味わいが問われてしまうからこそ、人工着色料などの添加物を極力使わず、自然の美しさを出すように苦心してます」

私は合成保存料について、充分な知識がなかった。保存料は和菓子が傷まないためのものだそうだ。

「ですから保存料なども極力使わない方向で和菓子をつくってます。赤い色は紅花。黄色は梔子《くちなし》の実、緑色は抹茶や蓬《よもぎ》。茶色は小豆《あずき》です。原料の小豆はささげ（マメ科＝大角豆）。白餡は白手亡《しろてぼう》とよばれている種類で、これは餡にするときに練れば練るほど白くなり、さきほどの『玉椿』で見ていただいたように、紅で落ち着いた色になるんですよ」

「ところが、紅はご承知のように熱を加えると色が飛ぶんです。また店頭の螢光灯の光でも色が飛ぶんですよ。ですから白餡に紅を加えた練切りのものは美しく仕上がりますが、長く店頭には置けません。これからの季節の桜餅などは、皮に熱を加えますので使用はむずかしいですね。でも、それがほんとうの紅の特徴です」

私はこれまで紅による糸染めを見てきていた。温度は人肌の三八℃から四〇℃までであったのだ。紅の原料の紅花は盛夏に花を咲かせるが、熱に弱いという個性を崩さず、糸や白餡に対していることが気高くおもわれる。

「この玉椿は紅色の餡と白餡がとけ合って一つになっていますが、どうするとこのようになるのですか」

と、私は豊吉さんに問うた。「そうですね」と豊吉さんは大きく頷いていった。

「白練切餡《ねりきりあん》に紅花で着色します。練切餡というのは、白餡を火取り、求肥《ぎゅうひ》や山芋をつなぎとして入れて練り上げたものです。これに紅花で着色するわけです。紅花は遮光性のある褐色の瓶に入っています。ペースト状です」

豊吉さんは立ちあがると、別室から小さな箱を持って戻ってきた。その箱から小さなガラス瓶を出して見せてくれた。瓶に紅一〇〇グラムと書かれていた。どれほどの量の紅花から、これだけの紅を得るのだろうか。私の頭の中には紅花畑で見た紅花だけが、原風景として存在しているだけである。

「白練切餡一キログラムに対して二・五～三グラムですが、紅花は植物で自然のものですから、そのときの紅花の状態によって増減させるわけです。これをステンレス台や大理石台の上で手早く、しっかりと混ぜ込みます。こうした台を使うのは、熱による紅の変色を防ぐためで、冷たいステンレスや大理石の台を使うわけです。このように紅花はとくに熱に敏感ですから、混ぜ合わせるときの職人の手の熱（体温）が伝わらないように、手早い作業が要求されるのですよ」

「さきほどの質問はここからですね。こうして白練切と紅花練切ができましたら、それぞれを規定の目方に切り分けます。紅花練切を上下に、白練切を下上に置いて、二色の中心の合せ目を指先で擦るようにぼかすんです」

豊吉さんの手が自然に動く。ぼかしたあと白と紅の二色が一体となっている。

「つぎは、いまぼかしたのが表になりますから、表を下にして白餡を芯にして包みます。そして表に返すと、ぼかしが美しく、綺麗に包みあがってるでしょう。これが『はりボカシ』です」

包みあがった「はりボカシ」を掌にのせ、それを見る豊吉さんの目がいとおしいものを見るようにやさしい。

「このあと、掌で形をととのえて、三角木ベラで細工をするんです。さあ、そろそろ桜の季節ですから、桜の花びらをつくりましょうね」

シベ筋を細工ベラで付けて、桜の花びらが完成した。

上生菓子はすべてこうして、一個ずつ手でつくる。美しく、綺麗に、おいしくをモットーに。私は無理を承知で、お願いして、紅を主に使う上生菓子を、つぎつぎと作っていただいた。白地にほんのりと透ける紅色が、新春の華やぎをただよわせ、品の良さが人目を引く「花びら餅」。「福梅」のあでやかさ、楚々とした「撫子」や「野菊」。「千代の鶴」は、白外郎《ういろう》生地を黄味餡で包み、絹の布巾《ふきん》で絞って形づくった。丹頂の赤はもちろん紅花で着色した練切製である。どれもこれも技の極みだと感心してしまう。もう一つ

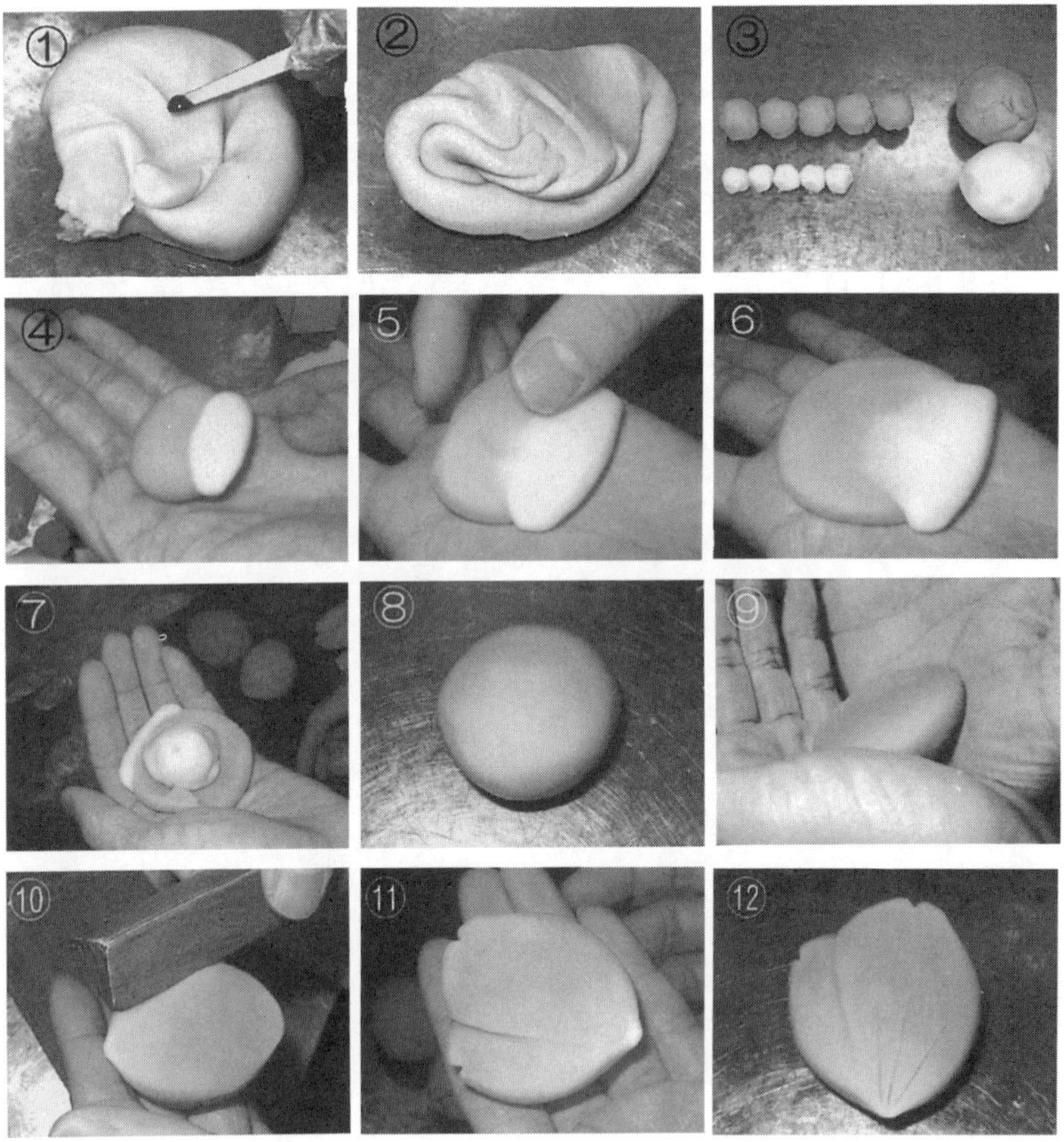

練切製菓子の製法(1)　桜（はりボカシ工程）

①白練切を紅花で着色　②紅花で着色後　③白練切，紅花練切を規定の目方に切り分ける　④紅花練切を上下に白練切を下上に置く　⑤中心合わせ目を指先で擦るようにぼかす　⑥ぼかし後　⑦ぼかし表面を下に置き白あんを芯に包む　⑧はりボカシ包み上がり完了　⑨手の平で成形　⑩三角木ベラで細工をする　⑪指さきで細工をする　⑫シベ筋を細工ベラで付け完成

は、とびきり豪華な「慶祝はさみ菊」。梔子《くちなし》で着色した練切を表面に、紅花、柿色着色練切（本紅練切＝濃い目に紅花で色付けしたところに、さらに柿から抽出した色素を加えて、本紅色に仕上げる。両方の色、濃度、比率のバランスがむずかしい）を中に包んでぼかし、白餡を芯にして、腰高に丸く成形したのち、専用の鋏で菊の花弁を下から上へ一枚ずつ、一段ずつ切っていく。花弁は上にいくほど小さくするので、その手加減が大切で、根気と技術を要する仕事なのだ。

私は、今まで見た目の美しさとおいしさに心をうばわれていた上生菓子だが、こうして、一つ一つ手技によって美しさを生み出していることを知り、これからは心して賞味したいとおもった。

紅を使っていないので、と前置きして話し出した豊吉さんの話が面白かった。

「五月中旬から八月下旬ごろに売り出す『焼き鮎』というのがあるんです。練切と小豆漉し餡でつくったもので、串に刺した姿がまったく焼き鮎そっくりなんです。あるお宅の奥様が、茶目っ気で、ご主人の晩酌に添えて出されたところ、ひと口食べるまで上菓子と気がつかなかった、とおっしゃってました」

それほどの菓子もあるのだった。だれが考えるのだろうか。「みんなで考えますよ」豊吉さんは明るい声で笑った。そして、おだやかな顔を私に向けていった。

「紅も本紅でしょう。糯米《もちごめ》も、宮城県の農家に依頼して「宮黄金《みやこがね》」という品種一年分を低農薬栽培してもらっています。わたしは息子にもいうのです。和菓子も食品である以上、体にやさしい四季折々の最高の原材料を使い、自然の恵みと感謝の気持ちを忘れないようにって」

子息の久英さんは、その言葉にこたえるように、私にいうのであった。「先代より継承した精神と技術を大切に、時代の趨勢に流されることなく、安全で美味しい和菓子をお客様に提供しつづけてゆけるよう努力するだけです」と。

練切製菓子の製法(2)　慶祝はさみ菊

①白練切を薄く延ばす　②紅花着色練切を薄く延ばし，その上に白練切を置く　③白あんを芯に包む　④腰高に成形後，下から上へ，はさみで一段ずつ順番に切っていく　⑤上にいくに従って小さくなるので根気を要する作業である

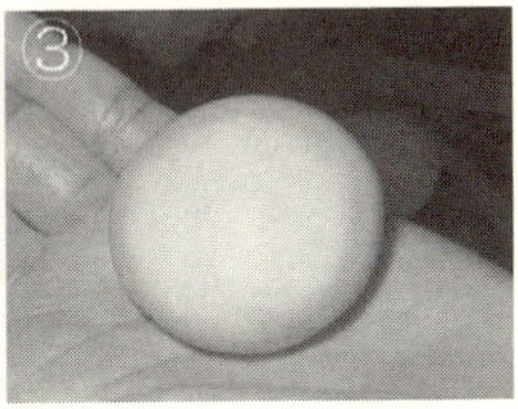

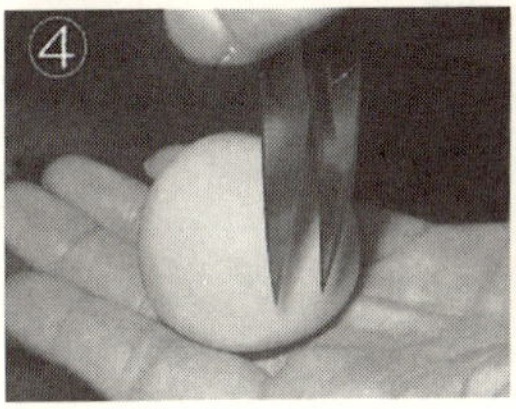

和菓子職人への道

「わたしの会社に全国の菓子店の子息や娘さんが勉強に来ています。たいていは日本菓子専門学校や、東京製菓学校で二年間学んでから、さらに勉強して自分の店に戻るんですよ」

「では、企業秘密はないんですか」と、私はたずねた。よく「企業秘密」といって、私の取材でも断わられることがあったからである。

「ありません。そんなことでわたしの会社がとどまっていては進歩発展がありません。その時点ですべてを教え、わたしどもはその先をめざすだけです」

力強い言葉であった。そして豊吉さんは言葉を続けた。

「近ごろは和菓子職人をめざす女性が増えています。和菓子はできあがると綺麗で可愛いですが、実際は体力が必要です。材料の豆類や粉など、通常の半量にして女性が運びやすい量の袋にしています。でも、それはたいしたことではありません。たとえば餡《あん》を練るときですが、餡は強い火で焚かないと良い餡ができませんが、その餡は火山のようにふつふつと湧き出して飛びますから、顔や手に火傷をさせてはいけないという気配りは必要ですね」

背広をきちんと着た豊吉さんは、一見すると学者のようだが、語り口はおだやか。社員の人たちの社長評は、「和菓子屋の親父には見えない」というものだった。静かに現代を見すえ、しっかりとした人生観を持っているからであろう。

「父の友人の和菓子店主の影響がわたしに人生のあり方を教えてくれたんです。その人はわたしを自分の子どものように可愛がってくれて、『菓子屋といえども、作って売ることばかり考えるな』というのです。つまり、自分を磨けば結果は出てくるというわけです。わたしどもにもデパートなどに店を出したらと、すすめてくださる方もおりますが、『ここまで来てくださるお客様を大切に』と、店を増やすことは考えていません。それに量産はできませんので」と、豊吉さん。

明るい工場では、静かに菓子をつくる人たちの姿があった。私はその傍らを通って工場を辞去した。

間もなく三月三日の雛の節句を迎える。雛菓子やあられ、菱餅などに、私も子どものころの楽しい思い出が蘇る。が、それらにはつつがなく子が成長する願いが秘められているのだ。

今では菱餅は紅、白、緑の三色の餅を菱形に切って重ねたものだが、江戸時代は緑、白、緑の三段重ねであった。『守貞謾稿』に、

　女児が生まれた年の三月三日、お祝いのお返しとして贈った

とみえる。

紅、白、緑の三色、三段重ねの菱餅が一般化したのは明治時代の後期のことのようだ。紅色の餅は紅で色をつけ、桃の花を象徴した。白は白い餅で、今日では当然とうけとられているが、粟餅や稗餅を食べていた時代は白い餅は貴重で、この白い餅をとくに真白（マシロ）といった。緑は母子草《ははこぐさ》（キク科）を入れた。母子草は春の七草の一つのオギョウ（ゴギョウは誤りと『牧野植物図鑑』にある）のこと。むかしから若い芽を食べ、餅に入れて搗いた。『和泉式部集』に、

花の里心も知らず春の野に
　はらはら摘めるははこもちいぞ

とある。

後に蓬《よもぎ》（キク科）を使うようになった。蓬の別名を「もちぐさ」という。若芽を草餅の材料にするが、また葉の下面の毛から艾《もぐさ》（綿状にしてお灸《きゅう》に使う）をつくる。蓬は民間薬としての効用も大きいようだ。とくにこの植物には強い香気があることから、邪気を払うものとして使われ、草だんご、草餅などに蓬を使う。

柴又帝釈天の紅の護符

私は今までに何回か柴又帝釈天に詣でている。それはおもに俳句の仲間たちとであったが、ゆっくりとした「時」を得たいためだけに、友人たちとたずねたこともあった。私の家と柴又とは東京の対角線の端と端だが、畑が残る農地があって、そのおおらかさが好きだった。

ところが渥美清の演ずる「寅さん」ものの映画で、柴又が全国的に有名になると、観光バスが来るようになって賑々しくなった。それでも戦災を受けなかった門前の店舗には、鄙びた店街《たなまち》の風情が色濃く残っている。名物は草だんごで、春になると近辺の農家が蓬《よもぎ》を摘んできて売りにくるようになり、それで「だんご」を作ったのが始めであるという。おそらく、すぐ近くを流れる江戸川の土手に、蓬はいくらでも生えていたのだろう。

この土手は、今はしっかりと整備されて、高くなり、土手に登らないと川は見えない。春たけなわのいま、土手の緑の斜面が、私の眼には新鮮であった。その土手を越えて川岸まで出てみた。「矢切の渡し」の標識が、白いペンキで書いてあった。ここが乗船場である。船は底の浅い高瀬船である。いまは観光用として残っているこの渡しだが、昔は水戸、佐倉方面との交通の要路で、寛永八年（一六三一）に幕府の許可によって始められたというから、古い歴史がある。対岸は国府台《こうのだい》につづく台地で、そのあたりは伊藤左千夫の『野菊の墓』の舞台である。

時折り、遠い雷のような音を河原に響かせて、電車が鉄橋を渡っていく。

きょうの柴又帝釈天は珍しく人影がまばらで、このお寺を中心に、町全体が五月初旬の連休の疲れを癒しているような風情であった。

紅のお守

私はこの日、紅の護符（お守）について、執事のお坊さまの林要伸《ようしん》さんにお話をうかがいにきたのである。

「柴又帝釈天といえば、この辺では誰でも知っていますが、柴又は地名、帝釈天はご本尊です。お寺には山号と寺号がありましてね、このお寺は、経栄山題経寺っていいます。でも、題経寺ってどこですか、と、この近くの人に聞いても、知っている人は少ないでしょうね」

「わたしの名も、得度《とくど》して要伸になりました。僧となって三十五年になります。一般には戸籍の名は改名することができませんが、坊さんは仏の名をもって仏界の仕事をするので、改名することができるのです。つまり親との縁を切って、仏教に仕えるのです。それが得度式です」

林さんの声は低く、しっかりと聞いていないと聞きのがしてしまいそうだ。

「このお寺は日蓮宗の寺院です。今から三五〇年ほど前の寛永六年（一六二九）の創立で、開山は禅那《ぜんな》院日忠上人ですが、実際は日忠上人のお弟子であった第二代の題経院日栄上人がこのお寺の開基です」

「当山には日蓮聖人が自らお刻みになったと伝えられている、帝釈天のご本尊が安置されておりました

帝釈堂

が、江戸時代の中期に、一時、所在が不明になっていました。ところが、今から二百年ほど前の当山第九代の亭貞《こうてい》院日敬《にっきょう》上人のときに、本堂を修理したところ、棟の上から一枚の板本尊が発見されました。この板本尊が、日蓮聖人がお刻みになったご本尊だったのですね。発見された年は安永八年（一七七九）の春で、庚申《こうしん》の日でした。それ以来、『庚申』の日を縁日と定めたのです」

「安永は九年で終わりましたが、次の天明になりますと、よく知られているように全国的に大飢饉に見舞われます。疫病が蔓延します。日敬上人はそうした災難にあっている人々を救うために、板本尊を背負って町に出ては、人々に拝ませて、ご利益を授けたということです」

板本尊の片面には「南無妙法蓮華経」のお題目が書かれており、両脇には法華経、薬王品《やくおうほん》のお経が書かれているのだそうである。薬王品のお経は「閻浮提《えんぶだい》」（仏教で全世界のこと）の人の病の良薬のお経で、「もし人が病になったら、このお経を聞けば、病は消滅するであろう」というものである。

そのもう一方の面に、右手に剣を持ち、左手を開いた忿怒《ふんぬ》の相の帝釈天が彫ってある。それでこの像は、徐病、延寿の本尊であり、悪魔降伏の尊形であるのだそうだ。

帝釈天の「一粒符」

帝釈天はインドのバラモン教の神で、梵天とともに護法の神として仏教にとり入れられた。須弥山《しゅみせん》頂上の忉利《とうり》天《てん》に住み、喜見城にあって四天王を配下としており、十二天の一つとして東方を守っている。こうした仏法守護の神として、仏の教えを信仰してこれに従う者に対して、「その人にもし災難がふりかかることがあれば、仏法守護の神である帝釈天が必ずあらわれて、悪魔を除き、退散させる」ということである。

「それで、紅の護符のことですよね」林さんは、ゆっくりと言葉をついだ。

「さっき話したように、江戸に大疫病が流行したとき、日敬上人はもっと多くの人を救いたいと、紅のもつ力を感得して『一粒符《いちりゅうふ》』を病人に施与するようになったといいます」

「紅は紅花から取った本紅です。これを水でのばして薄い手漉の和紙に塗って、その紙を細く細くくるくると丸め、二、三ミリほどの長さに切って、小さな粒をつくります。これを五粒一袋に入れて、二袋をセットにしてお分けしているのが『一粒符』です」

「紅を和紙に塗る水は御神水《ごしんすい》です。寒中の水を汲み、ご本殿の前に供えて、一年後に使います。寒中の水は腐ることはありません。そのうえ、ご本殿にありますから、朝夕のお経によって経力が加わります。寒中の紅も同じです。が、紅そのものに毒を消す力があるといわれているうえに、お経の力と信仰が結びついて病気を追い払うのです」

「でも、病院の薬とは違います。病気によっては、薬を飲まずに『一粒符』だけ飲んでも病気は治りません」

「『一粒符』を御神水で飲む人もいます。容器をもってきて、御神水を家に持ち帰って飲むんですね。この水は一年に一回、役所の水質検査を受けています。一粒符は護符ですから、悩みや病気を追い払う精神力になるんです。気力です」

林さんは席を立って、寺務所から一粒符の一包みを持ってくると、私に渡してくださった。表に「一粒符　柴又帝釈天」とあり、裏を返すと、「この中に御祈禱した御符が入っております　冷水にて一粒づついただいて下さい」とあった。この外包を開くと、薄い和紙を兜形に折った袋が二袋入っていて、その袋を開くと、小さい小さい紅色の粒が五粒入っていた。二袋で十粒である。

「紅の一粒符を、なぜ兜に似た形に折った袋に入れるのですか」と、私はたずねた。

「このお寺には、毎年一月一日から七日までと、初庚申のときだけ授与する御守りがあります。それが加太守《かぶとまもり》といって、幸運を太く加えるという意味があるのです。それで一粒符のほうも、災難に打ち勝つ力を『太く加える』ということで、このような形にしています」

「和紙に紅を塗るのも、このように兜形に折るのも、すべてこちらのお坊さまがなさるのですか」

「そうです。紅を御神水で堅めの液状にのばすのも、袋に折るのも、みんなでします。わたしも、悩んでいる人を救うために、本復するようにと願いながら行なっています」

林さんの声は低く、やさしい。

護符というのは護身の符で、御符とも書き、秘符、守礼、お守りなどともいう。病気・災難・天災・盗難・火難などさまざまな災厄を防ぐと信じられ、広く用いられている。護符には常に身につけるものや、門口、柱などに貼るもの、人形や動物形のもの、布、紙、金属、石、木片などを用いたものなどがあるほか、服用するものもある。

柴又帝釈天の紅の護符は、紅を服用することにより、紅自身がもつ力と、お経と、御神水のすべてが合体して、より強い力が得られると信じられているのである。

「そうですね。信じなければなりません。信じることで、力が自分の内側から湧き出ます。病《やまい》は気からといいますが、気力がなければ災厄を払うことはできません」

「この地には湧水があって、その傍らに松の木が一本生えていたといいます。地から水が湧くのは、霊的な力があるからです。それは水のあるところは、生命を維持することができるからです。水の傍らの松の木は、それを象徴しています。寛永の昔、日栄上人が松の根元に霊泉が湧いているのを見て、ここに庵《いおり》を造ったのも、命の根源を見たのです。御神水は今でも涸れずに湧き出していますし、松も大きく枝を伸ばしています。『瑞竜《ずいりゅう》の松』がそうです」

私は林さんに会う前に、見事に枝を伸ばしている瑞竜の松の写真を撮りたいとおもったが、あまりに大きく、竜のように枝を伸ばしているので、カメラに収まらなかったのである。

薬草の恵み

いまから二十年ほども前のこと。山形市漆山の桜井キクさんを訪ねて、紅花畑を見学した。桜井さんは土地の人から「紅花ばっちゃ」と呼ばれていて、すでに八十歳を過ぎているのに元気に紅花を栽培し、花餅をつくって出荷していた。なんでも化粧品会社との契約栽培だといっていた。

花餅をつくり終わった桜井さんは、一服するといって座敷に招じ入れた私に、土瓶から湯呑茶碗に茶をそそぎながらいった。

「これは紅花茶よ。紅花茶を飲みさっしゃい。女の人のクスリだよ、血の道のクスリだよ」

白磁の湯呑茶碗にそそいでくれた紅花茶は、透明な明るい黄色をしていて美しかった。特別な味もなかったが、香りもないようだった。

「紅花つくって、紅花茶飲んで、こんなに元気でいられるのも、みィんな、この紅花のお陰よ」と、キクさんはまあるい顔をほころばせて言った。

「紅花はヨ、ここらではハナっていうの。ハナっていえば紅花のこと。だからきょうはハナ摘んだども、あんまり陽さ照らないし、雨が降ったりして乾かねー」

紅花をハナというのは山形県の最上地方ばかりでなく、紅花の生産地であった仙台地方（宮城県）でも紅花は「ハナ」であった。ハナ畑、ハナ摘み、生《なま》バナ、干《ほ》しバナ、ハナ寝せ、ハナ餅、ハナ染めなどである。

キクさんは明るい顔で、紅花にまつわる話をいろいろ聞かせてくれた。

「赤んぼうが生まれると、むかしは赤い産衣《うぶぎ》を着せたのよ。あれはハナ染め。赤い色に染めるのは絹だったから、蚕を飼って織物して染めたけど、木綿を染めるときは黄色ね。ハナはふた色あって、赤と黄色だからね。ハナ染めの産着を着せるのは、赤んぼうの健康と皮膚病の予防のためだったのよ。最上のハナ染めを着せると風邪や皮膚病の予防になるって。口紅をつけるんだって、おしゃれだけじゃなく、貧血にいいってね。でも、その口紅は紅花から作ったものじゃないと駄目だよね」

最上地方の古い習慣では、赤んぼうが生まれると額の真中にポッチリと紅をつけ、生後はじめて外に出るお宮参りのときも、同じように額に紅をつけたそうだ。これは一種の魔除けで「病魔から守る」という意味だそうだ。また、子どもが疱瘡にかかると、ひどくならないようにとハナ染めの布で頭巾を作り、それを頭に被せたという。

現在はほとんど行なわれなくなったが、還暦に赤いチャンチャンコを贈る風習があるのも、ハナ染めの赤が、体に良いという名残りなのかもしれない。その赤には保温性があるともいわれ、血のめぐりを良くする薬効があるとされていて、女性の肌着や長襦袢をハナ染にして身につけた。

紅花の薬効

現在、わたくしたちは薬を飲むことを「服用する」とか「服する」というが、この服するは、元来は体に着けることであった。つまり薬を服するのは、疫病などの病魔に対する魔除けのために体に着けていたのが、着けて治るなら、いっそ体の中に入れてしまおうという考えから薬を「飲む」という風習が生まれたのである。

遠く古代の人々は自然の災害や病気などを防ぐために、また、悪魔や霊魂の祟《たた》りから逃れたり、外敵から身を守るために魔除けの呪《まじな》いの一つとして、色土や石、植物の花や実で体を彩り、神に祈り、神の心を和げるように努めた。その過程で、体に有効なものを身につけるという習俗が自然に生まれたと考えられる。中国最古の地理物産書の『山海経《せんがいきょう》』に植物類十五余、鉱物類六十余、動物類二七〇余の薬効のあるものが記録されており、身につけて効くものと、飲んで効くものとに分けて記されているという。『山海経』の前半は紀元前四〇〇〜二五〇年ごろの戦国時代のものといわれるので、中国医学の原始的な薬物療法は、この時代から芽生え始めていたと考えられている。

中国医学の源流は黄河、河南、揚子河の三つの文化圏で、それぞれが気候、地味などによって独自に発達してきたようだ。

日本へはすでに奈良時代に、中国医学を「漢方」と称して行なわれていたが、江戸時代の初期になると日本的に改良を重ね、とくに貝原益軒の『大和本草《やまとほんぞう》』が著されて以来、独特の「日本風」に変化してきた。

『紅』（澤田亀之助著）によれば、『インド薬用植物誌』（キルチカ・バース著）に、紅花は「サンスクリットに種子を下剤とし、種子油は薬用油としてロイマチスや中風の外用薬とする」と記されているという。中国の明《みん》代に李時珍が書いた『本草綱目』（一五九〇年）では、

血ヲ治シ、燥ヲ潤シ痛ヲ止メ、腫ヲ散ジ経ヲ通ズル

とみえる。また『本草備要』（汪昂著、一六九四年刊）に、

辛苦甘温、肝経ニ入リテ、瘀血ヲ破リ、血ヲ活シ、燥ヲ潤シ、腫ヲ消シ、痛ヲ止メ、経閉便難、血運口噤、胎腹中ニ死シ、痘瘡血毒熱有ルヲ治ス。又能ク心経ニ入リ新血ヲ生ズ。俗ニ用イテ紅ヲ染メ、併ニ胭脂ヲ作ル。少シク用イレバ血ヲ養イ、多ク用イレバ則チ血ヲ行《メグラ》シ、過用スレバ能ク血行シテ止ラズ斃レシム

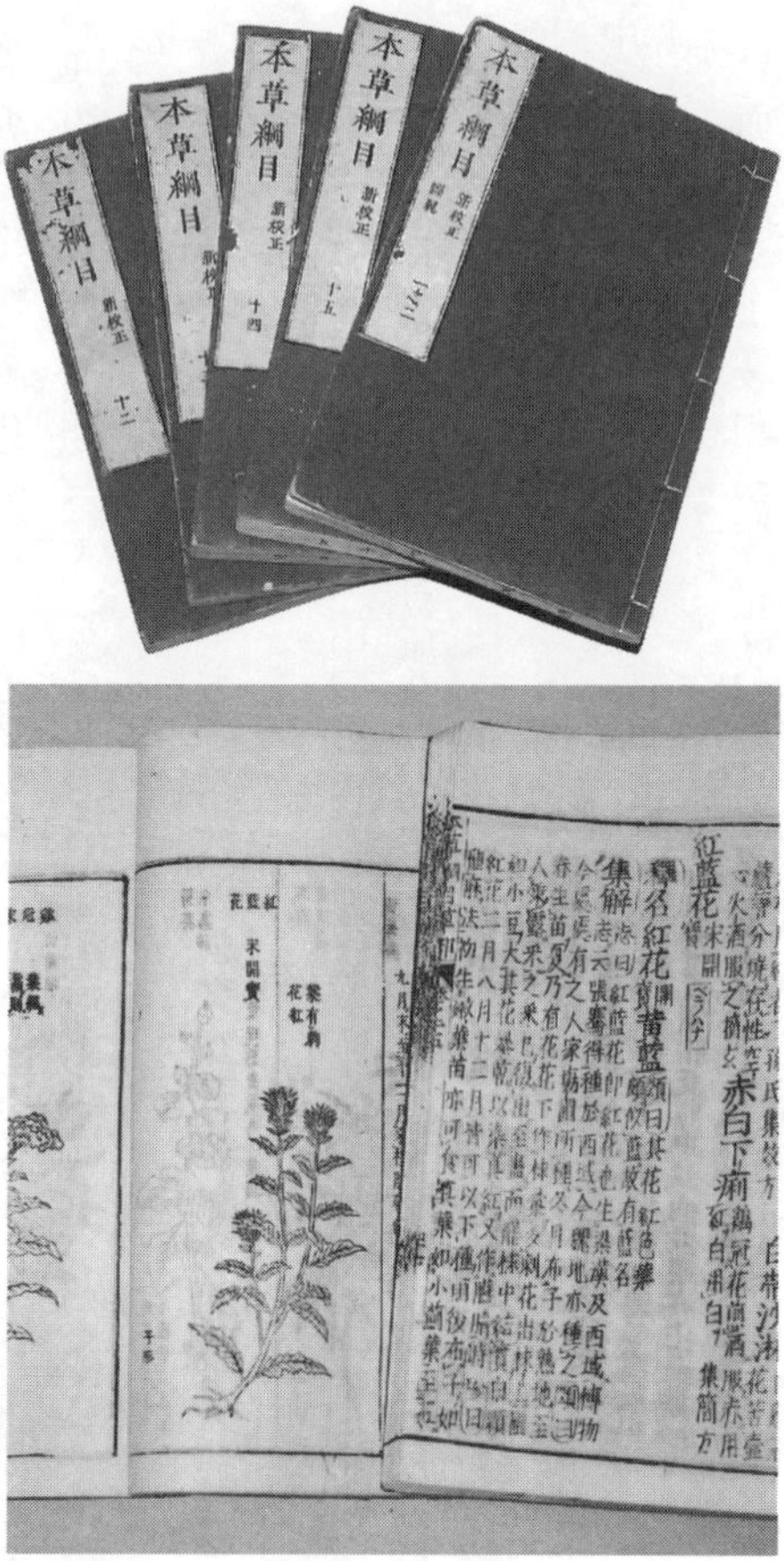

『本草綱目』と「紅花」の項
（養命酒製造株式会社提供）

とあり、用量による注意も記されている。

日本でも漢方医学の立場から論じた著作が刊行されている。古くは延喜十八年（九一八）に深江輔仁の『本草和名』がある。

紅花の薬効は、血液の循環を盛んにし、利尿・緩下《かんげ》作用と相まって擬滞した血液を追い、浄血（駆瘀血作用）とし、婦人の要薬となり、その他打撲、諸出血、腫瘍、口内炎などに用いられた。

なお、インドの『薬用植物誌』には、種子の薬理作用が紅花の花弁の素成分の生理作用より早く解明されている。

紅花と茜草

紅花は茜《あかね》草とともに赤色を染める染材であるが、古代は「赤」を「絳《こう》」といった。『魏志倭人伝』によると、景初二年（二三八＝景初三年とする説もある）十二月に、卑弥呼が魏王に「班布」を、また正始四年（二四三）に「絳青縑《こうせいけん》」を朝貢したことが記されている。班布と雑錦の色についてはわからないが、「絳青縑」は赤と青（藍）で染めた絹織物である。

わが国では紅花以前の紅色染の植物は茜草で、この根で染めたのが絳であった。「茜根以テ絳ヲ染メル」と、古い文献にある。中国でも唐、宋のころは茜草で絳を染めていた。また茜草も薬用に用いられていたが、やがて紅花にとって代わる。それは茜草は野生種であるため採取が困難だが、紅花は栽培種のため生産・採取が容易なことから利用されるようになったのである。『古訓医伝　薬能方法弁』に、

茜ト紅花トノ弁別ニテ、其功少シク異ナリトイエドモ、皆血病ノ薬ニ入テ用ユベシ

とみえる。

紅花を薬用にする場合、さきの『紅』によると、酒と共に煎用することが、古くから行なわれていたという。それは、紅花は水煎にすると、水溶性の黄色素だけしか利用できないからで、紅色素のカルタミンを溶出するためには酒のアルカリ性を利用するのである。同書によると、「紅花一グラムを酒三勺で半量になるまで煎じて用いる」と記されている。酒の性質について『本草綱目』に、

酒はよく諸薬を司り、薬勢をめぐらす――生薬の成分をよく浸出させ、薬効を全身に早くよく行きわたらせ、効果をよく発揮させる

とみえる。

紅花の薬効を引き出すにはアルコール分が必要ということで思い出したのが、薬用養命酒であった。詳しいことはわからないが、種々の生薬のなかの一つに紅花が使われていると知り、養命酒の会社に連絡して、話を聞いた。

「養命酒の創始は古いと聞きましたが、二百年ぐらいですか?」と私。

「いいえ、今年(平成十四年)で四百年です」という返事に、私は改めて驚いてしまった。芝居でよく知られる忠臣蔵の討ち入りから今年で三百年。これよりもさらに百年も前の創始なのである。

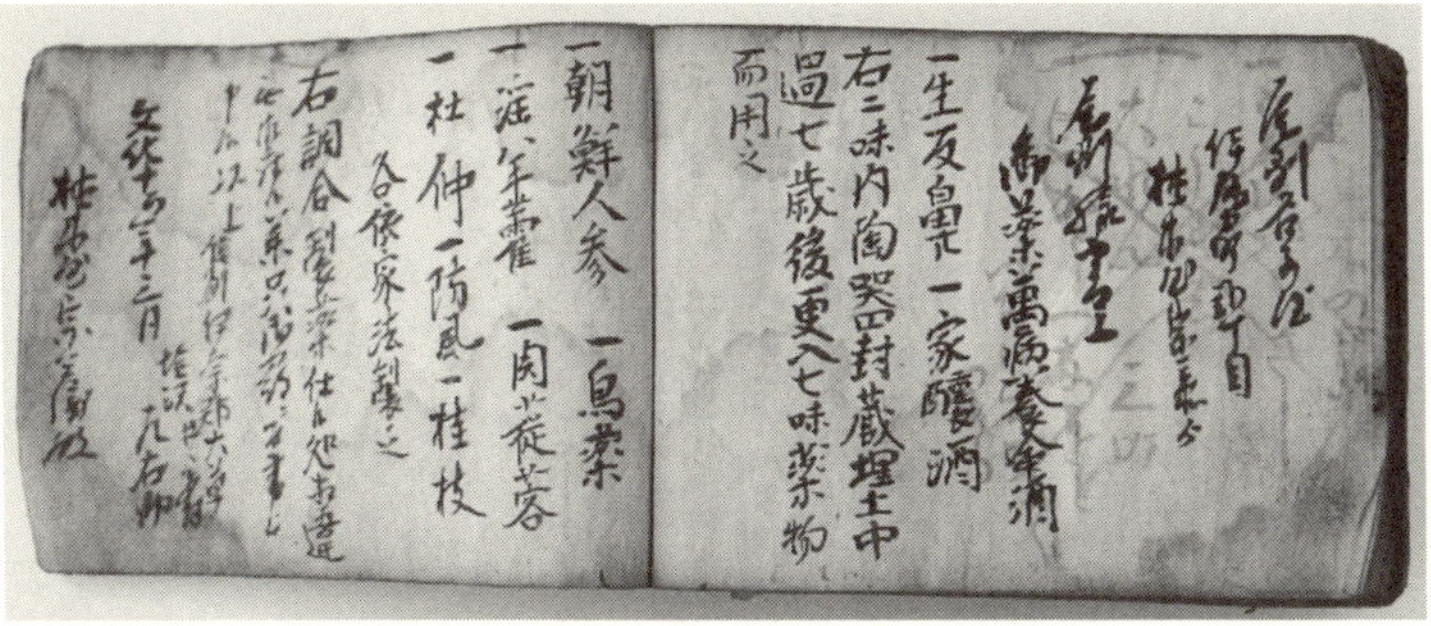
一生反鼻　一家醸酒
右三味内陶器四封蔵埋土中
過七歳後更入七味薬物
而用之
一朝鮮人参　一烏薬
一杜仲　一防風　一桂枝

塩沢家に残る文化10年（1813）の古文書（養命酒製造株式会社提供）

「その忠臣蔵で名高い赤穂四十七士の一人、矢田五郎右衛門の祖母が信州伊那の生まれであるところから、赤穂浪士が江戸に潜伏中に養命酒を取り寄せて、一同が愛飲して鋭気を養ったと、『信濃風土記』にあるんです」と、広報部の話であった。養命酒の創製は江戸時代初期で、信州の塩沢家の当主・塩沢宗閑翁が創始者であるという。伝えられるところによると、ある大雪の晩、雪の中に行き倒れている旅の老人のことを聞き、老人を助けて家に入れて介抱した。老人は元気になったが、伊那谷の風景が気に入って三年も逗留したという。やがて塩沢家を去るとき老人は、「ご恩に報いたいが、さすらいの身でなにもできません。ただ自分は由緒ある者なので、薬酒の製法を心得ているので伝授しましょう」と。宗閑翁は手飼いの牛に乗って教えられた数種の薬草を探し、村の人々の健康長寿に尽くしたいと養命酒を合醸したという。このことは塩沢家に伝わる『古文書覚日記』にある。

紅花の薬効は、遠い昔、紅花が日本に渡来したときに伝えられたものだろうか。それが紅花栽培の人たちに伝承されて紅花茶を飲むようになったのだろうか。「飲まっしゃい」と、湯呑茶碗に紅花茶を注いでくれた桜井キクさんの明るい表情が思い浮かぶ。

紅花をテーマにした研究者たち

河北町（山形県西村山郡）に紅花を訪ねて旅をした際、矢作《やはぎ》春樹さん（河北町文化財保護審議会委員・河北町誌編纂委員）から、「紅花の研究が進んでいるんです。最近では〝がん〟の予防ですね」という話を聞き、新聞の切り抜きのコピーをいただいた。

紅花を対象とした研究の創始者としては、今までに二人が知られている。一人は黒田チカさん（明治十七年生）で、植物色素の研究者として紅花の色素解明に取り組んだ。研究当時、国産の紅花の生花は手に入らず、中国の四川省から輸入された乾燥紅花を研究材料として、紅花の紅色素の構造式を昭和五年（一九三〇）に発表している。

黒田チカさんの後輩の和田水さんは、山形市の紅花畑を目にして、その栽培から花餅にするまでの労働の難儀を知り、花餅つくりの省力化を考える。試行錯誤の末、「和田式紅花処理法」を考案した。この和田式は餅搗機の原理によって発想されたもので、一日に生花十キロも二十キロも処理できた。この機械は昭和三十年代に実用化されている。この道具を使って作った花餅は「摺り花」とよばれている。

現在の研究者群像

山形大学の小原平太郎教授（工学部物理工学科・理学博士）は、紅花の紅色素のカルタミンを合成できないかと研究に取り組む。

かつて植物の藍のインジゴから同じ化学構造をもつ合成インジゴを作り出したように、合成カルタミンができれば、紅花の赤色素と同じ化学構造をもつ「紅色素」が誕生するのだ。そうなれば世紀の大発見である。ところが研究を重ねていくうちに、根元になる構造式が誤っているのではないかと気がつく。そのため、一転して紅花の構造決定をしなければならなくなり、振り出しに戻ってしまった。『化学と工業』（第四六巻第五号、一九九三年）に小原教授が発表した記事の一部を紹介する。

先ずカルタミンのアグリコンや類似化合物の合成からはじめたものの、研究途上どうも従来の構造式がおかしいのではないかということになり、合成研究は一転して天然物の構造決定という振り出しに戻った。

研究初期は原料である紅花の大量入手、カルタミンの抽出および分離精製と、覚悟のうえとはいえ、華やかな紅の色彩とは裏腹に研究の道は険しいものがあった。しかし、周囲の方々のご激励、ご援助の賜と、研究室を挙げての努力精神が実って一九七九年、新しい構造式を世に問うことができた。研究の緒についてからすでに十年の歳月が流れていた。

研究者としての並々でない努力が目に見えるようである。

平成三年の『山形新聞』によると、山形県衛生研究所理化学部の笠原義正専門研究員は、紅花の薬効に注目して、薬理作用を分析し、抗炎症・鎮痛などの作用があることを突き止めたとあった。

その方法は、紅花をメチルアルコール（五〇パーセント水を含む）で抽出してエキスを取り出し、検査液をつくり、動物実験用のマウスに検査液を投与して薬理作用を分析したのである。抗炎症作用については、あらかじめエキスを経口投与したマウスと、投与しないマウスに、それぞれ口の部分にカラゲニン、ヒスタミンといった炎症を引き起こす物質を皮下投与して、浮腫の大きさを比較した結果、用いた量に応じて浮腫が抑制されたことがわかったという。

鎮痛作用の測定でも、マウスにエキスを皮下投与した後、約六〇℃の熱板の上に載せて跳躍するまで、また、エキス投与後に尾に熱刺激を与えて反応するまでの、それぞれの時間を測定。さらに、酢酸を腹腔《ふくこう》内に投与して、一定時間内にマウスがライシング（身をよじる行為）の回数を測定するなどの方法を用いた。

こうした測定によって、跳躍と尾を動かすまでの時間が長くなり、ライシングの回数が、紅花エキスを与えられていないマウスに比べて、あらかじめ紅花エキスを投与されたマウスに抑制される効果が確認された。

笠原義正専門研究員は、「生薬としてトータルな薬効がわかっただけですが、今後は効き目のある成分物質を特定できるまで研究を進め、人間に応用できるようになれば、新たな薬の開発につながるでしょう」と語っている。

翌年の平成四年十月、東京で開かれた「日本生薬学会」で、笠原義正さんは紅花のエキスの成分が、発がんを抑制する効果があることを突き止めて発表した。

がんは、細胞を損傷するきっかけを作るイニシエーター物質群と、細胞の損傷を促進し、腫瘍を誘発するプロモーター物質群（促進因子）が、二段階で作用して発症するとされている。笠原さんは動物実験の結果、紅花エキスによって促進因子の働きを抑制する効果があることがわかったという。エキスの有効成分は四種類あるが、このうちジオールという成分は、紅花から初めて分離した新物質で、これまで天然物質からは分離されていなかった。

さらに山形県衛生研究所では、イニシエーター物質をマウスに投与した上、継続して促進因子を与える二段階発がん実験を行なった。その結果、紅花エキスを与えていないマウスは六週目から腫瘍ができ始め、十二週目には八〇パーセントに腫瘍ができたのに対し、紅花エキスを加えたマウスは十二週経過しても異常がなく、二段階発がん実験でも効果が証明されたのである。

平成十年七月十八日の『山形新聞』によると、山形県テクノポリス財団生物ラジカル研究所の医学薬学研究部・平松緑部長が、紅花に活性酸素消去作用があると、実験結果を発表したとある。

活性酸素は呼吸する段階で発生し、体内で化学変化を起こして過酸化物を生成する。これが神経などの細胞の膜を破壊し、炎症を起こしたり、ＤＮＡなどに変化を与え、がんや脳梗塞《のうこうそく》、心臓病などの病気に関与するといわれている。

活性酸素を消去する抗酸化物は、これまでさまざまあることが知られているが、平松さんは、紅花の花弁の紅色素に含まれているフラボノイドにも抗酸化作用があることをネズミを使った生体実験などで確認したと、研究成果を報告した。

もう一つは、河北町の会社（矢作産業・矢作誠一社長）が、紅花から赤色素を、インスタントコーヒーと同じフリーズドライ（凍結乾燥）させ、粉末状に仕上げることに成功したというニュース。このフリーズドライを、そばや羊羹、漬物、ワインなどの食品のほか石鹸や化粧水、薬品などに混ぜるだけで、天然の紅色が再現でき、水溶性なので、体に容易に摂取できるという。矢作社長は、平成十年の『山形新聞』のインタビューに、次のように語っていた。

「地域資源活用の視点から、紅花の伝統を新技術によって現代に再生できたとおもう。町の活性化に寄与できればうれしい。今後の課題としては、紅花の赤色素の宿命である耐熱性について研究したい」

私はその後のことが知りたいと、矢作産業株式会社に連絡をした（平成十五年八月一日）。社長の矢作誠一さんは中国に出張中とのことであったが、代わりの責任者は次のように話してくれたあと、『日本経済新聞』のコピーなどを送ってくれた。それによると、平成十三年四月から赤色素を和菓子や酒などの自然添加剤として事業化し、現在（平成十五年）はフリーズド・タイプ（酒やワインなど用）、粉末タイプ（薬品や化粧品用）、ペーストタイプ（和・洋菓子、麵類など用）と三タイプを開発したという。原料の紅花は中国から輸入して商品開発を進めているが、今後は地元産の紅花を化粧品などの高級品向けに使いたいとのことであった。

紅花が、がんや脳梗塞などの予防に利用されたり、フリーズドライの普及によって手軽に食品に添加できるようになると、山形県下にふたたび最上紅花の畑がひろがることだろう。

参考文献

〈染織〉

『琉球更紗の発生　古琉球紅型解題』伊波普猷、一九二八年
『琉球　日本の工芸』（別巻）、外間正幸編、淡交新社、一九六六年
『琉球王家伝来衣裳』琉球王家伝来衣裳刊行委員会編、講談社、一九七二年
『古琉球紅型』鎌倉芳太郎編、京都書院、一九六九年
『紅型』（日本の染織18）、吉岡幸雄、京都書院、一九九三年
『沖縄の色彩及び染織と民俗』上村六郎、衣生活研究会、一九七一年
『更紗』（日本の染織20）、吉岡幸雄、京都書院、一九九三年
『染』（日本の美術7）、山辺知行編、至文堂、一九六六年
『染織』（原色日本の美術20）、山辺知行編、小学館、一九六九年
『染織』（日本美術大系8）、山辺知行編、講談社、一九六〇年
『織物』（日本の美術12）、西村兵部編、至文堂、一九六七年
『有職織物』（人間国宝シリーズ17）、高田倭男、講談社、一九八一年
『色の手帳』尚学図書編、小学館、一九八八年
『色』（ものと人間の文化史38）、前田雨城、法政大学出版局、一九八〇年
『色の歴史手帖』吉岡幸雄、ＰＨＰ研究所、一九九五年

『友禅染』(日本の美術106)、北村哲郎、至文堂、一九七五年
『天然染料の研究』吉岡常雄、光村推古書院、一九七四年
『色を染める　藍と紅』大竹三郎、大日本図書、一九八三年
『刺繍』(日本の美術59)、守田公夫編、至文堂、一九七一年
『公家の染織』(日本の染織)、高田倭男、中央公論社、一九八二年
『日本染織芸術叢書』北村哲郎・西村兵部、芸艸堂、一九七〇―七七年
『武家の染織』(日本の染織)、山辺知行、中央公論社、一九八二年
『小袖』(日本の染織)、今永清士、中央公論社、一九八三年
『友禅染』(日本の染織5)、丸山伸彦、京都書院、一九九三年
『近代の染織』(日本の染織17)、藤山健三、京都書院、一九九三年
『小袖』山辺知行・北村哲郎、三一書房、一九六三年
『続　小袖』山辺知行・北村哲郎、三一書房、一九六三年
『小袖』(日本の染織)、切畑健、中央公論社、一九八三年
『小袖』(日本の染織4)、長崎巖、京都書院、一九九三年
『小袖と能衣装』野間清六、平凡社、一九六五年
『振袖』(日本の染織6)、長崎巖、京都書院、一九九四年
『織物』(日本の美術12)、西村兵部編、至文堂、一九六七年
『染織の美と技術』(丸善ブックス)、柏木希介編、丸善、一九九六年
『日本の織物』北村哲郎、源流社、一九七六年
『日本のきもの』龍村謙、中央公論社、一九六六年
『日本の草木染』上村六郎、京都書院、一九八九年
『万葉染色の研究』上村六郎、晃文社、一九四三年

『民族と染色文化』上村六郎、靖文社、一九四三年
『染織の文化』(シリーズ1〜5)、朝日新聞社編、朝日新聞社、一九八五年
『衣の文化』(シリーズ1〜2)、朝日新聞社編、朝日新聞社、一九八六年
『織りと染めもの』(日本人の生活と文化)、竹内淳子、ぎょうせい、一九八二年
『藍　風土が生んだ色』(ものと人間の文化史65—I)、竹内淳子、法政大学出版局、一九九一年
『藍　暮らしが育てた色』(ものと人間の文化史65—II)、竹内淳子、法政大学出版局、一九九九年
『草木染』山崎青樹、美術出版社、一九九五年
『日本草木染譜』山崎青樹、染織と生活社、一九八六年
『型染』神谷栄子、芸艸堂、一九七五年
『聞き書き職人伝　51人衆』松田国男、一九九九年
『よみがえった古代の色』金子晋、学生社、一九九〇年
『有職故実』河鰭実英、塙書房、一九六〇年

〈歴史〉

『染織の文化史』藤井守一、理工学社、一九八六年
『日本色彩文化史』前田千寸、岩波書店、一九六〇年
『日本産業史大系』(巻一〜巻八)、地方史研究協議会編、東京大学出版会、一九五九年
『日本産業発達史』小野晃嗣、至文堂、一九四一年
『正倉院展』(目録)、奈良国立博物館、一九七八〜
『正倉院ぎれ』松本包夫、学生社、一九八二年
『正倉院』(岩波新書)、東野治之、岩波書店、一九八八年
『流砂の道　西域南道を行く』井上靖・NHK取材班、日本放送出版協会、一九八八年

『国史大系本』（全冊）、吉川弘文館、一九三七年
『熱砂と波濤の〝絹の道〟』藤原進編、日本交通公社、一九八二年
『流域をたどる歴史』（東北編）、豊田武他編、ぎょうせい、一九七八年
『大和の考古学50年』橿原考古学研究所編、学生社、一九八八年
『沖縄歴史物語』山里永吉、勁草書房、一九六七年
『沖縄文化史』阿波根朝松、沖縄タイムス社、一九七〇年
『上杉家伝来衣裳』山辺知行・神谷栄子、講談社、一九六九年
『上杉神社の服飾品』（『ミュージアム』56号）、山辺知行、一九五五年
『日本の服装』歴世服装美術研究会編、吉川弘文館、一九六四年
『服飾史図絵』猪熊兼繁他、駸々堂、一九六九年
『有職と故実』鈴木敬三、河原書店、一九五〇年
『有職故実』江馬務、河原書店、一九六五年
『日本の服装美術』東京国立博物館編、東京美術、一九六五年
『日本服飾史』日野西資孝、恒春閣、一九五三年
『服装の歴史』高田倭男、中央公論社、一九九五年
『薩藩の文化』岩元禧、鹿児島市教育会、一九三五年
『古代中国と倭族』（中公新書）、鳥越憲三郎、中央公論社、二〇〇〇年
『邪馬台国発掘』奥野正男、ＰＨＰ研究所、一九八三年
『高松塚古墳』（日本の美術217）、猪熊兼勝・渡辺明義、至文堂、一九八四年
『高松塚古墳』森岡秀人・網干善教、読売新聞社、一九九五年
『壁画古墳の謎』上田正昭他、講談社、一九七二年
『埴輪と絵画の古代学』辰巳和弘、白水社、一九九二年

『新訂魏志倭人伝』(岩波文庫)、石原道博編訳、岩波書店、一九五一年
『新版・魏志倭人伝』山尾幸久、講談社、一九八六年
『倭人伝を徹底して読む』(朝日文庫)、古田武彦、朝日新聞社、一九九二年
『倭人伝の世界』森浩一、小学館、一九八三年
『古代史を解く鍵』(講談社学術文庫)、有坂隆道、一九九九年
『早わかり古代史』松尾光、日本実業出版社、二〇〇二年
『日本の国宝　奈良　高松塚古墳壁画外』(週刊朝日百科)、朝日新聞社、一九九七年
『日本庶民生活史料集成』(第十巻)、宮本常一他、三一書房、一九七〇年
『山形県の百年』岩本由輝、山川出版社、一九八五年
『山形県の歴史』横山昭男他、山川出版社、一九九八年
『鹿児島県の歴史』原口泉他、山川出版社、一九九九年
『山形屋247年』(株式会社設立80周年記念)、一九九八年
『下池山古墳　中山大塚古墳調査概報』奈良県立橿原考古学研究所、学生社、一九九七年
『明治事物起原』石井研堂、春陽堂、一九二六年
『王朝絵巻――貴族の世界』鈴木敬三監修、毎日新聞社、一九九〇年
『飛鳥の謎』川野京輔・麦野広志、徳間書店、一九七二年

〈古典〉

『風土記』(日本古典文学大系2)、秋本吉郎校注、岩波書店、一九五八年
『「古事記」「日本書紀」総覧』上田正昭他、新人物往来社、一九九〇年
『日本書紀』(上・中・下)、(教育社新書)、山田宗睦訳、教育社、一九九二年
『万葉集注釈』(巻一～巻二〇)、澤瀉久孝、中央公論社、一九五七～六八年

『万葉集全講』（上・中・下）、武田祐吉、明治書院、一九八一年
『万葉の時代』（岩波新書）、北山茂夫、岩波書店、一九八三年
『倭名類聚鈔』正宗敦夫編、風間書房、一九七〇年
『和漢三才図会』（東洋文庫）、寺島良安編、平凡社、一九七〇年
『一立齋廣重一世一代　江戸百景』魚屋榮吉梓、小川煙村編、吉川弘文館、一九一八年
『名所江戸百景㈠〜㈢』宮尾しげを解説、集英社、一九七五年
『春日権現験記絵巻』（上・下）、小松茂美編、中央公論社、一九八二年
『東遊雑記　奥羽・松前巡見私記』（東洋文庫）、古川古松軒、大藤時彦編、平凡社、一九八六年
『日本書紀』（上・下）、井上光貞監訳、中央公論社、一九八七年
『日本農書全集45』（名物紅の袖）、佐藤常雄他、農山漁村文化協会、一九九三年
『延喜式』虎尾俊哉、吉川弘文館、一九六四年
『校訂延喜式』（上・中・下）、皇典講究所全国神職会校訂、臨川書店刊、一九三一年
『機織彙編』（江戸科学古典叢書15）、青木国夫解説、恒和出版、一九七九年
『嬉遊笑覧』（日本随筆大成）、喜多村信節、吉川弘文館、一九七九年
『毛吹草』（岩波文庫）、松江重頼、新村出校閲、竹内若校訂、岩波書店、一九四三年
『近世風俗史』喜多川守貞、更生閣書店、一九〇八年
『守貞謾稿』（一巻〜五巻）、喜多川守貞、朝倉治彦・柏川修一校訂、東京堂出版、一九七三年
『守貞謾稿図版集成』高橋雅夫編、雄山閣、二〇〇二年
『守貞謾稿近世風俗志』（一〜二）（岩波文庫）、喜多川守貞、宇佐美英機校訂、岩波書店、一九九六年
『経済要録』（岩波文庫）、佐藤信淵、瀧本誠一校訂、岩波書店、一九二八年
『職人尽歌合』北小路健、国書刊行会、一九七四年
『奥の細道　三百年を走る』（丸善ライブラリー）、菅野拓也、二〇〇〇年

『おくのほそ道』高橋治、講談社、一九九四年
『おくのほそ道　全行程を往く』石堂秀夫、三一書房、一九九四年
『おくのほそ道』安東次男、岩波書店、一九八三年
『おくのほそ道』萩原恭男校注、岩波書店、一九八二年

〈民俗〉

『みちのく山河行』真壁仁、法政大学出版局、一九八二年
『紅花幻想』真壁仁、山形新聞社、一九七八年
『紅と藍』真壁仁、平凡社、一九七九年
『紅花物語』（角川文庫）、水上勉、角川書店、一九七一年
『植物和名の語源』深津正、八坂書房、一九八九年
『日本の風俗と文化』中村太郎、創元社、一九九一年
『文明移転』江上波夫・伊東俊太郎、中央公論社、一九八四年
『最上紅花史の研究』今田信一、井場書店、一九七二年
『江戸の化粧』陶智子、新典社、一九九九年
『化粧』（ものと人間の文化史4）、久下司、法政大学出版局、一九七二年
『化粧ものがたり』高橋雅夫、雄山閣、一九九七年
『日本の化粧——道具と心模様』ポーラ文化研究所編、ポーラ文化研究所コレクション2、一九八九年
『錦とボロの話』龍村平蔵、学生社、一九六七年
『長安から河西回廊へ』（NHKシルクロード第一巻）、陳舜臣・NHK取材班、日本放送出版協会、一九八八年
『中国古代の諸民族』李家正文、木耳社、一九八九年
『中国文化のルーツ』郭伯南他、東京美術・人民中国雑誌社編、東京美術、一九九〇年

『物語中国の歴史』（中公新書）、寺田隆信、中央公論社、一九九七年
『中国の歴史』（上・下）、貝塚茂樹、岩波書店、一九六四年
『中国の歴史』陳舜臣（一―一二巻）、平凡社、一九八〇年
『対話「東北」論』樺山紘一他、福武書店、一九八四年
『朱の伝説』邦光史郎、集英社、一九九四年
『植物と民俗』宇都宮貞子、岩崎美術社、一九八二年
『時代雛』林重見編、河北町商工観光課・やまがた広域観光協議会、二〇〇二年
『国訳　本草綱目』白井光太郎監修、鈴木眞海翻訳、春陽堂、一九三〇年
『漢方薬・生薬』（薬剤師講座テキスト3）、㈶日本薬剤師研修センター、二〇〇〇年
『船』（ものと人間の文化史1）、須藤利一編、法政大学出版局、一九六八年
『近世海運史の研究』柚木学、法政大学出版局、一九七九年
『技術と民俗』（下）（日本民俗文化大系第一四巻）、網野善彦他編、小学館、一九八六年
『紅花資料館』河北町紅花資料館編、河北町教育委員会、一九九四年
『定本江戸商売図絵』三谷一馬、立風書房、一九八六年
『安政四年久保村須田家日記』（上尾市史編さん調査報告書第六集）、上尾市教育委員会、一九九三年
『武州の紅花――上尾地方を中心として』（上尾市文化財調査報告第三集）、上尾市教育委員会、一九七八年

〈事典・辞典〉

『牧野　新日本植物図鑑』牧野富太郎、北隆館、一九六一年
『万葉集事典』佐々木信綱、平凡社、一九五六年
『日本服飾史辞典』河鰭実英、東京堂出版、一九六九年
『染織辞典』日本織物新聞社編纂部編、日本織物新聞社、一九三一年

『沖縄文化史辞典』琉球政府文化財保護委員会監修、真栄田義見他編、東京堂出版、一九七二年
『沖縄大百科事典』沖縄タイムス社、一九八三年
『草木染の事典』山崎青樹、東京堂出版、一九八一年
『事物起源辞典』(衣食住編)、朝倉治彦他編、東京堂出版、一九八〇年
『色彩の事典』川上元郎他、朝倉書店、一九八七年
『中国古典名言事典』諸橋轍次、講談社、一九七二年
『日本色彩事典』武井邦彦、笠間書院、一九七三年
『江戸学事典』西山松之助他、弘文堂、一九八四年
『江戸物価事典』小野武雄、展望社、一九八八年
『きもの地の事典』竹内淳子、青桐社、一九七四年
『風俗事典』坂本太郎監修、東京堂出版、一九七八年
『民俗学辞典』民俗学研究所、東京堂出版、一九七四年
『日本風俗史事典』日本風俗史学会編、弘文堂、一九七九年
『大衆薬事典』日本大衆薬工業協会、二〇〇二年
『精選中国地名辞典』塩英哲編訳、凌雲出版、一九八三年

あとがき

『紅花』は私の胸の中に、長いことあたためていたテーマであった。その理由は、紅花を一般の染料植物と同じに扱うには、あまりにも効用が広いのである。染料のほかに、顔料（化粧料・美術絵具）、薬用、食用紅などに利用されて、私たち人間生活にさまざまな文化をもたらしてくれたからであり、その文化の跡を辿ってみたいという願いからであった。しかし、実際に調査を進めていくうちに、紅花についての文献・資料が案外少なく、戸惑う日々であった。

あるとき、聖徳太子像の剣の装飾に臙脂《えんじ》が使われていることを知った。その像は国宝「聖徳太子及二王子像」である。私は臙脂使用の確かな出典を知りたかった。いろいろ調べてようやくわかったのは、『国華』第七一号、明治二十八年（一八九五）に黒川真頼の「聖徳太子像之辨」の記述である。概略は次のようである。

「本像の彩色は緑青、朱、雌黄、銀などで、剣の装飾に緑青、雌黄、銀泥、臙脂が使われている。太子は朱華《はねず》の袍を着ており、この皇族の服制は天武天皇十四年（六八五）から、持統天皇在位（〜六九七）中のことなので、七世紀末の遺品とするに矛盾がなく、日本最古の肖像画」。

太子像については、多くの研究者によって解明されていたこととおもうが、私としては紅花の小さな花を通して「古代」をうかがい知ることができて、胸がふるえるほど嬉しく、感動的な発見であった。こうして少しずつ紅花の歴史を辿り、少しずつ新しい発見をしながら筆を進めた。

藤ノ木古墳（奈良県）から紅花の花粉が検出されたと聞いたが、紅花をなにに使ったかわかっていない。そこで高松塚古墳の彩色について調べてみたが、朱や緑青などの鉱物性の顔料が使われており、臙脂は使われていないようであった。

エジプト原産といわれる紅花は、古代エジプトのミイラを包む布を染め、防腐の役に使われていた。詩人であり、『みちのく山河行』などの著書のある真壁仁氏は、紅花をたずねてエジプトを旅している。が、古代につらなる紅花を見かけることはなかったそうである。現在のエジプトの紅花は、アメリカから逆輸入した「とげなし紅花」で、油を採るための改良種だそうである。

私は紅花の咲いている時節に山形県下を旅すると、とげのある「最上紅花」を求めて、大きな花束を抱えて帰京する。とげのある紅花は乾燥に強く、日光と風に当てると葉は緑を失うが、花はいつまでも黄橙色を保っている。簡単にドライフラワーが出来あがる。この紅花を見ていると、紅花のふるさとが熱暑と乾燥の風土である証《あかし》を見るようだ。そのエジプトでは、原種である染料用の紅花は失われ、遠く日本の地で一千年以上の歴史を保ち、今日もなお生きつづけていることが尊く思われる。これからも私たち日本人と共に生き続け、多くの文化を育てて欲しいと願わずにはいられない。

今、ようやく『紅花』を脱稿することができ、私としては無上の喜びを感じている。ペンを擱《お》くに当たって、ここ二、三年、憑《つ》かれたように紅花を追って取材した日々が、遠い日のことのようになつかしく思い出される。そして、その間に多くの方々のご好意によって『紅花』を上梓できることが、なによりも嬉しく、心から有難く、深く感謝申し上げる。

また、『紅花』の出版に際して、特別のご厚情をいただいた法政大学出版局の松永辰郎氏に、あわせて心からお礼を申し上げる。

二〇〇四年　晩春

竹内淳子

著者略歴

竹内淳子（たけうち じゅんこ）

東京に生まれる．大妻女子専門学校（現・大妻女子大学）卒業．同校助手となり，岩松マス先生（被服学），瀬川清子先生（民俗学）に師事．日本民俗学会会員．著書に『藍』Ⅰ・Ⅱ，『草木布』Ⅰ・Ⅱ（以上，法政大学出版局），『民芸の旅』『現代の工芸』（保育社），『木綿の旅』（駸々堂），『織りと染めもの』（ぎょうせい），『工芸家になるには』（ぺりかん社），『工芸』（近藤出版社，共著），『備前』（保育社，共著）などがある．

ものと人間の文化史　121・紅花（べにばな）

2004年７月28日　　初版第１刷発行

著　者 © 竹　内　淳　子

発行所 財団法人 法政大学出版局

〒102-0073 東京都千代田区九段北3-2-7

電話03(5214)5540　振替00160-6-95814

印刷／平文社　製本／鈴木製本所

Printed in Japan

ISBN4-588-21211-7　C0320

ものと人間の文化史

★第9回梓会出版文化賞受賞

文化の基礎をなすと同時に人間のつくり上げたもっとも具体的な「かたち」である個々の「もの」について、その根源から問い直し、「もの」とのかかわりにおいて営々と築かれてきたくらしの具体相を通じて歴史を捉え直す

1 須藤利一編

船

海国日本では古来、漁業・水運・交易はもとより、大陸文化も船によって運ばれた。本書は造船技術、航海の模様の推移を中心に、漂流、船霊信仰、伝説の数々を語る。四六判368頁・'68

2 直良信夫

狩猟

人類の歴史は狩猟から始まった。本書は、わが国の遺跡に出土する獣骨、猟具の実証的考察をおこないながら、狩猟をつうじて発展した人間の知恵と生活の軌跡を辿る。四六判272頁・'68

3 立川昭二

からくり

〈からくり〉は自動機械であり、驚嘆すべき庶民の技術的創意がこめられている。本書は、日本と西洋のからくりを発掘・復元・遍歴し、埋もれた技術の水脈をさぐる。四六判410頁・'69

4 久下司

化粧

美を求める人間の心が生みだした化粧―その手法と道具に語らせた人間の欲望と本性、そして社会関係。歴史を遡り、全国を踏査して書かれた比類ない美と醜の文化史。四六判368頁・'70

5 大河直躬

番匠

番匠はわが国中世の建築工匠。地方・在地を舞台に開花した彼らの造型・装飾・工法等の諸技術、さらに信仰と生活等、職人以前の独自で多彩な工匠的世界を描き出す。四六判288頁・'71

6 額田巌

結び

〈結び〉の発達は人間の叡知の結晶である。本書はその諸形態および技法を作業・装飾・象徴の三つの系譜に辿り、〈結び〉のすべてを民俗学的・人類学的に考察する。四六判264頁・'72

7 平島裕正

塩

人類史に貴重な役割を果たしてきた塩をめぐって、発見から伝承・製造技術の発展過程にいたる総体を歴史的に描き出すとともに、その多彩な効用と味覚の秘密を解く。四六判272頁・'73

8 潮田鉄雄

はきもの

田下駄・かんじき・わらじなど、日本人の生活の礎となってきた伝統的はきものの成り立ちと変遷を、二〇年余の実地調査と細密な観察・描写によって辿る庶民生活史 四六判280頁・'73

9 井上宗和

城

古代城塞・城柵から近世代名の居城として集大成されるまでの日本の城の変遷を辿り、文化の各領野で果たしてきたその役割を再検討。あわせて世界城郭史に位置づける。四六判310頁・'73

10 竹 室井綽
食生活、建築、民芸、造園、信仰等々にわたって、竹と人間との交流史は驚くほど深く永い。その多岐にわたる発展の過程を個々に辿り、竹の特異な性格を浮彫にする。四六判324頁・'73

11 海藻 宮下章
古来日本人にとって生活必需品とされてきた海藻をめぐって、その採取・加工法の変遷、商品としての流通史および神事・祭事での役割に至るまでを歴史的に考証する。四六判330頁・'74

12 絵馬 岩井宏實
古くは祭礼における神への献馬にはじまり、民間信仰と絵画のみごとな結晶として民衆の手で描かれ祀り伝えられてきた各地の絵馬を豊富な写真と史料によってたどる。四六判302頁・'74

13 機械 吉田光邦
畜力・水力・風力などの自然のエネルギーを利用し、幾多の改良を経て形成された初期の機械の歩みを検証し、日本文化の形成における科学・技術の役割を再検討する。四六判242頁・'74

14 狩猟伝承 千葉徳爾
狩猟には古来、感謝と慰霊の祭祀がともない、人獣交渉の豊かで意味深い歴史があった。狩猟用具、巻物、儀式具、またけものたちの生態を通して語る狩猟文化の世界。四六判346頁・'75

15 石垣 田淵実夫
採石から運搬、加工、石積みに至るまで、石垣の造成をめぐって積み重ねられてきた石工たちの苦闘の足跡を掘り起こし、その独自な技術の形成過程と伝承を集成する。四六判224頁・'75

16 松 高嶋雄三郎
日本人の精神史に深く根をおろした松の伝承に光を当て、食用、薬用等の実用の松、祭祀・観賞用の松、さらに文学・芸能・美術に表現された松のシンボリズムを説く。四六判342頁・'75

17 釣針 直良信夫
人と魚との出会いから現在に至るまで、釣針がたどった一万有余年の変遷を、世界各地の遺跡出土物を通して実証しつつ、漁撈によって生きた人々の生活と文化を探る。四六判278頁・'76

18 鋸 吉川金次
鋸鍛冶の家に生まれ、鋸の研究を生涯の課題とする著者が、出土遺品や文献・絵画により各時代の鋸を復元・実験し、庶民の手仕事にみられる驚くべき合理性を実証する。四六判360頁・'76

19 農具 飯沼二郎／堀尾尚志
鍬と犂の交代・進化の歩みとして発達したわが国農耕文化の発展経過を世界史的視野において再検討しつつ、無名の農具たちによる驚くべき創意のかずかずを記録する。四六判220頁・'76

20　額田巌
包み
結びとともに文化の起源にかかわる〈包み〉の系譜を人類史的視野において捉え、衣・食・住をはじめ社会・経済史、信仰、祭事などにおけるその実際と役割とを描く。四六判354頁・'77

21　阪本祐二
蓮
仏教における蓮の象徴的位置の成立と深化、美術・文芸等に見る人間とのかかわりを歴史的に考察。また大賀蓮はじめ多様な品種とその来歴を紹介しつつその美を語る。四六判306頁・'77

22　小泉袈裟勝
ものさし
ものをつくる人間にとって最も基本的な道具であり、数千年にわたって社会生活を律してきたその変遷を実証的に追求し、歴史の中で果たしてきた役割を浮彫りにする。四六判314頁・'77

23-I　増川宏一
将棋I
その起源を古代インドに、我国への伝播の道すじを海のシルクロードに探り、また伝来後一千年におよぶ日本将棋の変化と発展を盤、駒、ルール等にわたって跡づける。四六判280頁・'77

23-II　増川宏一
将棋II
わが国伝来後の普及と変遷を貴族や武家・豪商の日記等に博捜し、遊戯者の歴史をあとづけると共に、中国伝来説の誤りを正し、将棋宗家の位置と役割を明らかにする。四六判346頁・'85

24　金井典美
湿原祭祀　第2版
古代日本の自然環境に着目し、各地の湿原聖地を稲作社会との関連において捉え直して古代国家成立の背景を浮彫にしつつ、水と植物にまつわる日本人の宇宙観を探る。四六判410頁・'77

25　三輪茂雄
臼
臼が人類の生活文化の中で果たしてきた役割を、各地に遺る貴重な民俗資料・伝承と実地調査にもとづいて解明。失われゆく道具のなかに、未来の生活文化の姿を探る。四六判412頁・'78

26　盛田嘉徳
河原巻物
中世末期以来の被差別部落民が生きる権利を守るために偽作し護り伝えてきた河原巻物を全国にわたって踏査し、そこに秘められた最底辺の人びとの叫びに耳を傾ける。四六判226頁・'78

27　山田憲太郎
香料　日本のにおい
焼香供養の香から趣味としての薫物へ、さらに沈香木を焚く香道へと変遷した日本の「匂い」の歴史を豊富な史料に基づいて辿り、我国風俗史の知られざる側面を描く。四六判370頁・'78

28　景山春樹
神像　神々の心と形
神仏習合によって変貌しつつも、常にその原型＝自然を保持してきた日本の神々の造型を図像学的方法によって捉え直し、その多彩な形象に日本人の精神構造をさぐる。四六判342頁・'78

29 増川宏一
盤上遊戯
祭具・占具としての発生を『死者の書』をはじめとする古代の文献にさぐり、形状・遊戯法を分類しつつその〈進化〉の過程を考察。〈遊戯者たちの歴史〉をも跡づける。四六判326頁・'78

30 田淵実夫
筆
筆の里・熊野に筆づくりの現場を訪ねて、筆匠たちの境涯と製筆の由来を克明に記録しつつ、筆の発生と変遷、種類、製筆法、さらには筆塚、筆供養にまで説きおよぶ。四六判204頁・'78

31 橋本鉄男
ろくろ
日本の山野を漂移しつづけ、高度の技術文化と幾多の伝説とをもたらした特異な旅職集団＝木地屋の生態を、その呼称、地名、伝承、文書等をもとに生き生きと描く。四六判460頁・'79

32 吉野裕子
蛇
日本古代信仰の根幹をなす蛇巫をめぐって、祭事におけるさまざまな蛇の「もどき」や各種の蛇の造型・伝承に鋭い考証を加え、忘れられたその呪性を大胆に暴き出す。四六判250頁・'79

33 岡本誠之
鋏（はさみ）
梃子の原理の発見から鋏の誕生に至る過程を推理し、日本鋏の特異な歴史的位置を明らかにするとともに、刀鍛冶等から転進した鋏職人たちの創意と苦闘の跡をたどる。四六判396頁・'79

34 廣瀬鎮
猿
嫌悪と愛玩、軽蔑と畏敬の交錯する日本人とサルとの関わりあいの歴史を、狩猟伝承や祭祀・風習、美術・工芸や芸能のなかに探り、日本人の動物観を浮彫りにする。四六判292頁・'79

35 矢野憲一
鮫
神話の時代から今日まで、津々浦々につたわるサメの伝承とサメをめぐる海の民俗を集成し、神饌、食用、薬用等に活用されてきたサメと人間のかかわりの変遷を描く。四六判292頁・'79

36 小泉袈裟勝
枡
米の経済の枢要をなす器として千年余にわたり日本人の生活の中に生きてきた枡の変遷をたどり、記録・伝承をもとにこの独特な計量器が果たした役割を再検討する。四六判322頁・'80

37 田中信清
経木
食品の包装材料として近年まで身近に存在した経木の起源を、こけら経や塔婆、木簡、屋根板等に遡って明らかにし、その製造・流通に携った人々の労苦の足跡を辿る。四六判288頁・'80

38 前田雨城
色 染と色彩
わが国古代の染色技術の復元と文献解読をもとに日本色彩史を体系づけ、赤・白・青・黒等におけるわが国独自の色彩感覚を探りつつ日本文化における色の構造を解明。四六判320頁・'80

39 吉野裕子
狐 陰陽五行と稲荷信仰
その伝承と文献を渉猟しつつ、中国古代哲学＝陰陽五行の原理の応用という独自の視点から、謎とされてきた稲荷信仰と狐との密接な結びつきを明快に解き明かす。 四六判232頁・'80

40-Ⅰ 増川宏一
賭博Ⅰ
時代、地域、階層を超えて連綿と行なわれてきた賭博。——その起源を古代の神判、スポーツ、遊戯等の中に探り、抑圧と許容の歴史を物語る。全Ⅲ分冊の〈総説篇〉。 四六判298頁・'80

40-Ⅱ 増川宏一
賭博Ⅱ
古代インド文学の世界からラスベガスまで、賭博の形態・用具・方法の時代的特質を明らかにし、夥しい禁令に賭博の不滅のエネルギーを見る。全Ⅲ分冊の〈外国篇〉。 四六判456頁・'82

40-Ⅲ 増川宏一
賭博Ⅲ
聞香、闘茶、笠附等、わが国独特の賭博を中心にその具体例を網羅し、方法の変遷に賭博の時代性を探りつつ禁令の改廃に時代の賭博観を追う。全Ⅲ分冊の〈日本篇〉。 四六判388頁・'83

41-Ⅰ むしゃこうじ・みのる
地方仏Ⅰ
古代から中世にかけて全国各地で作られた無銘の仏像を訪ね、素朴で多様なノミの跡に民衆の祈りと地域の願望を探る。宗教の伝播、文化の創造を考える異色の紀行。 四六判256頁・'80

41-Ⅱ むしゃこうじ・みのる
地方仏Ⅱ
紀州や飛騨を中心に草の根の仏たちを訪ねて、その相好と像容の魅力を探り、技法を比較考証して仏像彫刻史に位置づけつつ、中世地域社会の形成と信仰の実態に迫る。 四六判260頁・'97

42 岡田芳朗
南部絵暦
田山・盛岡地方で「盲暦」として古くから親しまれてきた独得の絵解き暦を詳しく紹介しつつその全体像を復元する。その無類の生活暦は、南部農民の哀歓をつたえる。 四六判288頁・'80

43 青葉高
野菜 在来品種の系譜
蕪、大根、茄子等の日本在来野菜をめぐって、その渡来・伝播経路、品種分布と栽培のいきさつを各地の伝承や古記録をもとに辿り、畑作文化の源流とその風土を描く。 四六判368頁・'81

44 中沢厚
つぶて
弥生投弾、古代・中世の石戦と印地の様相、投石具の発達を展望しつつ、願かけの小石、正月つぶて、石こづみ等の習俗を辿り、石塊に託した民衆の願いや怒りを探る。 四六判338頁・'81

45 山田幸一
壁
弥生時代から明治期に至るわが国の壁の変遷を壁塗＝左官工事の側面から辿り直し、その技術的復元・考証を通じて建築史・文化史における壁の役割を浮き彫りにする。 四六判296頁・'81

46 小泉和子
箪笥（たんす）
★第11回江馬賞受賞
近世における箪笥の出現＝箱から抽斗への転換に着目し、以降近現代に至るその変遷を社会・経済・技術の側面からあとづける。著者自身による箪笥製作の記録を付す。 四六判378頁・'82

47 松山利夫
木の実
山村の重要な食糧資源であった木の実をめぐる各地の記録・伝承を集成し、その採集・加工における幾多の試みを実地に検証しつつ、稲作農耕以前の食生活文化を復元。 四六判384頁・'82

48 小泉袈裟勝
秤（はかり）
秤の起源を東西に探るとともに、わが国律令制下における中国制度の導入、近世商品経済の発展に伴う秤座の出現、明治期近代化政策による洋式秤受容等の経緯を描く。 四六判326頁・'82

49 山口健児
鶏（にわとり）
神話・伝説をはじめ遠い歴史の中の鶏を古今東西の伝承・文献に探り、特に我国の信仰・絵画・文学等に遺された鶏の足跡を追って、鶏をめぐる民俗の記憶を蘇らせる。 四六判346頁・'83

50 深津正
燈用植物
人類が燈火を得るために用いてきた多種多様な植物との出会いと個々の植物の来歴、特性及びはたらきを詳しく検証しつつ「あかり」の原点を問いなおす異色の植物誌。 四六判442頁・'83

51 吉川金次
斧・鑿・鉋（おの・のみ・かんな）
古墳出土品や文献・絵画をもとに、古代から現代までの斧・鑿・鉋を復元・実験し、労働体験によって生まれた民衆の知恵と道具の変遷を蘇らせる異色の日本木工具史。 四六判304頁・'84

52 額田巌
垣根
大和・山辺の道に神々と垣との関わりを探り、各地に垣の伝承を訪ねて、寺院の垣、民家の垣、露地の垣など、風土と生活に培われた生垣の独特のはたらきと美を描く。 四六判234頁・'84

53-Ⅰ 四手井綱英
森林Ⅰ
森林生態学の立場から、森林のなりたちとその生活史を辿りつつ、産業の発展と消費社会の拡大により刻々と変貌する森林の現状を語り、未来への再生のみちをさぐる。 四六判306頁・'85

53-Ⅱ 四手井綱英
森林Ⅱ
森林と人間との多様なかかわりを包括的に語り、人と自然が共生するための森や里山をいかにして創出するか、森林再生への具体的な方策を提示する21世紀への提言。 四六判308頁・'98

53-Ⅲ 四手井綱英
森林Ⅲ
地球規模で進行しつつある森林破壊の現状を実地に踏査し、森と人が共存する日本人の伝統的自然観を未来へ伝えるために、いま何が必要なのかを具体的に提言する。 四六判304頁・'00

54　酒向昇
海老（えび）
人類との出会いからエビの科学、漁法、さらには調理法を語り、めでたい姿態と色彩にまつわる多彩なエビの民俗を、地名や人名、詩歌・文学、絵画や芸能の中に探る。四六判４２８頁・'85

55-I　宮崎清
藁（わら）I
稲作農耕とともに二千年余の歴史をもち、日本人の全生活領域に生きてきた藁の文化を日本文化の原型として捉え、風土に根ざしたそのゆたかな遺産を詳細に検討する。四六判４００頁・'85

55-II　宮崎清
藁（わら）II
床・畳から壁・屋根にいたる住居における藁の製作・使用のメカニズムを明らかにし、日本人の生活空間における藁の役割を見なおすとともに、藁の文化の復権を説く。四六判４００頁・'85

56　松井魁
鮎
清楚な姿態と独特な味覚によって、日本人の目と舌を魅了しつづけてきたアユ——その形態と分布、生態、漁法等を詳述し、古今のアユ料理や文芸にみるアユにおよぶ。四六判２９６頁・'86

57　額田巌
ひも
物と物、人と物とを結びつける不思議な力を秘めた「ひも」の謎を追って、民俗学的視点から多角的なアプローチを試みる。『結び』、『包み』につづく三部作の完結篇。四六判２５０頁・'86

58　北垣聰一郎
石垣普請
近世石垣の技術者集団「穴太」の足跡を辿り、各地城郭の石垣遺構の実地調査と資料・文献をもとに石垣普請の歴史的系譜を復元しつつ石工たちの技術伝承を集成する。四六判４３８頁・'87

59　増川宏一
碁
その起源を古代の盤上遊戯に探ると共に、定着以来二千年の歴史を時代の状況や遊び手の社会環境との関わりにおいて跡づける。逸話や伝説を排して綴る初の囲碁全史。四六判３６６頁・'87

60　南波松太郎
日和山（ひよりやま）
千石船の時代、航海の安全のために観天望気した日和山——多くは忘れられ、あるいは失われた船舶・航海史の貴重な遺跡を追って、全国津々浦々におよんだ調査紀行。四六判３８２頁・'88

61　三輪茂雄
篩（ふるい）
臼とともに人類の生産活動に不可欠な道具であった篩、箕(み)、笊(ざる)の多彩な変遷を豊富な図解入りでたどり、現代技術の先端に再生するまでの歩みをえがく。四六判３３４頁・'89

62　矢野憲一
鮑（あわび）
縄文時代以来、貝肉の美味と貝殻の美しさによって日本人を魅了し続けてきたアワビ——その生態と養殖、神饌としての歴史、漁法、螺鈿の技法からアワビ料理に及ぶ。四六判３４４頁・'89

63　むしゃこうじ・みのる
絵師
日本古代の渡来画工から江戸前期の菱川師宣まで、時代の代表的絵師の列伝で辿る絵画制作の文化史。前近代社会における絵画の意味や芸術創造の社会的条件を考える。　四六判230頁　'90

64　碓井益雄
蛙（かえる）
動物学の立場からその特異な生態を描き出すとともに、和漢洋の文献資料を駆使して故事・習俗・神事・民話・文芸・美術工芸にわたる蛙の多彩な活躍ぶりを活写する。　四六判382頁　'89

65-I　竹内淳子
藍（あい）I　風土が生んだ色
全国各地の〈藍の里〉を訪ねて、藍栽培から染色・加工のすべてにわたり、藍とともに生きた人々の伝承を克明に描き、風土と人間が生んだ〈日本の色〉の秘密を探る。　四六判416頁　'91

65-II　竹内淳子
藍（あい）II　暮らしが育てた色
日本の風土に生まれ、伝統に育てられた藍が、今なお暮らしの中で生き生きと活躍しているさまを、手わざに生きる人々との出会いを通じて描く。藍の里紀行の続篇。　四六判406頁　'99

66　小山田了三
橋
丸木橋・舟橋・吊橋から板橋・アーチ型石橋まで、人々に親しまれてきた各地の橋を訪ねて、その来歴と築橋の技術伝承を辿り、土木文化の伝播・交流の足跡をえがく。　四六判312頁　'91

67　宮内悊　★平成三年度日本技術史学会賞受賞
箱
日本の伝統的な箱（櫃）と西欧のチェストを比較文化史の視点から考察し、居住・収納・運搬・装飾の各分野における箱の重要な役割とその多彩な文化を浮彫りにする。　四六判390頁　'91

68-I　伊藤智夫
絹I
養蚕の起源を神話や説話に探り、伝来の時期とルートを跡づけ、記紀・万葉の時代から近世に至るまで、それぞれの時代・社会・階層が生み出した絹の文化を描き出す。　四六判304頁　'92

68-II　伊藤智夫
絹II
生糸と絹織物の生産と輸出が、わが国の近代化にはたした役割を描くと共に、養蚕の道具、信仰や庶民生活にわたる養蚕と絹の民俗、さらには蚕の種類と生態におよぶ。　四六判294頁　'92

69　鈴木克美
鯛（たい）
古来「魚の王」とされてきた鯛をめぐって、その生態・味覚から漁法、祭り、工芸、文芸にわたる多彩な伝承文化を語りつつ、鯛と日本人とのかかわりの原点をさぐる。　四六判418頁　'92

70　増川宏一
さいころ
古代神話の世界から近現代の博徒の動向まで、さいころの役割を各時代・社会に位置づけ、木の実や貝殻のさいころから投げ棒型や立方体のさいころへの変遷をたどる。　四六判374頁　'92

71 樋口清之
木炭
炭の起源から炭焼、流通、経済、文化にわたる木炭の歩みを歴史・考古・民俗の知見を総合して描き出し、独自で多彩な文化を育んできた木炭の尽きせぬ魅力を語る。 四六判296頁・'93

72 朝岡康二
鍋・釜（なべ・かま）
日本をはじめ韓国、中国、インドネシアなど東アジアの各地を歩きながら鍋・釜の製作と使用の現場に立ち会い、調理をめぐる庶民生活の変遷とその交流の足跡を探る。 四六判326頁・'93

73 田辺悟
海女（あま）
その漁の実際と社会組織、風習、信仰、民具などを克明に描くとともに海女の起源・分布・交流を探り、わが国漁撈文化の古層としての海女の生活と文化をあとづける。 四六判294頁・'93

74 刀禰勇太郎
蛸（たこ）
蛸をめぐる信仰や多彩な民間伝承を紹介するとともに、その生態・分布・捕獲法・繁殖と保護・調理法などを集成し、日本人と蛸との知られざるかかわりの歴史を探る。 四六判370頁・'94

75 岩井宏實
曲物（まげもの）
桶・樽出現以前から伝承され、古来最も簡便・重宝な木製容器として愛用された曲物の加工技術と機能・利用形態の変遷をさぐり、手づくりの「木の文化」を見なおす。 四六判318頁・'94

76-I 石井謙治
和船I
★第49回毎日出版文化賞受賞
江戸時代の海運を担った千石船（弁才船）について、その構造と技術、帆走性能を綿密に調査し、通説の誤りを正すとともに、海難と信仰、船絵馬等の考察にもおよぶ。 四六判436頁・'95

76-II 石井謙治
和船II
★第49回毎日出版文化賞受賞
造船史から見た著名な船を紹介し、遣唐使船や遣欧使節船、幕末の洋式船における外国技術の導入について論じつつ、船の名称と船型を海船・川船にわたって解説する。 四六判316頁・'95

77-I 金子功
反射炉I
日本初の佐賀鍋島藩の反射炉と精練方＝理化学研究所、島津藩の反射炉と集成館＝近代工場群を軸に、日本の産業革命の時代における人と技術を現地に訪ねて発掘する。 四六判244頁・'95

77-II 金子功
反射炉II
伊豆韮山の反射炉をはじめ、全国各地の反射炉建設にかかわった有名無名の人々の足跡をたどり、開国か攘夷かに揺れる幕末の政治と社会の悲喜劇をも生き生きと描く。 四六判226頁・'95

78-I 竹内淳子
草木布（そうもくふ）I
風土に育まれた布を求めて全国各地を歩き、木綿普及以前に山野の草木を利用して豊かな衣生活文化を築き上げてきた庶民の知られざる知恵のかずかずを実地にさぐる。 四六判282頁・'95

78-II　竹内淳子
草木布（そうもくふ）II
アサ、クズ、シナ、コウゾ、カラムシ、フジなどの草木の繊維から、どのようにして糸を採り、布を織っていたのか──聞書きをもとに忘れられた技術と文化を発掘する。四六判282頁・'95

79-I　増川宏一
すごろくI
古代エジプトのセネト、ヨーロッパのバクギャモン、中近東のナルド、中国の双陸などの系譜に日本の盤雙六を位置づけ、遊戯・賭博としてのその数奇なる運命を辿る。四六判312頁・'95

79-II　増川宏一
すごろくII
ヨーロッパの鵞鳥のゲームから日本中世の浄土双六、近世の華麗な絵双六、さらには近現代の少年誌の附録まで、絵双六の変遷を追って時代の社会・文化を読みとる。四六判390頁・'95

80　安達巖
パン
古代オリエントに起ったパン食文化が中国・朝鮮を経て弥生時代の日本に伝えられたことを史料と伝承をもとに解明し、わが国パン食文化二〇〇〇年の足跡を描き出す。四六判260頁・'96

81　矢野憲一
枕（まくら）
神さまの枕・大嘗祭の枕から枕絵の世界まで、人生の三分の一を共に過す枕をめぐって、その材質の変遷を辿り、伝説と怪談、俗信と民俗、エピソードを興味深く語る。四六判252頁・'96

82-I　石村真一
桶・樽（おけ・たる）I
日本、中国、朝鮮、ヨーロッパにわたる厖大な資料を集成してその豊かな文化の系譜を探り、東西の木工技術史を比較しつつ世界史的視野から桶・樽の文化を描き出す。四六判388頁・'97

82-II　石村真一
桶・樽（おけ・たる）II
多数の調査資料と絵画・民俗資料をもとにその製作技術を復元し、東西の木工技術を比較考証しつつ、技術文化史の視点から桶・樽製作の実態とその変遷を跡づける。四六判372頁・'97

82-III　石村真一
桶・樽（おけ・たる）III
樹木と人間とのかかわり、製作者と消費者とのかかわりを通じて桶樽と生活文化の変遷を考察し、木材資源の有効利用という視点から桶樽の文化史的役割を浮彫にする。四六判352頁・'97

83-I　白井祥平
貝I
世界各地の現地調査と文献資料を駆使して、古来至高の財宝とされてきた宝貝のルーツとその変遷を探り、貝と人間とのかかわりの歴史を「貝貨」の文化史として描く。四六判386頁・'97

83-II　白井祥平
貝II
サザエ、アワビ、イモガイなど古来人類とかかわりの深い貝をめぐって、その生態・分布・地方名、装身具や貝貨としての利用法などを豊富なエピソードを交えて語る。四六判328頁・'97

83-Ⅲ　白井祥平
貝Ⅲ
シンジュガイ、ハマグリ、アカガイ、シャコガイなどをめぐって世界各地の民族誌を渉猟し、それらが人類文化に残した足跡を辿る。参考文献一覧／総索引を付す。　四六判392頁・'97

84　有岡利幸
松茸（まつたけ）
秋の味覚として古来珍重されてきた松茸の由来を求めて、稲作文化と里山（松林）の生態系から説きおこし、日本人の伝統的生活文化の中に松茸流行の秘密をさぐる。　四六判296頁・'97

85　朝岡康二
野鍛冶（のかじ）
鉄製農具の製作・修理・再生を担ってきた農鍛冶の歴史的役割を探り、近代化の大波の中で変貌する職人技術の実態をアジア各地のフィールドワークを通して描き出す。　四六判280頁・'98

86　菅　洋
稲　品種改良の系譜
作物としての稲の誕生、稲の渡来と伝播の経緯から説きおこし、明治以降主として庄内地方の民間育種家の手によって飛躍的発展をとげたわが国品種改良の歩みを描く。　四六判332頁・'98

87　吉武利文
橘（たちばな）
永遠のかぐわしい果実として日本の神話・伝説に特別の位置を占めて語り継がれてきた橘をめぐって、その育まれた風土とかずかずの伝承の中に日本文化の特質を探る。　四六判286頁・'98

88　矢野憲一
杖（つえ）
神の依代としての杖や仏教の錫杖に杖と信仰とのかかわりを探り、人類が突きつつ歩んだその歴史と民俗を興味ぶかく語る。多彩な材質と用途を網羅した杖の博物誌。　四六判314頁・'98

89　渡部忠世／深澤小百合
もち（糯・餅）
モチイネの栽培・育種から食品加工、民俗、儀礼にわたってそのルーツと伝承の足跡をたどり、アジア稲作文化という広範な視野からこの特異な食文化の謎を解明する。　四六判330頁・'98

90　坂井健吉
さつまいも
その栽培の起源と伝播経路を跡づけるとともに、わが国伝来後四百年の経緯を詳細にたどり、世界に冠たる育種と栽培・利用法を築いた人々の知られざる足跡をえがく。　四六判328頁・'99

91　鈴木克美
珊瑚（さんご）
海岸の自然保護に重要な役割を果たす岩石サンゴから宝飾品として知られる宝石サンゴまで、人間生活と深くかかわってきたサンゴの多彩な姿を人類文化史として描く。　四六判370頁・'99

92-Ⅰ　有岡利幸
梅Ⅰ
万葉集、源氏物語、五山文学などの古典や天神信仰に表れた梅の足跡を克明に辿りつつ日本人の精神史に刻印された梅を浮彫にし、梅と日本人の二〇〇〇年史を描く。　四六判274頁・'99

92-II 有岡利幸

梅II

その植生と栽培、伝承、梅の名所や鑑賞法の変遷から戦前の国定教科書に表れた梅まで、梅と日本人との多彩なかかわりを探り、桜との対比において梅の文化史を描く。四六判338頁・'99

93 福井貞子

木綿口伝（もめんくでん） 第2版

老女たちからの聞書を経糸とし、厖大な遺品・資料を緯糸として、母から娘へと幾代にも伝えられた手づくりの木綿文化を掘り起し、近代の木綿の盛衰を描く。増補版 四六判336頁・'00

94 増川宏一

合せもの

「合せる」には古来、一致させるの他に、競う、闘う、比べる等の意味があった。貝合せや絵合せ等の遊戯・賭博を中心に、広範な人間の営みを「合せる」行為に辿る。四六判300頁・'00

95 福井貞子

野良着（のらぎ）

明治初期から昭和四〇年までの野良着を収集・分類・整理し、それらの用途と年代、形態、材質、重量、呼称などを精査して、働く庶民の創意にみちた生活史を描く。四六判292頁・'00

96 山内昶

食具（しょくぐ）

東西の食文化に関する資料を渉猟し、食法の違いを人間の自然に対するかかわり方の違いとして捉えつつ、食具を人間と自然をつなぐ基本的な媒介物として位置づける。四六判290頁・'00

97 宮下章

鰹節（かつおぶし）

黒潮からの贈り物・カツオの漁法から鰹節の製法や食法、商品としての流通までを歴史的に展望するとともに、沖縄やモルジブ諸島の調査をもとにそのルーツを探る。四六判382頁・'00

98 出口晶子

丸木舟（まるきぶね）

先史時代から現代の高度文明社会まで、もっとも長期にわたり使われてきた刳り舟に焦点を当て、その技術伝承を辿りつつ、森や水辺の文化の広がりと動態をえがく。四六判324頁・'01

99 有岡利幸

梅干（うめぼし）

日本人の食生活に不可欠の自然食品・梅干をつくりだした先人たちの知恵に学ぶとともに、健康増進に驚くべき薬効を発揮する、その知られざるパワーの秘密を探る。四六判300頁・'01

100 森郁夫

瓦（かわら）

仏教文化と共に中国・朝鮮から伝来し、一四〇〇年にわたり日本の建築を飾ってきた瓦をめぐって、発掘資料をもとにその製造技術、形態、文様などの変遷をたどる。四六判320頁・'01

101 長澤武

植物民俗

衣食住から子供の遊びまで、幾世代にも伝承された植物をめぐる暮らしの知恵を克明に記録し、高度経済成長期以前の農山村の豊かな生活文化を愛惜をこめて描き出す。四六判348頁・'01

102 向井由紀子／橋本慶子
箸（はし）
そのルーツを中国、朝鮮半島に探るとともに、日本人の食生活に不可欠の食具となり、日本文化のシンボルとされるまでに洗練された箸の文化の変遷を総合的に描く。四六判334頁・'01

103 赤羽正春
採集　ブナ林の恵み
縄文時代から今日に至る採集・狩猟民の暮らしを復元し、動物の生態系と採集生活の関連を明らかにしつつ、民俗学と考古学の両面から山に生かされた人々の姿を描く。四六判298頁・'01

104 秋田裕毅
下駄　神のはきもの
古墳や井戸等から出土する下駄に着目し、下駄が地上と地下の他界を結ぶ聖なるはきものであったという大胆な仮説を提出、日本の神々の忘れられた側面を浮彫にする。四六判304頁・'02

105 福井貞子
絣（かすり）
膨大な絣遺品を収集・分類し、絣産地を実地に調査して絣の技法と文様の変遷を地域別・時代別に跡づけ、明治・大正・昭和の手づくりの染織文化の盛衰を描き出す。四六判310頁・'02

106 田辺悟
網（あみ）
漁網を中心に、網に関する基本資料を網羅して網の変遷と網をめぐる民俗を体系的に描き出し、網の文化を集成する。「網に関する小事典」「網のある博物館」を付す。四六判316頁・'02

107 斎藤慎一郎
蜘蛛（くも）
「土蜘蛛」の呼称で畏怖される一方「クモ合戦」など子供の遊びとしても親しまれてきたクモと人間との長い交渉の歴史をその深層に遡って追究した異色のクモ文化論。四六判320頁・'02

108 むしゃこうじ・みのる
襖（ふすま）
襖の起源と変遷を建築史・絵画史の中に探りつつその用と美を浮彫にし、衝立・障子・屏風等と共に日本建築の空間構成に不可欠の建具となるまでの経緯を描き出す。四六判270頁・'02

109 川島秀一
漁撈伝承（ぎょろうでんしょう）
漁師たちからの聞き書きをもとに、寄り物、船霊、大漁旗など、漁撈にまつわる〈もの〉の伝承を集成し、海の道によって運ばれた習俗や信仰の民俗地図を描き出す。四六判334頁・'03

110 増川宏一
チェス
世界中に数億人の愛好者を持つチェスの起源と文化を、欧米における膨大な研究の蓄積を渉猟しつつ探り、日本への伝来の経緯から美術工芸品としてのチェスにおよぶ。四六判298頁・'03

111 宮下章
海苔（のり）
海苔の歴史は厳しい自然とのたたかいの歴史だった——採取から養殖、加工、流通、消費に至る先人たちの苦難の歩みを史料と実地調査によって浮彫にする食物文化史。四六判　頁・'03

112 原田多加司

屋根 檜皮葺と柿葺

屋根葺師一〇代の著者が、自らの体験と職人の本懐を語り、連綿として受け継がれてきた伝統の手わざを体系的にたどりつつ伝統技術の保存と継承の必要性を訴える。 四六判３４０頁 '03

113 鈴木克美

水族館

初期水族館の歩みを創始者たちの足跡を通して辿りなおし、水族館をめぐる社会の発展と風俗の変遷を描き出すとともにその未来像をさぐる初の〈日本水族館史〉の試み。 四六判２９０頁 '03

114 朝岡康二

古着（ふるぎ）

仕立てと着方、管理と保存、再生と再利用等にわたり衣生活の変容を近代の日常生活の変化として捉え直し、衣服をめぐるリサイクル文化が形成される経緯を描き出す。 四六判２９２頁 '03

115 今井敬潤

柿渋（かきしぶ）

染料・塗料をはじめ生活百般の必需品であった柿渋の伝承を記録し、文献資料をもとにその製造技術と利用の実態を明らかにして、忘れられた豊かな生活技術を見直す。 四六判２９４頁 '03

116-I 武部健一

道I

道の歴史を先史時代から説き起こし、古代律令制国家の要請によって駅路が設けられ、しだいに幹線道路として整えられてゆく経緯を技術史・社会史の両面からえがく。 四六判２４８頁 '03

116-II 武部健一

道II

中世の鎌倉街道、近世の五街道、近代の開拓道路から現代の高速道路網までを通観し、道路を拓いた人々の手によって今日の交通ネットワークが形成された歴史を語る。 四六判２８０頁 '03

117 狩野敏次

かまど

日常の煮炊きの道具であるとともに祭りと信仰に重要な位置を占めてきたカマドをめぐる忘れられた伝承を掘り起こし、民俗空間の壮大なコスモロジーを浮彫りにする。 四六判２９２頁 '04

118-I 有岡利幸

里山I

縄文時代から近世までの里山の変遷を人々の暮らしと植生の変化の両面から跡づけ、その源流を記紀万葉に描かれた里山の景観や大和・三輪山の古記録・伝承等に探る。 四六判２７６頁 '04

118-II 有岡利幸

里山II

明治の地租改正による山林の混乱、相次ぐ戦争による山野の荒廃、エネルギー革命、高度成長による大規模開発など、近代化の荒波に翻弄される里山の見直しを説く。 四六判２７４頁 '04

119 菅 洋

有用植物

人間生活に不可欠のものとして利用されてきた身近な植物たちの来歴と栽培・育種・品種改良・伝播の経緯を平易に語り、植物と共に歩んだ文明の足跡を浮彫りにする。 四六判３２４頁 '04

120-Ⅰ　山下涉登

捕鯨Ⅰ

世界の海で展開された鯨と人間との格闘の歴史を振り返り、「大航海時代」の副産物として開始された捕鯨業の誕生以来四〇〇年にわたる盛衰の社会的背景をさぐる。　四六判314頁・'04

120-Ⅱ　山下涉登

捕鯨Ⅱ

近代捕鯨の登場により鯨資源の激減を招き、捕鯨の規制・管理のための国際条約締結に至る経緯をたどり、グローバルな課題としての自然環境問題を浮き彫りにする。　四六判312頁・'04

121　竹内淳子

紅花（べにばな）

栽培、加工、流通、利用の実際を現地に探訪して紅花とかかわってきた人々からの聞き書きを集成し、忘れられた〈紅花文化〉を復元しつつその豊かな味わいを見直す。　四六判346頁・'04